Nicole Wilde

Vertragt Euch!

Harmonisches Hundeleben unter einem Dach

Titel der amerikanischen Originalausgabe:
Keeping the Peace: A Guide to Solving Dog-Dog Aggression in the Home.

Konrad-Zuse-Straße 3, D-54552 Nerdlen/Daun
Telefon: 06592 957389-0
www.kynos-verlag.de

Übersetzt aus dem Englischen von Silke Ben Hajla

Grafik & Layout: Kynos Verlag

Gedruckt in Lettland

ISBN 978-3-95464-203-8

Bildnachweis: Cover: Nicole Wilde
S. 27 o. Katie Hiett; S. 44 Adobe-Stock/cynoclub; S. 47, 48, 53 o.li., 53 o.re., 172 Archiv Nicole Wilde; S. 84 li. The OurPet's Company; S. 84 re. The Kong Company; S. 101 Adobe-Stock/diy13; S. 118-119, 121-122 C.C. Wilde; S. 228 Mychelle Blake; S. 209 o. The Company of Animals, LLC
Alle anderen Fotos von Nicole Wilde.

Inhaltsverzeichnis

Einführung 10

Teil Eins - Vorbereitung 19

Zur Situation beitragende Faktoren 20
Das Geschlecht 20
Wurfgeschwister 20
Rasse 21
Alter 22
Kastration 22
Gesundheit 25
Stress 26
Anhäufung von Auslösern 26

Die Situation einschätzen 28
1. Wer ist in die Kämpfe verwickelt? 28
2. Wie lange dauert das aggressive Verhalten an? 28
3. Wie heftig sind die Kämpfe? 29
4. Wie unterschiedlich sind Ihre Hunde, was Größe und Kraft angeht? 29
5. Leben Kinder oder Teenager bei Ihnen im Haus? 30
6. Was ist mit den im Zuhause lebenden Erwachsenen? 31
7. Können Sie vollen Einsatz bringen? 31

Ein Verhaltenstagebuch erstellen 32
Häufigkeit 33
Intensität 34
Äußere Umstände 34

Das Profil 36
Ein Dokument erstellen 37
Das Bewachen von Ressourcen 38

Körpersprache und subtile Signale 43
Ohren und Rute 44
Das Aufstellen der Haare - Piloerektion 45
Lefzenlecken, Gähnen, Abwenden, Kratzen, Schnüffeln 46
Anstarren 48
„Einfrieren“ 50
Das Knurren 51
Offensives Zähneblecken und Unterwürfigkeitsgrinsen 52

In die Luft schnappen ... 54
Beißen ... 54

Zum Thema Dominanz ... 57

Teil Zwei - Der Alltag ... 61

Führungsverhalten ... 62
Die guten Sachen unter Ihrer Kontrolle ... 63
Distanzbereich ... 66
Bringen Sie Ihren Hunden bei, an Türen zu warten ... 67

Ernährung ... 69
Werden Sie zum Etiketten-Profi ... 70
Nassfutter / Dosenfutter ... 72
Rohfütterung / BARF ... 73
Fertig-BARF ... 73
Selbstgekochtes Hundefutter ... 74

Bewegung ... 75
Spazierengehen ... 76
Längere Wanderungen ... 77
Ausdauertraining ... 77
Tipps für Bewegung ... 79
Agility ... 79
Fährten und andere Nasenarbeit ... 80
American K9 Nosework ... 80
Kauen ... 81

Mentale Auslastung ... 82
Wo ist das Leckerli? / Interaktive Futterspielzeuge ... 82
Lust auf eine Autofahrt? ... 86
Clickertraining ... 87

Sicheres Trennen ... 90
Hundeboxen sind großartig ... 90
Gatter können großartig sein ... 93
Draußen im Freien ... 94
Rotationssystem ... 95

Tipps zum Management ... 96
Routine ist alles ... 96
Anspannung mildern ... 98

Maulkörbe ... 101
Gewöhnung an den Maulkorb ... 102

Wenn die Fetzen fliegen: Wie man einen Kampf beendet 105
Machen Sie Krach! 106
Decke 107
Wasser 107
Barriere 107
Schubkarre 108
Festbeißen 108
Zwei-Personen-Schubkarre 108
Nach dem Kampf 109

Teil Drei - Training 111
Training 112
Sitz 117
Platz 120
Bleib 123
Aufmerksamkeit 128
Individuelle Aufmerksamkeit 129
Weitere Ablenkungen 132
Zeit zum Generalisieren 134
Und was jetzt? 135
Aufmerksamkeit in der Gruppe 135
Rückruf 138
Die Reihum-Rückruf-Challenge 138
Das Wurf-Renn-Spiel 139
In den Alltag einbauen 141
Und jetzt die ganze Bande! 142
Geh auf den Platz 145
Einem einzelnen Hund ‚Auf deinen Platz!" beibringen 145
Alternativer Ansatz 147
Und jetzt alle zusammen 148
Die nächsten Schritte 149
Lass es! 151
„Lass es!" für mehrere Hunde 154
Targeting 157
Gefühle vs. Nachdenken 157
Das Trainieren von „Touch" 158
In Bewegung 160
Touch-Kombination 163

Teil Vier - Problemlösung ... 165

Zeit zum Spielen ... 166
Sicherheitsfaktoren ... 166
Ist das im Spiel OK? ... 168
Einschreiten ... 171

Streichel-Eifersucht ... 172
Freundlich bitten ... 173
Bewachst du es, verlierst du es ... 174

Ressourcenbewachung ... 176
Fressen ... 176
Knochen und andere Kaugegenstände ... 178
Heruntergefallenes ... 179
Spielsachen ... 180
Kampf um Bälle ... 180

Warum der Ort so wichtig ist ... 184
Flure ... 184
Hundeklappen ... 185
Der Wert der Routine ... 186
Könige der Couch ... 186

Ein Neuer im Revier ... 189
Ein wenig Prävention ... 189
Ins Familienrudel integrieren ... 190

Halbstarke und Golden Oldies ... 193
Fellbedeckte Raketengeschosse ... 194
Nervige Teenager ... 194
Hündische Banditen ... 195
Koexistenz ermöglichen ... 195

Wer ist da an der Tür? ... 198
Paketbote & Co. ... 199
Ein einfacher Plan für entspannte Begrüßungen ... 200
Begrüßung mit „Auf den Platz“ ... 201

Wie kommen wir zusammen? ... 205
Die Klassische Konditionierung ... 205
Fallbeispiel: Bella und Cody ... 206
Die vier Variablen ... 208
Fortschritte ... 209
Was kommt als Nächstes? ... 210

Da geht's lang ... 212

Teil Fünf - Ergänzende Therapien 217
Ergänzende Therapien 218
TTouch 220
DAP 223
Anwendungsgebiete 224
Wie man DAP anwendet: 225
Body Wraps 226
T-Shirt Wrap 227
Fertig-Wraps 229
Naturmedizin 231
Alpha-Casozepin 232
L-Theanin 232
Medikamente 235
Überlegungen 235
Welche Arzneien werden verschrieben? 236
Macht die Arznei meinen Hund zum Junkie? 237
Haben wir es schon geschafft? 237

Teil Sechs - Schlussfolgerungen 241
Im schlimmsten Fall 242
Dauerhafte Trennung der Hunde 243
Einen Hund abgeben 245
Euthanasie 250
Das Puzzle setzt sich zusammen 252
Danksagung 256
Über die Autorin 257
Serviceteil 259

All den Hunden, die mir etwas bedeutet haben,
und allen, denen hoffentlich mit diesem Buch
geholfen werden kann.

Einführung

Trautes Heim, Glück allein! Der Ruhepol, an dem man sich entspannen, herunterfahren und all dem Stress dieser Welt entkommen kann und sich an der Gesellschaft seiner friedlichen, glücklichen Hunde erfreut. Das klingt wunderbar, oder? Und es *ist* wunderbar – das heißt, wenn Sie nicht gerade Hunde haben, die sich nicht vertragen. Denn dann stellt sich das Leben daheim ganz anders dar. Wenn man zwei Hunde zu Hause hat, die alles andere als friedlich miteinander umgehen, sei es nun andauernd oder nur gelegentlich, dann schafft dies eine angespannte Atmosphäre, die sehr anstrengend sein kann. Diejenigen Hundebesitzer, die eine solche Situation nicht kennen, können sich nur schwer vorstellen, welche Belastung dies für die Beziehungen im täglichen Leben sein kann.

Ich verstehe dies durchaus, denn ich habe es selbst schon durchgemacht. Meine Hunde stammen beide aus Tierheimen. Im Dezember 2009 haben mein Mann und ich Sierra aufgenommen, eine zweijährige Husky-Keeshond-Irgendwas-Mischung. Im darauffolgenden September adopierten wir Bodhi, einen einjährigen Mischling aus Malamute und Deutschem Schäferhund. Die Hunde wurden im Tierheim miteinander bekannt gemacht und schienen sich prima zu vertragen. Im Kennenlern-Bereich spielten sie schön zusammen und auch auf der Heimfahrt waren sie umgänglich. Während der darauffolgenden Tage jedoch schlugen ihre spielerischen Angriffe derart in Aggressionen um, dass wir einschreiten mussten. Es gab auch in anderen Situationen Spannungen zwischen ihnen, zum Teil, weil Bodhi keine physischen Grenzen zu haben schien. Haben Sie jemals Kramer gesehen, wie er in *Seinfeld* in ein Zimmer hineinplatzt? Genau das ist Bodhi. Nicht nur, dass er ständig auf meinen Mann und mich zusprang und dabei mit den Zähnen unsere Arme oder Beine packte (mehr aus Angst oder Unsicherheit als aus Aggression), sondern er schien es nicht zu bemerken, dass er Sierra sprichwörtlich überrannte. Das arme Mädchen! Sie war zuerst dagewesen und liebte die sanfte Zuneigung, die sie von uns erhielt. Und nun kam, wann auch immer sie zur Kuschelstunde unterwegs war, dieser Grobian von neuem Hausbewohner dahergetrampelt und versuchte ungeschickt, sich dazwischenzudrängen. Das passte Sierra gar nicht und ein plötzlicher Ausbruch von Gewalt war die Folge.

Es gab noch weitere Probleme zwischen den beiden. Ich könnte ewig darüber erzählen (das habe ich in meinem Buch „Vom Wolf getroffen" auch getan). Doch es dürfte genügen, wenn ich Ihnen sage, dass meine Fähigkeiten als Expertin für Hundeverhalten auf eine harte Probe gestellt wurden. Natürlich kannte ich all die üblichen Methoden, die gegen Aggressionen unter Hunden ihre Anwendung finden. Doch offensichtlich hatten diese Hunde nicht die richtigen Bücher gelesen. Während die standardmäßigen Methoden in der Vergangenheit schon so vielen meiner Kunden geholfen hatten, funktionierten diese bei mir zu Hause einfach nicht. Also musste ich mir etwas einfallen lassen, um einen Ansatz zur Schaffung einer friedlichen Beziehung zu finden. Die Lösung der Problematik mit Sierra und Bodhi würde ich nicht gerade als schnell oder einfach beschreiben wollen. Und zugegebenermaßen war die Herausforderung teilweise so groß, dass ich mich manchmal fragte, ob wir einen Fehler gemacht hatten, als wir Bodhi übernommen hatten. Doch diese spannungsgeladenen Tage liegen nun bereits über sieben Jahre zurück und ich bin dankbar dafür, dass wir die Zeit und Mühe in die Beseitigung der Probleme investiert haben.

Nun mag Ihre Lage mit Ihren eigenen Hunden ähnlich sein. Oder vielleicht ist sie auch weniger heftig – schätzen Sie sich glücklich! Aber da Sie gerade dieses Buch lesen, vermute ich, dass die Spannungen zwischen Ihren Hunden zumindest einigermaßen ernsthafterer Natur sind. Möglicherweise verteidigt der eine Hund Gegenstände vor dem anderen oder beide sind eifersüchtig aufeinander, was Ihre Aufmerksamkeit und Zuneigung anbelangt. Vielleicht artet auch das Spiel tendenziell in Gewalt aus, wie es bei meinen Hunden der Fall war. Oder die Ankunft von Besuch erregt Ihre Hunde derart, dass die Aufregung in Aggression der Hunde gegeneinander umschlägt. Kommt Ihnen irgendetwas davon bekannt vor? Falls ja – Sie sind nicht allein. Es gibt eine Studie der Tufts Universität[1], wonach von einer Auswahl von 38 sich streitenden, in einem Haus lebenden Hundepaaren 46% um die Aufmerksamkeit ihres Besitzers mit dem anderen Hund gestritten haben; 31% hatten heftige Auseinandersetzungen aufgrund von Erregung, zum Beispiel ausgelöst durch die Ankunft des Besitzers; in 46% der Paarungen gab es Konflikte wegen des Fressens; und 26% stritten sich um Spielzeuge oder andere Gegenstände. Sollte eine dieser Situationen auf Sie und Ihre Hunde zutreffen, brauchen Sie nicht zu verzweifeln. Falls Ihre Hunde gerade jetzt im Moment miteinander kämpfen sollten, gehen Sie direkt zu Kapitel 14 *Wenn die Fetzen fliegen* und lernen Sie, wie Sie Streitereien gefahrlos beenden, ehe Sie sich dem Rest des Buches zuwenden.

Nochmals – ich verstehe, wie anstrengend das Leben sein kann, wenn Ihre Hunde sich streiten. Und bestimmt fühlen Sie sich frustriert, vielleicht hilflos. Es ist verständlich, dass die Situation zwischen Ihren Hunden nicht nur in deren, sondern auch in Ihrem Leben Disharmonie verursacht. Es macht keinen Spaß, einen andauernden Eiertanz aufzuführen und sich zu fragen, ob gleich ein Kampf ausbrechen wird. Und es ist unglaublich erschütternd, wenn Sie beobachten, wie Ihre Hunde kämpfen oder sehen, wie der eine den anderen angreift.

Vielleicht sind Sie auch schon an dem Punkt angekommen, an dem Sie überlegen, ob es nicht das Beste für alle Beteiligten wäre, einen der Hunde abzugeben.

Atmen Sie tief durch. Die gute Nachricht ist: Hier bekommen Sie Hilfe. Ich habe mir zum Ziel gesetzt, Ihnen genauso viele konkrete, unmittelbar hilfreiche Informationen zu geben, als ob wir bei Ihnen am Küchentisch sitzen und über Ihre Hunde sprechen würden. Im Verlauf des Buches werde ich Ihnen Fragen anbieten, die Sie zum Nachdenken anregen, und ich möchte hilfreiche Vorschläge machen. *Teil eins* beginnt mit einer Beurteilung, die Fragen beinhaltet, welche ich Ihnen während der Anamnese bei einer persönlichen Sitzung vor Ort stellen würde. Diese Abfragen werden Ihnen helfen, Ihre eigene Situation klar und objektiv betrachten zu können. Sie werden außerdem lernen, wie Sie ein Verhaltenstagebuch führen, um die Aktionen und aggressiven Vorfälle mit Ihren Hunden nachzuvollziehen. Schließlich werden Sie ein Profil erstellen, das spezielle Situationen und Auslöser genau aufzeigt, die eine Spannung zwischen Ihren Hunden verursachen. Dieses letzte Dokument ist entscheidend, da es die vollständigen Lösungen aufzeigt, nachdem Sie dieses Buch zu Ende durchgearbeitet haben. Wir werden unseren Fokus auch auf das hochwichtige Thema der Körpersprache der Hunde legen. Wenn Sie in der Lage sind, die subtilen Signale Ihrer Hunde zu erkennen, wenn diese gerade dabei sind, in Anspannung zu geraten, werden Sie auch eingreifen können, ehe die Situation eskaliert. Zum Schluss werden wir noch über das so oft fehlinterpretierte Konzept der Dominanz sprechen.

Teil zwei umfasst eine Anleitung zur Grundausbildung. Hunde, die adäquat ernährt und trainiert sowie mental ausgelastet sind, gut gemanagt werden und einen selbstbewussten Hundeführer haben, sind weniger wahrscheinlich übernervös und somit weniger leicht zu provozieren. Wir werden jeden dieser Faktoren einzeln untersuchen, sodass Sie Veränderungen vornehmen können, falls nötig. Weil Ihre Hunde derzeit während eines Kampfes voneinander getrennt werden müssen, werden wir auch das Thema abdecken, wie man eine Trennung sicher vornimmt, ebenso wie die korrekte Anwendung von Maulkörben. Maulkörbe können sich während der Kennenlernphase von Hunden als nützlich erweisen. Wenn Ihre Situation einen Maulkorb erfordern sollte, fangen Sie am besten schon frühzeitig damit an, Ihre Hunde daran zu gewöhnen. Dieser Teil beinhaltet auch nützliche Informationen darüber, wie man einen Kampf sicher beendet. Nochmals, falls Ihre Hunde gegenwärtig miteinander kämpfen, blättern Sie direkt zu den betreffenden Seiten vor.

In *Teil drei* geht es darum, Ihren Hunden nützliches Benehmen beizubringen, welches Ihr tägliches Leben sehr viel einfacher machen wird. Die Auswirkung, die das Training auf das Ausmaß an Kontrolle hat, die Sie über Ihre Hunde haben, und wie diese miteinander interagieren, kann gar nicht hoch genug eingeschätzt werden. Machen Sie sich keine Sorgen, falls Ihr Hund nie einen Gehorsamkeitskurs besucht hat. Wir werden mit den Basics anfangen, mit Sitz, Platz, Bleib – und werden darauf aufbauen. Ihre Hunde werden lernen, aufmerksam zu werden, zu kommen, wenn sie gerufen werden, etwas in Ruhe zu lassen, wenn es ihnen gesagt wird – was auch Hunde untereinander betrifft – und eine praktische Fähigkeit entwickeln, die man Targeting nennt. Mit Hilfe der Schritt-für-Schritt Anleitungen und Fotos wird dies leichter werden, als Sie glauben mögen.

In *Teil vier* gehen wir ans Eingemachte des Problemlösens. Sie werden wertvolle Techniken und Verfahren erlernen, um speziellen Situationen zu begegnen und Sie werden die Trainingsmethoden anwenden können. Egal, ob Ihre Hunde Ressourcen voreinander bewachen, eifersüchtig bezüglich Ihrer Aufmerksamkeit sind, bei Ankunft von Besuchern übererregt sind oder Spielzeit in Kampfzeit umwandeln – hier bekommen Sie Antworten. Ebenfalls besprochen wird, was man tun kann, wenn ein neuer Junghund mit einem bereits vorhandenen Hund nicht zurechtkommt (und dazu, wie man Probleme gar nicht erst aufkommen lässt) und wie man das Thema angeht, wenn ein junger Hund einen alten drangsaliert. Zuletzt werden wir darüber sprechen, wie man Hunde, die getrennt waren, wieder zusammenführt und wie man gefahrlos gemeinsam spazieren gehen kann.

Training und Änderungen im Verhalten bieten weitreichende Hilfen für das harmonische Zusammenleben Ihrer Hunde. Darüber hinaus gibt es eine Reihe von unterstützenden Therapien und Medikamenten, die durch die Bank weg darauf hinzielen, dass sich Ihre Hunde ruhiger fühlen, was ein niedrigeres Anspannungsniveau zur Folge haben kann. In *Teil fünf* erhalten Sie Informationen über Pheromone, Body Wraps, TTouch, Naturheilkunde und die medikamentöse Behandlung. Mit an Sicherheit grenzender Wahrscheinlichkeit werden Sie nicht all diese Dinge anwenden müssen, aber Sie werden wohl eins davon als genau das eine herausfinden, das Ihnen Erleichterung bringt und Ihren Hunden zur Entspannung verhilft. Und dies wird Ihrem Plan zur Verhaltensänderung dementsprechend zu mehr Erfolg verhelfen.

Falls Sie das Gefühl haben, die Probleme Ihrer Hunde seien so nicht zu lösen, gibt Ihnen *Teil sechs* ein Kapitel an die Hand, mit dessen Hilfe Sie eine Reihe weiterer Möglichkeiten in Betracht ziehen können. Natürlich hoffe ich, dass Sie diese Information total unnötig finden. An dieser Stelle haben Sie bereits das Wissen erlangt, welches Ihnen ermöglicht, effektive Lösungen für die in Ihrem Profil herausgearbeiteten Probleme zu formulieren. *Teil sechs* wird Ihnen dabei behilflich sein, alles so zusammenzusetzen, dass Ihre Notizen vom Beginn in einen in sich geschlossenen Masterplan münden. Zuletzt gibt es einen Serviceteil, der Sie mit Links und Informationen zu all den Produkten, Organisationen und Experten versorgt, die im Laufe des Buches erwähnt worden sind.

Natürlich können Sie hin und her springen oder Kapitel überfliegen. Doch abgesehen vom sofortigen Lesen über das sichere Beenden von Hundekämpfen oder die Gewöhnung an Maulkörbe empfehle ich Ihnen dringend, am Anfang zu beginnen und sich alles Stück für Stück der Reihe nach durchzulesen. Es gibt Techniken, die auf vorhergehenden Konzepten aufbauen, und die Verhaltensregeln sind viel leichter umzusetzen, wenn Sie diesen folgen und die vorgeschlagenen Trainingsübungen zuerst absolvieren. Ehe wir jedoch in die Tiefe gehen, gibt es da noch etwas, das ich Sie bitten möchte, in Erwägung zu ziehen. Obwohl ich alles tun werde, was ich kann, um Ihnen zu helfen: Wenn Ihre Lage wirklich schlimm ist – etwa so, dass Ihre Hunde so heftig aufeinander losgehen, dass einer oder mehrere bereits schwer verletzt worden sind – rate ich Ihnen zusätzlich zum Lesen dieses Buches dringend dazu, einen Hundeverhaltensexperten zu Rate zu ziehen. Dies gilt umso mehr, wenn Kinder in Ihrem Haus leben sollten, da es nur zu leicht passieren kann, dass ein Kind mitten in einen Konflikt zwischen den Hunden geraten kann.

Ja, ich weiß, Sie mögen nun denken „Warum sollte ich dieses Buch lesen, wenn ich sowieso einen Experten engagieren muss?“. Auch wenn Sie die Hilfe eines Experten in Anspruch nehmen, ist es dennoch wichtig, dass Sie dieses Buch lesen (und zwar ganz!) und die Übungen zu Ende bringen, und zwar aus zwei guten Gründen: Erstens müssen die Probleme, die es zwischen Ihren Hunden gibt, genau und so detailliert wie möglich definiert werden. Sie sind die Person, die mit ihnen tagein tagaus lebt, und das Verhaltenstagebuch, das Sie erstellen, wird Ihnen mit Ihrem neu gewonnenen Wissen dazu verhelfen, das Verhalten Ihrer Hunde sowie die Gründe dafür punktgenau festhalten zu können. Es ist ein großer Unterschied, ob man einem Experten nur erzählt, dass die Hunde sich streiten oder ob man dazu präzise Details liefern kann. Letzteres wird entscheidend zum Erstellen eines erfolgreichen Verhaltensplans beitragen. Zweitens werden Sie durch das Lesen des gesamten Buches ein Verständnis dafür entwickeln, wie Sie die Konflikte Ihrer Hunde angehen können. Nicht alle Trainer und Verhaltensspezialisten arbeiten auf dieselbe Weise. Daher ist es unbedingt nötig, dass Sie sich mit entsprechendem Wissen dazu wappnen, welche Arten von Training und Verhaltensmodifikationstechniken angewendet werden sollten und welche nicht. Sie können sogar die Verfahren, die in diesem Buch vorgeschlagen werden, mit dem Experten besprechen, sodass Sie diese gemeinsam durcharbeiten können.

Da wir gerade von Experten sprechen – in den Vereinigten Staaten benötigt man keine Lizenz, um ein professioneller Hundetrainer zu werden. (*Anm. des dt.*

Verlages: In Deutschland ist es ähnlich – hier müssen Trainer zwar zumindest eine Sachkundeprüfung nachweisen, diese sagt jedoch wenig bis nichts über die Qualifikation als Hundetrainer.) Man kann morgen ein Schild vor die Tür hängen und mit der Aufnahme von Kunden beginnen. Das klingt doch großartig, oder? In Wahrheit ist es ein ziemliches Verwirrspiel. Aufgrund dieses Fehlens verpflichtender Standards heißt das, dass man seine möglichen Trainer oder Verhaltensexperten vorsichtig unter die Lupe nehmen muss. Ich habe „professionelle" Trainer erlebt, die keinerlei Ausbildung oder Erfahrung hatten und ausgesprochen armselige Trainingsfähigkeiten aufwiesen. Glücklicherweise habe ich aber auch viele fähige, erfahrene Trainier und Verhaltensexperten getroffen und kenne auch viele persönlich. Da wir gerade beim Thema sind: Möglicherweise hören Sie, dass sich Profis selbst als *Trainer, Verhaltensexperte oder Verhaltenstherapeut für Hunde* bezeichnen. Wo liegt der Unterschied?

Im Prinzip kann sich jeder selbst Trainer oder Verhaltensexperte nennen. Viele *Trainer* lehren Grundgehorsam, leiten Gruppenunterricht und bieten Einzelstunden zuhause an. Sie sprechen vielleicht Themen wie Sauberkeitstraining, das Anspringen von Gästen, Manieren daheim und so weiter an. Manche Trainer beschränken sich auf diese Art von Problemen, während andere auch komplexere Themen wie Aggression, Angst und Trennungsängste behandeln, die ein höheres Niveau an Verständnis von Hundeverhalten voraussetzen. Diese bezeichnen sich häufig als *Verhaltensexperten* oder *Verhaltenstherapeut. (Auch diese Berufsbezeichnungen sind nicht geschützt. Es gibt jedoch diverse Schulen und Institute, die (nicht verpflichtende) Ausbildungen und Zertifikate anbieten, Anm. des dt. Verlages).*

Außerdem gibt es noch Tierärzte mit der Fortbildung bzw. Zusatzbezeichnung „Verhaltenstherapie". Hier handelt es sich um einen Veterinär, der eine spezielle Fortbildung mit einer Prüfung abgeschlossen hat. Unter den genannten Berufen (Trainer, Verhaltensexperte) ist der Tierarzt der einzige, der Medikamente verschreiben darf. Obwohl es nur allzu viele Trainer gibt, die sich selbst „Verhaltenstherapeut" nennen, tragen sie diese Bezeichnung eigentlich zu Unrecht bzw. sie tragen damit zur Verwirrung bei. Mit einem verhaltenstherapeutisch ausgebildeten Tierarzt zu arbeiten muss aber nicht unbedingt nötig sein. Selbst dann, wenn Ihr Hund medikamentös behandelt werden muss, kann ein ausgebildeter Verhaltensexperte mit Ihrem Tierarzt zusammenarbeiten, um die Probleme anzupacken.

Wie finden Sie nun den richtigen Experten? Fangen Sie bei Ihrer Suche auf den Webseiten der im Anhang genannten Organisationen an. Mit deren Trainersuchfunktion können Sie nach einem Experten in Ihrer Gegend suchen, über Stadt, Postleitzahl und nach Entfernung. Befragen Sie jeden möglichen Kandidaten eingehend nach Berufserfahrung, Spezialgebieten, Menge an Erfahrung sowie Erfolg, die der Trainer schon bei der Arbeit mit zuhause streitenden Hunden gehabt hat. Fragen Sie auch – und das ist entscheidend – nach seinen Trainingsmethoden. Geben Sie sich nicht mit einem „wir arbeiten mit positiven Methoden“ zufrieden. Obwohl das ein guter Anfang ist, habe ich noch niemanden sagen hören „wir arbeiten mit negativen Methoden“, oder „wir zerren an ihrem Hund so lange herum, bis er aufhört!“.

Unglücklicherweise gehen manche Trainer mit unerwünschtem Verhalten so um, dass sie zu starker körperlicher Züchtigung greifen. Das kann vom harten Ziehen am Würgehalsband bis hin zu einem Stromstoß über ein Halsband gehen *(letzteres ist in Deutschland verboten, Anm. des dt. Verlages)*. Diese Taktiken mögen zwar das Verhalten für den Augenblick beenden, doch das dahintersteckende Problem werden sie nicht beheben. Hinzu kommt, dass sie Stress, Frustration und weitere Probleme auslösen können.

Kämpfen zum Beispiel zwei Hunde miteinander, dann legen manche Trainer einem der Hunde ein sogenanntes Schockhalsband an (auch elektronisches Halsband, „Teletakt“ oder beschönigend „Erziehungshalsband“ genannt).Wenn der Hund den anderen Hund anschaut oder eine Bewegung in dessen Richtung macht, drücken sie auf die Fernbedienung und verpassen ihm so einen Stromstoß. Ich halte das nicht nur für keine gute Idee, sondern ich empfehle auch keine Schockhalsbänder. Ein Hund, der in dem Moment Schmerzen verspürt, wenn er einen anderen Hund anschaut, könnte den Schmerz direkt mit diesem Hund verbinden, was eine anhaltende negative Assoziation hervorrufen oder eine gar bereits bestehende verschlimmern könnte. (*In Deutschland ist der Einsatz von Elektroschock-Halsbändern zwar verboten, aber das Gesagte gilt sinngemäß auch für zwar weniger drastische, aber trotzdem aversive Methoden wie Anspritzen mit Wasser, Werfen mit Ketten oder Klapperscheiben o.ä.).*

Außerdem kann beim Einsatz von Bestrafungen einiges schieflaufen. Ich hatte einmal einen Kunden, dessen vorheriger Trainer ihn instruiert hatte, bei seinen kämpfenden Labradors Jake und Bailey Schockhalsbänder anzulegen. Eines Tages drückte der Mann aufs Knöpfchen der Fernbedienung, während Jake Bailey intensiv anstarrte. Als der Mann das nächste Mal auf den Knopf drückte, griff Jake ihn an. Der Mann wurde übel gebissen und die Probleme zwischen den Hunden eskalierten. *Schmerzen haben keine Berechtigung im Hundetraining und können Ihre Hunde erheblich traumatisieren!* Was Sie brauchen, ist ein moderner, aufgeklärter Trainer, der Ihnen herauszufinden helfen wird, welches genau die Auslöser bei Ihren Hunden sind (dank dieses Buches werden Sie diesbezüglich bereits einen Vorsprung haben). Und er wird einen Trainingsplan erstellen, um sich wirksam mit diesen Auslösern zu befassen – unter Einsatz von einfühlsamen, wissenschaftlich belegten Methoden. Scheuen Sie sich nicht, die Experten danach zu fragen, welches Handwerkszeug und welche Techniken sie genau anzuwenden oder nicht anzuwenden beabsichtigen. Gute Experten werden sich freuen, Ihnen Ihre Fragen zu beantworten. Sollten Sie bei jemandem aus irgendeinem Grund kein gutes Gefühl haben, suchen Sie weiter. Es gibt genügend gut informierte, gut ausgebildete und nette Experten, die sich freuen, Ihnen zu helfen.

Egal, ob Sie sich dazu entschließen, den Dienst eines Experten in Anspruch zu nehmen oder ob Sie die Dinge selbst angehen: Genau *jetzt* ist der richtige Zeitpunkt, um anzufangen. Blättern Sie weiter und machen Sie sich auf den Weg, Harmonie zwischen Ihren Hunden und Frieden in Ihr Heim einkehren zu lassen.

1 Wrubel, Kathryn M., Moon-Fanelli, Alice A., Maranda, Louise S., and Dodman, Nicholas H. (2011). Interdog household aggression: 38 cases (2006–2007). Journal of the American Veterinary Medical Association, 238: 731–740

1

Teil Eins
Vorbereitung

Zur Situation beitragende Faktoren

Es gibt eine große Bandbreite an Auslösern, die Hunde zum Kämpfen veranlassen. Ehe wir darüber nachdenken, was Aggressionen zwischen Ihren Hunden hervorruft, widmen wir uns einmal ein paar alltäglichen Faktoren, die zur Hund-zu-Hund-Aggression beitragen können.

Das Geschlecht

Die schlimmsten Auseinandersetzungen, die ich während meiner vielen Jahre als Hundeverhaltensexpertin gesehen habe, waren die unter Hündinnen. Sicherlich kämpfen Rüden miteinander, aber obwohl das oft laut ist und furchterregend klingt, gibt es dabei nicht so viele körperliche Schäden wie unter Hündinnen – das typische Gerangel unter Rüden ist eher wie eine Wirtshausschlägerei zu betrachten. Wenn Hündinnen kämpfen, ist das oftmals leiser, dauert länger und ist deutlich intensiver. In der zuvor erwähnten Studie der Tufts Universität waren in 79% der Fälle von Aggressionen gleichgeschlechtliche Paare verwickelt. Bei 68% war ein Weibchen oder ein weibliches Paar dabei. Bei den rein männlichen Konstellationen konnte in 72% der Fälle nach einer Verhaltenstherapie eine Konfliktminderung nach Verhaltenstherapie beobachtet werden, während dies bei den rein weiblichen Konstellationen in nur 57% der Fall war. Diese Informationen gebe ich hier nicht weiter, um zu unterstellen, dass Rüden nicht in ernsthafte Kämpfe untereinander verwickelt werden können – das können Sie sehr wohl – oder dass kämpfende Hündinnen nicht dazu lernen können. Persönlich kenne ich eine ganze Menge Familien mit zwei oder drei Hündinnen, die sehr verträglich miteinander sind. Aber im Allgemeinen ist es unwahrscheinlicher, dass Paare, die aus einem Rüden und einer Hündin bestehen, miteinander kämpfen.

Wurfgeschwister

Viele Züchter und Tierheime versuchen, potenzielle Besitzer von der Idee, Wurfgeschwister zu sich zu nehmen, abzubringen. Teils ist das der Tatsache geschuldet, dass die Welpen wahrscheinlich extrem aneinander hängen werden, während sie aufwachsen. Dies stellt den Besitzer vor die Herausforderung, eine ebenso starke Verbindung zu ihnen zu schaffen, wie sie sie zueinander haben. Es kann auch schwierig sein, die Aufmerksamkeit zweier junger Welpen während der Trainingszeiten aufrecht zu erhalten und Gehorsam beim Einfordern von alltäglichen Benimmregeln zu erlangen. Und die Hunde könnten starke Verlustängste entwickeln, wenn sie einmal voneinander getrennt sind.

Eine ernstere mögliche Schwierigkeit hängt mit Aggression zusammen. Obwohl es zu diesem Thema an veröffentlichten Forschungsergebnissen mangelt, deutet meine eigene Expertenerfahrung neben der vieler Kollegen auf die Tatsache hin, dass Geschwister zum Streiten neigen. Oft triezt der eine den anderen schon ab einem sehr frühen Alter, was sich lebenslang schädlich auswirken kann, oder sie kabbeln sich als Welpen und diese Streitereien werden beim Heranwachsen schlimmer. Unglücklicherweise sind sich manche Züchter und Auffangstationen dieser Tatsachen nicht bewusst und ermutigen Besitzer noch dazu, Geschwister zu nehmen. Aggression unter Geschwistern tritt nicht in jeder Situation auf. Aber wenn Wurfgeschwister streiten, insbesondere, wenn beides Hündinnen sind, kann die Situation sehr heftig und schwierig zu lösen sein.

Rasse

Die Rasse spielt bezogen auf das Temperament eines Hundes eine große Rolle. Angehörige derjenigen Rassen, die ursprünglich zum Kämpfen oder Beschützen gezüchtet wurden, sind wahrscheinlicher eher prädisponiert für eine Hund-zu-Hund Aggression als diejenigen, die gezüchtet wurden, um in Harmonie mit anderen Hunden zu leben oder um den Menschen zu begleiten. Natürlich wird die Tendenz zur Aggression selbst innerhalb einer Rasse individuell verschieden ausgeprägt sein. Dennoch *sind* manche Dinge genetisch bedingt. Sie sollten nicht erwarten, das genetisch festgelegte Wesen Ihres Hundes ändern zu können, genauso wenig, wie Sie von einem Menschen eine totale Persönlichkeitsveränderung erwarten würden. Was Sie zu ändern versuchen können, ist das Verhalten Ihres Hundes.

Alter

Manch ein gutmeinender Besitzer bringt einen Welpen oder Junghund in der Hoffnung auf einen Verjüngungseffekt auf einen älteren, weniger energiegeladenen Hund nach Hause mit.

Unglücklicherweise fühlt sich der Senior von dem jungen Rüpel oftmals angegriffen, weil der in den Frieden seiner goldenen Jahre eindringt. Er mag eine Lefze hochziehen oder den jüngeren Hund anknurren, um ihn abzuschrecken – was in einem Schnappen in die Luft oder einem Biss enden kann, wenn er das Gefühl hat, dass seine Botschaft nicht angekommen ist. Zieht sich der jüngere Hund dann nicht zurück, kann das einen Kampf zur Folge haben. Wir werden dieses Thema in dem Kapitel *Halbstarke und Golden Oldies* genauer untersuchen.

Kastration

Eine Kastration verhindert sowohl bei Hündin als auch bei Rüde deren Fortpflanzung. In den Vereinigten Staaten wird dieser chirurgische Eingriff ohne zu hinterfragen durchgeführt, meist bei noch sehr jungen Tieren. Vielzitiert sind die Vorteile bezüglich des Verhaltens. Bei männlichen Hunden kann das Kastrieren – obwohl es nicht immer so ist – den Drang zu markieren, zu streunen und Hündinnen zu besteigen schwächen. Diese Probleme lassen sich aber auch durch ordentliches Training und Beherrschung lösen. Aber noch viel wichtiger ist die Frage: Verringert das Kastrieren von Rüden Aggressionen? Kann es die Wahrscheinlichkeit verringern, dass er mit anderen Rüden kämpft? Dazu kommen wir gleich noch.

Bei Hündinnen ist das Problem vielschichtiger. Sie werden ein oder zwei Mal im Jahr läufig. Vor und während der Läufigkeit (oder „Hitze") werden viele Hündinnen empfindlicher und generell weniger geduldig und streiten somit eher. Falls es noch eine weitere Hündin im Haus gibt, können Kämpfe während dieser Zeit sehr heftig werden. Und natürlich könnten einem Rüden Aggressionen entgegenschlagen, wenn er die Hündin zu besteigen versucht. In Anbetracht dieser Herausforderungen (neben den lästigen Hygieneprobleme mit einer läufigen Hündin im Haus) entscheiden sich viele dafür, ihre Hündinnen kastrieren zu lassen.

Aber *bringt* das Kastrieren in Bezug auf Aggressionsprobleme etwas? In manchen Fällen ist das so, in anderen nicht. Ich wünschte, es gäbe eine klare, einfache Antwort, aber Kastration ist ein schwieriges Thema, umso mehr, als dass es nur sehr wenig standardisierte, breit akzeptierte Forschungen dazu gibt. 1977 hat das Davis Veterinary Medical Teaching Hospital an der an der Universität von Kalifornien in einer Studie mit siebenundfünfzig Hunden herausgefunden, dass bei Rüden, die sich gegen ihre menschlichen und Hundefamilienmitglieder aggressiv zeigten, das Kastrieren nur bei 25% der Hunde geholfen hat, und ihr Verhalten verbesserte sich nur bei 50%.[1)] Die Forscher erklärten: „Kastration kann bei manchen Hunden Aggressionen effektiv mindern, aber bei weniger als einem Drittel kann eine deutliche Verbesserung erwartet werden."

Eine größer angelegte Studie, die von Deborah L. Duffy und James A. Serpell[2)] durchgeführt wurde, untersuchte eine zufällige Auswahl von 1.552 Hunden, die elf geläufigen Rassen angehörten sowie eine Stichprobenauswahl (basierend auf leichter Verfügbarkeit und Zugänglichkeit) aus über 6.000 Hunden, deren Besitzer eine Online-Umfrage ausgefüllt hatten. Die Forscher nutzten dabei den speziell entwickelten Fragebogen „C-BARQ" (Canine Behavioral Assessment and Research Questionnaire), um den Einfluss von Kastration zu untersuchen. Die Ergebnisse des aus 101 Punkten bestehenden Fragebogens zeigten, dass es im Gegensatz zur landläufigen Meinung „kaum einen Beweis dafür gibt, dass Kastration eine effiziente Behandlungsmethode bei aggressivem Verhalten von Rüden ist und andere Verhaltensprobleme verschlimmern könnte."

In einer Masterarbeit am Hunter College mit dem Titel „Verhaltenstechnische und physische Auswirkungen von Sterilisation und Kastration bei domestizierten Hunden *(Canis familiaris)*"[3)] hat Parvene Farhoody den C-BARQ Fragebogen an einer Auswahl von 10.839 Hunden genutzt. Verhaltenscharakteristika von unkastrierten Rüden und Hündinnen wurden mit denen von kastrierten Hunden verglichen. Die Daten zeigten, dass „das Verhalten kastrierter Hunde sich deutlich von dem unversehrter Hunde unterschied, und zwar auf eine Art und Weise, die der vorherrschenden Meinung widerspricht. Laut den Forschungsergebnissen waren die kastrierten Hunde aggressiver, ängstlicher, leichter erregbar und weniger trainierbar als unkastrierte Hunde." Es gab einen deutlich höheren Aggressionsgrad bei kastrierten Hunden, unabhängig davon, in welchem Alter sie kastriert worden waren. Bei Hündinnen gab es bei denjenigen, die mit 12 Monaten oder früher kastriert worden waren, einen höheres Aggressionsniveau als bei den unversehrten Hündinnen. Ebenso besorgniserregend war das Forschungsergebnis dazu, dass bei 31% die Ängstlichkeit wuchs, und zwar sowohl bei Rüden als auch bei Hündinnen, Die meiste Aggression beruht auf Angst, und hier wurde ein Anstieg von 8% bei der Erregbarkeit gemessen. Kurz gesagt wird Kastration für die Besitzer aggressiver Hunde nicht das Allheilmittel sein, auf das sie vielleicht gehofft haben.

Trotz der zuvor erwähnten Studien und Untersuchungen ist es eine Tatsache, dass wir dringendst neue, groß angelegte, gut kontrollierte Studien zu diesem Thema benötigen. Um das Ganze noch zu verkomplizieren – es gibt bereits viele Studien, die die Auswirkungen von Kastration auf die Gesundheit von Hunden in Frage stellen. Ich habe längst hinterfragt, warum die Vasektomie für Rüden und die Tubenligatur (das Abbinden der Eileiter) für Hündinnen nicht allgemein als Alternativen gesehen werden. Diese chirurgischen Eingriffe belassen die Vitalorgane intakt und ermöglichen weiterhin die Produktion von für die Entwicklung wichtigen Sexualhormone. Der Tierarzt Chris Zink hat eine ausgezeichnete Abhandlung verfasst[4], in der er die Ergebnisse vieler Studien zur Kastration und Sterilisation zusammenfasst. Sie steht online zur Verfügung und ist eine hervorragende Quelle. Auch in dem Buch „Pukkas Promise. The Quest for Longer-Lived Dogs" von Ted Kerasote finden sich sehr lohnenswerte Informationen zu dem Thema. (*Auf dem deutschen Buchmarkt ist dazu das Buch „Kastration und Verhalten beim Hund" von Sophie Strodtbeck und Udo Gansloßer erschienen, Anm. d. dt. Verlages).*

Vielleicht scheint es nun so, dass ich, weil ich diese Studien zitiere, Ihnen empfehlen würde, Ihre Hunde nicht zu kastrieren. Das entspricht nicht meiner Absicht. Möglicherweise haben Sie zwei Rüden, die sich bekämpfen, und einen davon zu kastrieren wäre nutzbringend. Oder die Kastration Ihrer Hündin würde die Aggressionsprobleme bei Ihrem gemischtgeschlechtlichen Pärchen beenden. Das Thema ist kompliziert und verdient durchaus nähere Betrachtung – die allerdings den Rahmen dieses Buches sprengen würde. Über viele Jahre hinweg haben Verhaltensexperten, wie auch ich es bin, automatisch die Kastration empfohlen, sobald Aggression im Spiel war – besonders bei Rüden. Aber jede Situation ist anders. Ich bin keine Tierärztin und kann keinen medizinischen Rat anbieten. Ich möchte Sie dazu ermuntern, eigene intensive Nachforschungen bezüglich der möglichen Auswirkungen einer Kastration bei Ihrer eigenen Hunderasse anzustellen (die Forschung zeigt uns gerade, dass gesundheitliche Auswirkungen rassetypisch sein können) und ebenso dazu, in welchem Alter dies die wahrscheinlich geringstmöglichen negativen Auswirkungen auf die Gesundheit hätte. Sprechen Sie mit einem guten Tierarzt und einem Hundeverhaltensexperten, um eine fundierte Entscheidung treffen zu können.

Sollten Sie sich für die Kastration bei einem Ihrer Hunde entschließen, so lassen Sie die Hunde nicht direkt danach wieder zusammenkommen. Eine meiner Freundinnen hatte zwei junge Rüden, beides Mischlinge aus nordischen Rassen und beide unkastriert, aus dem Tierschutz übernommen. Die Hunde kamen bestens miteinander aus – bis sie einen von ihnen kastrieren ließ und ihn zurück ins Haus brachte. Der andere Hund griff ihn beinahe sofort an. Ob es daran lag, dass der kastrierte Hund nach der Tierklinik gerochen hat? Oder vielleicht daran, dass er sich nicht gut fühlte und Schwäche zeigte? Es könnte noch andere Ursachen gehabt haben, wie etwa Territorialverhalten. Man kann unmöglich sagen, warum das passiert ist, aber bei derartigen Situationen täuscht man sich zugunsten der Vorsicht lieber einmal mehr. Gönnen Sie Ihrem veränderten Hund Zeit zur Heilung und Ruhe, ehe Sie Ihren Hunden wieder vollen Zugang zueinander gewähren. Sobald der kastrierte Hund wieder der Alte ist, benutzen Sie nur zur Sicherheit ein Trenngitter oder sehr lockere Leinen, wenn Sie die beiden wieder zueinander führen.

Gesundheit

Wenn ein Hund krank oder schwach ist, könnte ein anderer Hund beginnen, ihm gegenüber Aggressionen an den Tag zu legen. Hunde sind opportunistisch, und sofern sich eine Gelegenheit bietet, mehr Kontrolle zu gewinnen, dann nutzen manche diese Gelegenheit. Oder vielleicht wird auch der kranke Hund aggressiv. Das wäre verständlich, da es normal ist, empfindlich zu sein und man in Ruhe gelassen werden möchte, wenn man sich unwohl fühlt. Ein anderes gesundheitsbezogenes Thema hat mit Schmerzen zu tun. Wenn ein Hund Schmerzen hat, kann er etwas gegen Aufforderungen zum Spielen haben oder sich angegriffen fühlen, wenn ihn ein anderer Hund anrempelt oder anspringt. Darum könnte möglicherweise ein Hund, der Arthrose entwickelt, zum Beispiel gegenüber einem anderen Hund plötzlich ohne ersichtlichen Grund aggressiv reagieren, während dieses Verhalten in Wirklichkeit die Antwort auf Schmerz ist.

Wenn keiner Ihrer Hunde offensichtlich krank ist oder Schmerzen hat, aber die Unruhe in Ihrem Heim ganz plötzlich einsetzt und zum Beispiel nach Jahren der Harmonie einer plötzlich und aus heiterem Himmel den anderen attackiert, ist es Zeit für einen Besuch beim Tierarzt. *Nehmen Sie beide Hunde mit und lassen sie untersuchen.* Es gibt medizinische Gründe, die mit aggressivem Verhalten in Verbindung gebracht werden und das Verhalten des Angreifers erklären können – eine Schilddrüsenfehlfunktion zum Beispiel, ein Leber-Shunt oder ein eingeklemmter Nerv, um nur einige zu nennen.

Oder es könnte sein, dass der Hund, der angegriffen wird, krank ist, und der einzige, der es bemerkt, der andere Hund ist. Falls die Probleme zwischen Ihren Hunden schon Jahre andauern, ist eine medizinische Untersuchung nicht so dringend erforderlich. Allerdings wäre, sofern Ihre Hunde in letzter Zeit weder eine Untersuchung der Blutwerte noch eine körperliche Untersuchung hatten, jetzt ein guter Zeitpunkt dafür. Sie könnten auch gleich eine Zahn – und chiropraktische Vorsorgeuntersuchung mit durchführen lassen. Falls sich Ihr Tierarzt ursächlicher Zusammenhänge zwischen körperlichen Problemen und dem Verhalten nicht bewusst sein sollte, so suchen Sie nach einem, der besser informiert ist.

Stress

Lassen Sie uns den Tatsachen ins Gesicht sehen: Wir sind alle netter, wenn wir nicht total gestresst sind. Die Art und Weise, wie wir mit anderen interagieren, wird stark davon beeinflusst, wie wir uns in dem Moment fühlen. Da ist es nicht verwunderlich, dass die gleiche Dynamik auch bei Hunden wirkt. Ein Hund, der sich zerrissen fühlt, wird sehr viel wahrscheinlicher etwas krummnehmen und mit Aggression darauf reagieren, was ein anderer Hund tut, als einer, der entspannt ist. Die Anzahl der Dinge, die bei Hunden Stress auslösen kann ist endlos, genau wie bei uns Menschen. Nur einige der möglichen Faktoren sind Unwohlsein, eine Mahlzeit verpasst haben, von einem Besucher umgeben zu sein, dessen Anwesenheit Angst auslöst – und sogar das Wetter! Eine in Peking durchgeführte Studie[5)] zeigte einen starken Zusammenhang zwischen heißem Wetter und der Anzahl von Leuten, die wegen eines Hundebisses zur Notaufnahme kamen. Woraus man schloss, dass Hunde bei heißem Wetter gestresst und empfindlich werden können, genau wie es bei Menschen auch sein kann. Viele Hunde werden auch angespannt und nervös an Tagen, an denen es stark windet oder gewittert.

Anhäufung von Auslösern

Wenn wir die Elemente betrachten, die zu aggressiven Vorfällen beitragen, ist es wichtig, dass man den Mechanismus des *Auslösers* versteht. Ein Auslöser (oder Trigger) ist all das, was Ihren Hund dazu veranlasst, auf bestimmte Weise zu reagieren. Eine Situation zwischen zwei Hunden, bei der Aggression mit im Spiel ist, könnte durch Fressen, Spielzeug, und jede Menge anderer Dinge ausgelöst werden. Aber manchmal löst etwas, das es im Normalfall nicht tut, aufgrund einer Anhäufung von Auslösern Aggression aus. Der Cattle Dog Rex und die Australian Shepherd Hündin Kona zum Beispiel leben zusammen und verstehen sich normalerweise gut miteinander. Eines Tages hatte Rex einen Termin beim Tierarzt. Auf Anraten des Tierarztes bekam er kein Frühstück zu fressen. Rex war auf der Fahrt zum Termin im Auto nervös. In der Klinik wurde er geimpft und bekam Blut abgenommen. Dieses Erlebnis überforderte ihn und er schnappte nach der Tierarzthelferin, die ihm einen Maulkorb anlegte – das war verständlich, verursachte aber noch mehr Stress. Als Rex dann endlich nach Hause kam, war Kona aufgeregt, als sie ihn sah und warb um ein Spiel, indem sie ihn ansprang. Rex, der normalerweise mit einem Spielangebot seinerseits antwortet, knurrte und schnappte nach ihr. Was war hier passiert? Eine Anhäufung von Auslösern! In diesem Fall waren die Auslöser Rex' fehlendes Frühstück, Ängstlichkeit im Auto und Stress in der Tierarztpraxis. Auslöser um Auslöser kam solange hinzu, bis Rex auf untypische Art und Weise auf typische Umstände reagierte. Stellen Sie sich eine Auslöser-Anhäufung vor wie einen Sturm, der in Aggressionen resultieren kann, wo sonst keine sind. Daher ist es, wenn Sie Ihr Verhaltenstagebuch führen, so enorm wichtig, dass Sie nicht nur die Situationen mit Aggression aufzeichnen, sondern auch, was diesen voranging.

Als Nächstes werden wir spezielle Auslöser und Faktoren näher erforschen, die zur Lage *Ihres* Hundes beitragen könnten.

1 Neilson JC, Eckstein RA, Hart BL. Effects of castration on problem behaviors in male dogs with reference to age and duration of behavior. JAVMA 1997; 211(2):180-183.

2 Duffy, Deborah L., Serpell, James A. (2006, November). Non-reproductive effects of spaying and neutering on behavior in dogs. Proceedings of the Third International Symposium on Non-Surgical Contraceptive Methods for Pet Population Control. Alexandria, Virginia.

3 Behavioral and Physical Effects of Spaying and Neutering Domestic Dogs (Canis familiaris) Summary of findings detailed in a Masters thesis submitted to and accepted by Hunter College by Parvene Farhoody in May 2010. ©2010 Parvene Farhoody and Christine Zink

4 Chris Zink, die Doktorarbeit ist abrufbar unter http://bit.ly/2F8snX7

5 Yongming Zhang, Qi Zhao, Wenyi Zhang Wo, Shanshan Li, Gongbo Chen, Zhihai Han, Yuming Guo (2017). Are hospital emergency department visits due to dog bites associated with ambient temperature? A time-series study in Beijing, China. Science of The Total Environment, 598, 71–77.

2

Die Situation einschätzen

Wenn ich Sie im Rahmen einer Einzelunterrichtsstunde befragen müsste, würde ich mit Ihnen an Ihrem Küchentisch sitzen und Fragen stellen, um mehr über die Probleme zwischen Ihren Hunden zu erfahren. Auf Grundlage Ihrer Antworten würden wir dann weiter nähere Einzelheiten untersuchen und möglicherweise würde dies ein umfassendes Bild ergeben. Daraus und durch das Beobachten und Arbeiten mit Ihren Hunden würde ich eine voraussichtliche Prognose stellen und eine Vorgehensweise entwickeln. Nachfolgend einige der Fragen, die ich stellen würde – inklusive der Argumente und Schlussfolgerungen dahinter. Bitte nehmen Sie sich die Zeit, um Ihre Antworten zu notieren.

1. Wer ist in die Kämpfe verwickelt?

Falls Sie nur zwei Hunde haben, ist die Antwort leicht, denn es sind die beiden. Sollten Sie indessen drei oder mehr Hunde haben, ist diese Frage durchaus eine Überlegung wert. Gehen wir mal davon aus, dass zwei der Hunde normalerweise daran beteiligt sind. Wenn sie kämpfen, was tut dann der dritte Hund? Mischt er sich ein, um denjenigen zu unterstützen, zu dem er eine engere Bindung hat, oder sitzt er es aus? Zwei kämpfende Hunde zu trennen, solange sie sich herausfordern, ist unendlich viel einfacher als drei, vier oder noch mehr Hunde zu trennen. Das sollten Sie bedenken; insbesondere, wenn Sie tendenziell die meiste Zeit nicht zu Hause sind.

2. Wie lange dauert das aggressive Verhalten an?

Wann haben Ihre Hunde erstmals zu streiten begonnen? Gab es andere besorgniserregende Verhaltensweisen, ehe das Kämpfen begann? Hat zum Beispiel ein Hund den anderen unablässig und über Monate ins Visier genommen, ehe der anvisierte Hund schlussendlich zurückgekämpft hat? Oder scheint die Aggression aus dem Nichts zu kommen? Ich wiederhole: Wenn Ihre Hunde immer gut miteinander ausgekommen sind und plötzlich miteinander kämpfen, gehen Sie mit beiden zu einem Tierarzt und lassen Sie einen gründlichen Check-Up machen. Falls ein Hund sich unwohl fühlt, kann dies den Beginn eines Kampfes mit sich bringen, obwohl er so etwas sonst nicht tun würde. Oder er fühlt sich weniger geneigt, mit dem normalen Mobbing zurecht zu kommen. Oder es könnte sein, dass der eine Hund krank ist und der andere versucht, dies auszunutzen.

3. Wie heftig sind die Kämpfe?

Es macht einen großen Unterschied in der Prognose aus, ob wir eine Situation haben, in der Hunde zwar kämpfen, sich aber nicht verletzen, oder eine, in der sie sich ernsthaft verletzen wollen. In mäßig heftigen Auseinandersetzungen ist es nicht ungewöhnlich, dass ein Hund eine Blutung an Ohr, Lefze oder am Kopf davonträgt. Klar ist das nichts Gutes, aber nicht so besorgniserregend wie die Art von Kämpfen, bei denen ein Hund den anderen ernsthaft zu verletzen versucht. Ein Hund, der ernsthaft Schaden zufügen möchte, wird oft auf die Beine zielen (stellen Sie sich einen Löwen vor, wie er seine Beute zu Fall bringt), auf den Bauch oder die Leistengegend, genauso wie auf den Teil am Nacken, um den er den Kiefer schließen, zupacken und schütteln kann. Wie heftig waren die Kämpfe zwischen Ihren Hunden? Hat einer den anderen so verletzt, dass ein Tierarztbesuch notwendig geworden ist?

4. Wie unterschiedlich sind Ihre Hunde, was Größe und Kraft angeht?

Wenn es darum geht, einen möglichen Schaden einzuschätzen, kann nicht oft genug betont werden, wie wichtig der Größen – und Kraftunterschied zwischen Ihren Hunden ist. Zwei kämpfende Malteser werden sich nicht solche Verletzungen zufügen wie ein Rottweiler einem Dackel. Apropos Großer-Hund-Kleiner-Hund-Problem: Wie steht es mit dem Beutetrieb? Hat Ihr größerer Hund einen ausgeprägten Jagdinstinkt? Verfolgt er gerne Mäuse, Eidechsen oder andere kleine Geschöpfe? Scheint er Ihren anderen Hund als Beute zu betrachten, wobei seine Aggressionen durch schnelle Bewegungen oder hohe Töne wie Kläffen oder Winseln ausgelöst werden? Der Jagdtrieb ist bei Hunden derart instinktgebunden, dass es extrem schwierig ist, dieses Verhalten mittels Training zum Verschwinden zu bringen. Es ist eine Sache, wenn man Zeit und Energie darauf verwendet, seinem Hund beizubringen, dass er keine Eichhörnchen jagen soll, aber etwas ganz anderes, das Beutefangverhalten im Zuhause abgewöhnen zu wollen. Diesbezüglich gibt es kein Training, das zuverlässig genug wäre; der Einsatz wäre zu hoch. Sollte einer der Hunde viel größer und stärker sein oder einen sehr intensiven, starken Jagdtrieb besitzen, müssten Sie möglicherweise über eine dauerhafte Trennung nachdenken – mittels Management oder ein neues Zuhause.

5. Leben Kinder oder Teenager bei Ihnen im Haus?

Eines der ersten Dinge, die ich wissen möchte, wenn ich mit Kunden arbeite, ist, ob es kleine Kinder oder Teenager im Haus gibt. Wenn es um Management geht, man also zum Beispiel Babygitter zur Trennung der Hunde einsetzt, sicherstellen muss, dass Gartentüren verschlossen sind, Hunde in Boxen setzt und dergleichen, dann sind Teenager bekannt dafür, dass ihnen schnell Fehler unterlaufen. Selbst Teenager, die grundsätzlich verlässlich sind und gute Absichten hegen, neigen dazu, schnell abgelenkt zu sein. Unglücklicherweise kann ein Ausrutscher in manchen Fällen aber über Leben oder Tod eines Hundes entscheiden.

Bei kleinen Kindern stellt ein zuverlässiges Management Sie als Besitzer nicht nur vor eine größere Herausforderung, sondern es kommt noch das Risiko dazu, dass ein Kind mitten in einen Kampf hineingeraten kann. Ich war schon in zu vielen Häusern, in denen Hunde ernsthafte, heftige Auseinandersetzungen hatten, aber die Besitzer die Hunde so sehr liebten, dass sie es nicht ertragen konnten, sich von einem zu trennen. In eben diesen Häusern lebten auch kleine Kinder, die von ihren Eltern pflichtgemäß instruiert worden waren, sich den Hunden niemals zu nähern, wenn sie fressen oder schlafen und selbstverständlich niemals in deren Nähe zu kommen, wenn sie kämpfen. Unglücklicherweise jedoch wurden die Kinder sauer, als die armen Hündchen am Kämpfen waren und versuchten, sie zu stoppen – oder aber sie waren einfach zur falschen Zeit am falschen Ort. Manche dieser Kinder trugen ernsthafte Bisse davon. Wichtig zu verstehen ist, dass selbst Hunde, die niemals ein Kind absichtlich verletzen würden, im Zustand höchster Erregung diese Aggressionen aufs nächstbeste übertragen: Hand, Fuß oder Gesicht. Falls Sie kleine Kinder zuhause haben und Ihre Hunde sich bekämpfen, dann überlegen Sie sehr, sehr sorgfältig, ob dieser Umstand Ihre Kinder einer Gefahrenlage aussetzen könnte.

6. Was ist mit den im Zuhause lebenden Erwachsenen?

Lebt eine ältere Person bei Ihnen, wie etwa Ihre Eltern oder die Ihres Gatten? Senioren sind grundsätzlich langsamer in ihren Bewegungen und körperlich anfälliger. Sie werden in einer ernsthaften Auseinandersetzung eher verletzt und sind eher nicht in der Lage, einen Kampf effektiv zu beenden. Möglicherweise gibt es keine Senioren in Ihrer Familie, aber Sie selbst sind üblicherweise den ganzen Tag alleine zu Hause. Sollte das so sein – wären Sie selbst in der Lage, einen Kampf sicher zu beenden? Falls dies schon einmal vorgekommen ist – wie ging das Ganze aus? Wurden die Hunde verletzt? Wurden Sie es?

7. Können Sie vollen Einsatz bringen?

Über die Sicherheitsfrage hinaus– sind alle, die im Haus leben, dazu entschlossen, an einem Verhaltensprogramm mitzuarbeiten? Mit allem, was dazu gehört? Oder gibt es jemanden, der das für Zeitverschwendung hält? Ich habe Situationen erlebt, in denen einer den „Problemhund“ liebt und gewillt ist, alles Erforderliche zu tun, um das Problem zu lösen, aber der andere möchte, dass der Hund verschwindet. Das ist traurig, denn egal, was der festentschlossene Besitzer auch tut – die Chancen sind verschwindend gering, dass es ohne die Unterstützung des anderen klappt.

Und zu guter Letzt – was ist mit Ihnen? Da Sie dieses Buch lesen, nehme ich an, Sie sind motiviert, das Problem zu lösen. Doch wie lange werden Sie es versuchen wollen? Seien Sie ehrlich! Sind Sie entschlossen, Verhaltensänderungen und Management-Techniken einzuüben – über Monate hinweg oder gar noch länger? Und wenn Sie dies tun, wie wären die möglichen Auswirkungen auf Ihre Familienverhältnisse?

Dies sind komplexe Fragestellungen, die nur Sie beantworten können. Und es sind nur einige der Dinge, die man berücksichtigen muss. Falls wir noch immer an Ihrem hübschen Küchentisch sitzen und unsere Unterhaltung fortsetzen würden, würde ich nach Ihrer Übung, Erfahrung und einer Reihe anderer Themen fragen, die später in diesem Buch noch behandelt werden. Zum jetzigen Zeitpunkt machen Sie sich bitte zunächst nur Gedanken zu den vorhergehenden Fragen. Wenn Sie fertig sind, fahren Sie mit dem nächsten Kapitel fort, in dem Sie ein Verhaltenstagebuch erstellen werden.

3

Ein Verhaltenstagebuch erstellen

Möglicherweise sind Sie damit vertraut, wie man ein Ernährungstagebuch führt, um eine Diät zu halten oder ein Bewegungstagebuch, um sportliche Aktivitäten nachzuvollziehen. Diese täglichen Aufzeichnungen sind dazu da, eine gewisse Planbarkeit zu schaffen und Fortschritte aufzuzeigen. Das Verhaltenstagebuch, das Sie erstellen werden, soll Ihnen helfen, das Verhalten Ihrer Hunde zu verfolgen. Jedes Mal, wenn es einen Konflikt gibt oder eine ersichtliche Spannung zwischen Ihren Hunden herrscht, notieren Sie sich Datum und Uhrzeit und beschreiben dann so detailliert wie möglich, was davor, währenddessen und danach geschehen ist.

Versuchen Sie, so objektiv und wissenschaftlich wie möglich mit Ihren Einträgen vorzugehen. Ich weiß, dass dies die Hunde sind, die Sie lieben, und keine Versuchsobjekte! Aber es ist viel besser, bestimmte Handlungen aufzuzeichnen, anstatt Gefühle damit zu verbinden, die vielleicht zutreffend sein mögen oder auch nicht. Wenn man sagt: *Die arme Ruby hat überhaupt nichts gemacht, als Maverick vorbeigekommen ist und sie angeknurrt hat. Sie war aufgebracht, weil Maverick gemein zu ihr war!* dann ist das subjektiv, nicht objektiv, und könnte ungenau sein.

Ein Eintrag könnte so aussehen:
Dienstag, 8. Mai, 17:00 Uhr: Ruby hat aus ihrem Napf ihr Abendessen gefressen. Maverick näherte sich ihr von der Seite. Ruby knurrte ihn an, aber Maverick ging nicht weg. Ruby schnappte nach ihm, ohne ihn zu erwischen, und dann hat Maverick sie einmal gebissen, an der linken Seite im Gesicht. Ruby kläffte, und ich eilte hinzu, um die Sache zu beenden, ehe es schlimmer werden konnte.

Beachten Sie die Menge an Details in dieser Beschreibung, die auch beinhaltet, wo Ruby gebissen worden ist. Hier ein weiteres Beispiel:

Montag, 9. Juni, 15:00 Uhr: Ich lag auf der Couch und machte gerade ein Mittagsschläfchen. Da wurde ich von aufeinanderklappenden Zähnen direkt vor meinem Gesicht geweckt! Anscheinend hatten sich die Hunde gleichzeitig von gegenüberliegenden Seiten des engen Gangs zwischen dem Kaffeetisch und der Couch genähert. Jeder der Hunde versuchte, mich vor dem anderen zu beschützen, und es gab nicht genügend Platz. Ihre Kiefer trafen sich ein paar Zentimeter vor meinem

Gesicht, verbunden mit einem lauten Geräusch. Ich stand schnell auf und trennte sie so ruhig wie nur möglich.

Der letzte Eintrag klingt ziemlich krass, oder? Ich will Ihnen ein Geheimnis verraten: Das war ich selbst. Das war mit Bodhi und Sierra während des ersten Monats, nachdem wir Bodhi aufgenommen hatten. Das war nicht gerade der sanfteste Weg, um aufgeweckt zu werden, das kann ich Ihnen sagen! Aber meine Hunde kommen jetzt die meiste Zeit über gut miteinander aus und ich unternehme alle Anstrengungen, um sicherzustellen, dass Ihre Hunde das auch tun werden.

Das Führen eines Verhaltenstagebuchs wird Ihnen nachvollziehen helfen, wie oft Zwischenfälle vorkommen, ob diese eher zu einer bestimmten Tageszeit passieren und welche Art von Zwischenfällen am häufigsten vorkommt. Mit der Zeit werden Sie auch in die Lage versetzt, Muster zu erkennen. Zum Beispiel mag Ihnen bereits klar sein, dass Ihre Hunde um Futter streiten, aber wenn Sie wiederholt die Details aufschreiben, könnte dies ein klareres Bild liefern. Möglicherweise gibt es die Streitereien nur bei einer bestimmten Art von Futter. Oder die Hunde kämpfen nur an Tagen, an denen sie morgens nicht Gassi geführt worden sind oder wenn es früher am Tag einen Konflikt wie zum Beispiel einen Wettstreit um die Zuneigung eines Besuchers gegeben hat. Vielleicht stellen Sie auch fest, dass die Kämpfe nur auftreten, wenn ein bestimmtes Familienmitglied gerade da ist oder eben nicht da ist. Nehmen Sie so viele Details wie möglich in jeden Eintrag mit auf. Beschreiben Sie nicht nur das aktuelle Problem, sondern auch, was sonst so an diesem Tag passiert ist – oder nicht passiert ist, wie oben bezüglich Bewegung oder Futter.

Mit der Zeit wird Ihr Verhaltenstagebuch ein nützliches Gesamtbild ergeben. Hier einige der Bereiche, die ersichtlich werden:

Häufigkeit

Wenn Ihre Hunde miteinander kämpfen, werden Sie nur zu leicht frustriert und angespannt sein. Dies ist zwar vollkommen verständlich, trägt jedoch nicht zu einer objektiven Beurteilung von Verhaltenstendenzen bei. Ohne sorgfältige Aufzeichnungen würden Sie die Frage „Wie oft kämpfen Ihre Hunde?“ mit so etwas wie „Das kommt andauernd vor!“ beantworten. Es mag sich wirklich so anfühlen, und tatsächlich kann es sein, dass Ihre Hunde einmal in mehreren Wochen streiten. Der andere Vorteil aus der Aufzeichnung jedes Vorkommnisses ist, dass mit der Zeit ein Muster hervortritt. Sie werden in der Lage sein zu sehen, ob die Häufigkeit der Vorkommnisse zunimmt, abnimmt, oder gleichbleibt. Stellen Sie sicher, dass Sie jedes einzelne Vorkommnis auch aufzeichnen.

Intensität

Es mag schwierig sein, diesen Punkt aus einer neutralen Sichtweise aufzuzeichnen, aber versuchen Sie, dabei so objektiv wie möglich zu sein. Vermeiden Sie Adjektive wie zum Beispiel „schrecklich" oder „gruselig". Es nützt nichts, wenn Sie sagen *Max und Charlie hatten einen schrecklichen Kampf heute.*

Vielmehr könnten Sie den Vorfall so aufzeichnen:
Max und Charlie haben heute Morgen gekämpft. Charlie stürzte sich auf Max wegen des Futters in seiner Schüssel, und Max biss Charlie in die Kehle. Ich untersuchte Charlies Nacken, es gab keine sichtbaren Wunden. Das mag gefühllos und kalt klingen, doch genau darum geht es. Für Sie, den liebevollen Besitzer, ist es praktisch unmöglich, vollkommen objektiv zu sein. Das weiß ich nur zu gut! Doch wenn Sie Adjektive vermeiden und dafür Interaktionen mit so vielen Details wie möglich aufzeichnen, wird Ihnen dies bei einer ordentlichen Auswertung helfen.

Äußere Umstände

Wie schon gesagt: versuchen Sie, bei jedem Eintrag nicht nur den Vorfall an sich aufzuzeichnen, sondern auch alle Faktoren, die eventuell dazu beigetragen haben. Ging es einem der Hunde davor schon nicht gut? War einer an diesem Morgen beim Tierarzt? Fehlt den Hunden der Morgenspaziergang, weil Sie früh zur Arbeit gehen mussten? Gab es Spannungen unter Familienmitgliedern? War ein Besucher im Haus, der die Hunde nervös gemacht hat? Dies sind nur ein paar Beispiele für Dinge, die zu Spannungen führen und schließlich einen Gewaltausbruch verursachen können.

Machen Sie Eintragungen ins Verhaltenstagebuch, während Sie das Buch durchlesen, und bleiben Sie dabei, nachdem Sie mit dem Lesen fertig sind. Ihre sorgfältige Aufzeichnung wird Informationen von unschätzbarem Wert liefern, in denen der Schlüssel zur Lösung der Probleme Ihrer Hunde liegen könnte.

4

Das Profil

Es ist wichtig, beim Auswerten von Verhaltensproblemen jeglicher Art das vorliegende Problem so genau und detailliert wie möglich zu bestimmen. Wenn Sie zum Beispiel zu mir kommen und sagen, Ihr Hund habe Angst vor Männern, dann wäre das ein guter Anfang. Ich würde dann versuchen, das Problem genauer einzugrenzen: Hat Ihr Hund Angst vor *allen* Männern? Konzentriert sich die Angst auf Männer von bestimmter Größe oder Statur? Hat er Angst vor Männern einer bestimmten Hautfarbe? Wie sieht es aus bei Männern mit Bart oder welchen, die Hüte oder Sonnenbrillen tagen? Hat Ihr Hund Angst vor männlichen Besuchern, ist aber bei Männern, die er auf der Straße trifft, zufrieden? Dies sind nur ein paar Beispiele für Details, die ich wissen wollen würde, um ein vollständiges Bild des Verhaltens zu bekommen.

Obwohl es von Fall zu Fall Ähnlichkeiten geben mag, sind keine zwei Szenarien gleich, was Spannungen unter Hunden in häuslicher Umgebung anbelangt. Zehn Hundebesitzer könnten Hunde haben, die zerstritten sind, aber bei jedem von ihnen wäre die Situation anders. Beispielsweise hat Brenda zwei kleine Jack-Russell-Terrier. Kima und Malone verstehen sich die meiste Zeit fantastisch. Sie spielen zusammen, gehen zusammen spazieren und sind sogar dafür bekannt, dass sie sich gemeinsam für ein Nickerchen einrollen. Aber wehe, wenn man die Quietschespielzeuge hervorholt – dann ist alles aus! Binnen einer halben Sekunde verwandelt sich Kima vom süßen Hündchen in einen „Jack-Russell-Terrorist“! Glücklicherweise ist dieses Problem bei Brenda zu Hause auf Spielzeug beschränkt.

Vergleichen Sie einmal Brendas mit Donnas Problem, deren Deutsche-Schäferhunde – Mischlingsrassen sich ständig streiten. Diesel bewacht Fressen, Spielzeug, und sogar Donna vor Jojo. Unglücklicherweise weicht Jojo nicht aus, und Auseinandersetzungen sind die Folge. Dazu kommt noch, dass Spielen oft in Streit ausartet. Und wenn die beiden am Zaun zum Nachbarsgarten entlangrennen, um die Nachbarshunde zu jagen, wandelt sich ihre Erregung oft in Aggressionen gegeneinander um. Während Brenda die Probleme ihrer Hunde ziemlich leicht regeln kann, fühlt Donna sich hilflos, weil sie nie weiß, wann ihre Hunde in ein plötzliches Tohuwabohu ausbrechen. Doch selbst in Donnas Fall kann die Situation bedeutend gebessert werden. Der erste Schritt ist, das Problem auf zwei typische Auslöser zu reduzieren.

Das Dokument erstellen

Das Schriftstück, das Sie verfassen werden, wird Ihnen bei der präzisen Berücksichtigung und Identifizierung von Auslösern und Problemen behilflich sein. Es wird auch als Basis dienen, von der aus Sie beginnen werden, sodass Sie irgendwann in der Lage sein werden, zurückzublicken und Ihre Fortschritte auszuwerten. Am wichtigsten aber ist, dass Sie dieses Profil beim Lesen des Buches zur Individualisierung eines Plans verwenden, mit dessen Hilfe Sie systematisch jedes Verhaltensthema angehen können.

Wahrscheinlich haben Sie bereits eine Vorstellung davon, was Konflikte zwischen Ihren Hunden schafft. Diese Übung wird Sie dazu bringen, individuelle Auslöser zu betrachten.

Möglicherweise stellen Sie fest, dass sich mit den Ergebnissen ein anderes Gesamtbild abzeichnet als dasjenige, das Sie jetzt im Sinn haben. Zum Beispiel ist Ihnen vielleicht gar nicht klar, wie viele Sachen ein Hund vor dem anderen bewacht. Oder vielleicht finden Sie heraus, dass er nur ganz bestimmte Dinge bewacht, während Ihr anderer Hund andere Dinge wertvoll findet.

Kein Profil ist weder gut noch schlecht. Es gibt keine Wertung. Wichtig ist, dass Sie sich Zeit nehmen, um jede Frage sorgfältig zu betrachten und in Ihren Antworten so detailliert wie möglich sind. Schreiben Sie zu jedem Verhalten auf, welcher Hund beteiligt war oder ob es von beiden (oder mehreren) Hunden gezeigt wurde. Auf der linken Seite des Blattes listen Sie jedes Problem auf und auf der rechten die Lösung – sei es nun durch Management, Training oder Verhaltensänderung, und wie diese umgesetzt worden ist. Machen Sie sich keine Sorgen, falls die rechte Seite im Moment noch leer bleibt. Während Sie sich Kapitel für Kapitel vorarbeiten, werden Sie sich zu Ihrem Profil zurückbeziehen und die zu dem speziellen Problem Ihrer Hunde passende Lösung eintragen. Wenn Sie mit dem Buch dann durch sind, sollten Sie ein vollständiges Profil haben.

Das Bewachen von Ressourcen

Hunde bewachen Dinge voreinander – sowohl gewöhnliche als auch ungewöhnliche. Hier nur ein Beispiel eines seltsam anmutenden Bewachungsverhaltens unter meinen eigenen Hunden: Bananen gehören zu meinem täglichen Frühstück und ich gebe jedem meiner Hunde immer ein kleines Stück ab. Wenn sie mit Fressen fertig sind, leckt Sierra manchmal Bodhis Schnauze. Ist sie unterwürfig? Nein. Sie versucht, an jedes Stückchen Banane zu gelangen, das übriggeblieben ist. Wenn Bodhi den Kopf wegdreht, knurrt sie. Ja, Sierra bewacht das Fressen in Bodhis Schnauze vor ihm selbst. Da haben Sie es. Nun, das sollte es Ihnen leichter machen, die Fragen dazu zu beantworten, was Ihre eigenen Hunde bewachen! Nachfolgend einige Beispiele, die zum Nachdenken anregen.

FUTTER

Bewacht ein Hund Futter vor dem anderen? Sollte dies der Fall sein, handelt es sich um eine spezielle Art von Futter oder um alles Essbare? Taucht das Verhalten nur auf, wenn das Futter in einer Schüssel serviert wird? Passiert es nur, wenn die Hunde an einem bestimmten Ort gefüttert werden? Bewachen Ihre Hunde auch Nahrung, die sich nicht in ihrem Besitz befindet, wie die auf Ihrem Esstisch? Gibt es irgendwelche anderen Futter-Themen oder mit Futter verbundene Situationen, die Ihnen einfallen?

KAUARTIKEL UND SNACKS

Streiten sich Ihre Hunde um Knochen, Schweineohren, Ochsenziemer oder andere Kauartikel? Falls ja, um welche? Wie steht es mit Snacks wie Hundekeksen? Gibt es eine Neigung zum Konflikt bezüglich allem, was ihnen gegeben wird, oder geht es nur um spezielle Kausachen oder Snacks, die das Bewachungsverhalten hervorrufen? Was passiert, wenn ein Keks oder eine Belohnung auf den Boden fallen gelassen wird? Stürzt sich mehr als ein Hund darauf, gefolgt von einer heftigen Auseinandersetzung?

WASSER

Wasser ist überall und so viele Tropfen sind zum Trinken da. Aber versuchen Sie mal, das so manchem Hund zu sagen. Es ist nicht so verbreitet wie das Bewachen von Nahrung, aber es gibt Hunde, die ihren Wassernapf vor anderen bewachen, weil sie Wasser als eine wertvolle Ressource betrachten. Tun Ihre das?

SPIELZEUG

Gibt es ein bestimmtes Stoff – oder Quietschespielzeug, das ein Hund eher bewacht? Oder streiten sich Ihre Hunde um jedes Spielzeug, das ihnen gegeben wird? Wie sieht es mit Spielzeug aus, das sich nicht in ihrem Besitz befindet, wenn Sie zum Beispiel einen Ball oder ein Frisbee werfen? Die Erregung, die durch das Rennen erzeugt wird und die Aufregung aus dem Nachjagen können eine Konkurrenzsituation leicht in eine gefährliche Situation verwandeln. Führen diese Faktoren verbunden mit dem Verlangen nach dem Besitz des Spielzeugs bevorzugt zu einer Auseinandersetzung? Bedenken Sie auch die Örtlichkeit: Ist es für Ihre Hunde in Ordnung, wenn sie im Garten mit Spielsachen spielen, aber nicht, wenn diese Spielsachen im Haus sind? Gibt es andere beeinflussende Faktoren?

ANDERE DINGE

Es ist unmöglich, alle Dinge aufzuführen, die Hunde voreinander bewachen. Ich kannte Hunde, die Socken oder Unterwäsche aus dem Wäschekorb des Besitzers geholt und bewacht haben. Ich habe Hunde gesehen, die ihre eigenen Fäkalien bewacht haben. Ich kenne sogar einen Hund, der Staubmäuse bewacht hat! (Zum Glück nicht bei mir zu Hause.) Fällt Ihnen noch etwas ein, was Ihre Hunde für wertvoll genug befunden haben, um sich darüber zu streiten?

ÖRTLICHKEITEN

Nehmen Ihre Hunde es anderen übel, wenn diese in die Nähe ihrer Hundedecke, ihres Korbs oder Platzes auf dem Sofa kommen? Liegen sie quer in Türöffnungen, um anderen den Zutritt zu verwehren und werden so effektiv zu fellbedeckten Bremsschwellen? Neigt ein Hund zum Blockieren der Hundeklappe und lässt den anderen Hund nicht durch? Die beiden letztgenannten sind häufig auftretende Situationen, die von Besitzern gerne übersehen werden.

BESITZER

Sie, liebe/r Leser/in, sind eine sehr wertvolle Ressource! Jeder Ihrer Hunde ist ein großer Fan von Ihnen und würde Sie zweifellos gerne ganz für sich alleine haben. So sehr das auch schmeicheln mag – es kann Spannungen und Konflikte erzeugen. Versucht ein Hund sich dazwischen zu drängeln, wenn Sie den anderen streicheln? Falls ja, lässt sich der Weggeschobene das gefallen, oder folgt darauf eine Beißerei? Steht einer Ihrer Hunde mit dem ganzen Körper quer vor

Ihnen und blockiert so den Zugang des anderen zu Ihnen? Springt einer auf die Couch und legt sich quer auf Ihren Schoß, wobei er den anderen niederstarrt? Auf welche Weise zeigen Ihre Hunde das Besitzergreifende bezüglich Ihnen oder anderen Familienmitgliedern? Wen und unter welchen Umständen bewachen sie?

BESUCHER

Hat einer Ihrer Hunde das Gefühl, dass jeder, der ins Haus kommt, zu *ihm* kommt, und zwar nur zu ihm? Verbunden mit der Aufregung, die durch die Ankunft eines Besuchers erzeugt wird, kann dies einer Katastrophe Tür und Tor öffnen. Werden Ihre Hunde besitzergreifend dem Besucher gegenüber? Blockiert einer den Zugang des anderen zu der Person, zieht die Lefzen hoch oder knurrt, wenn der andere Hund näherkommt? Wird diese Reaktion nur bei einer bestimmten Person hervorgerufen oder ist jeder ein potenzieller Auslöser?

ERREGUNG

Wie schon zuvor erwähnt, passiert es nur allzu leicht, dass Aufregung in einen Zustand hoher Erregung übergeht und letztendlich in Aggressionen überkocht. Ist es wahrscheinlich, dass ein Streit ausbricht, wenn Ihre Hunde sich verrückt machen durch

* gemeinsames Spielen?
* Hinterherjagen hinter einem Ball?
* am Zaun Entlangrennen mit dem Nachbarhund?
* einen Besucher an der Tür?

Welche anderen hocherregenden Situationen fallen Ihnen ein, die Ihre Hunde zum Streiten bringen?

EINDRINGLINGE

Sind Ihre Hunde zudringliche Invasoren? Respektieren sie den Platz des jeweils anderen oder neigen sie dazu, sich anzurempeln und herumzuschubsen? Streitereien bezüglich Individualabständen können umso schlimmer ausfallen, wenn ein Hund schlecht hört oder sieht und er dadurch andere Hunde nicht oder spät bemerkt, während sie sich nähern oder die Warngeräusche oder Körpersprache des anderen nicht wahrnimmt. Falls der Hund älter ist, arthritisch, krank oder verletzt, kann das ihn auch dazu bringen, dass er Herumschubsen oder das Eindringen in seinen Bereich übelnimmt.

STRESS

Je entspannter Ihre Hunde sind, desto geringer ist die Wahrscheinlichkeit für einen Kampf. Beinahe alles trägt das Potenzial in sich, Stress zu verursachen. Angefangen beim körperlichen Unwohlsein bis hin zur emotionalen Unausgeglichenheit. Auch Umweltfaktoren können zu Stress beitragen. Dazu kommt noch die Tatsache, dass manche Hunde empfindlicher sind als andere. Prüfen Sie die nachfolgende Liste und schreiben sich die möglichen Auslöser bezüglich Ihrer Hunde heraus:

* körperliches Unwohlsein
* Angst oder Furcht
* Trennungsprobleme
* stressauslösende Umgebungsfaktoren wie Familienkonflikte, Handwerker im Haus oder laute Bauarbeiten nebenan

Falls der Stress seinen Ursprung in einer Krankheit hat, tun Sie, was immer Sie können, um es Ihrem Hund bequem zu machen. Management, wozu etwa gehört, Ihren anderen Hunden nicht zu erlauben, den kranken Hund zu ärgern, hat einen großen Anteil an der Lösung. Wenn die Stressauslöser mit Furcht, Angst oder Trennungsproblemen zusammenhängen, so sind dies Verhaltensprobleme, die behandelt werden können (hilfreiche Literatur siehe unter *Serviceteil*). Umgebungsbedingter Stress kann zur Herausforderung werden, denn man kann zwar einige Dinge kontrollieren, aber nicht alle. Beginnen Sie damit, aufzuschreiben, welche Dinge in der Umgebung Ihren Hund unter Spannung setzen und überlegen Sie, ob man an diesen etwas verändern kann. Vergessen Sie dabei nicht das Phänomen der Anhäufung von Auslösern: Je weniger Auslöser sich ansammeln, desto weniger wahrscheinlich ist es, dass Ihre Hunde Reaktionen gegen den anderen Hund zeigen.

Es wäre unmöglich, jeden möglichen Aggressionsauslöser hier aufzuzählen. Nehmen Sie sich etwas Zeit, zu überlegen, was sonst Spannungen zwischen Ihren Hunden auslösen könnte. Vielleicht greift einer den anderen an, wenn er sich wegen eines plötzlichen Geräuschs erschreckt. Vielleicht geht einer dem anderen hinterher, eine Woche vor der Läufigkeit der Hündin. Falls es noch andere Leute bei Ihnen zu Hause gibt, setzen Sie sich zu einem Brainstorming zusammen, was die Spannungen und Streitereien verursachen könnte. Und seien Sie wachsam beim Beobachten Ihrer Hunde. Immer, wenn sich etwas ändert, passen Sie Ihr Profil an, damit die Informationen so aktuell wie möglich bleiben.

Beispiel-Profil

Nachfolgend ein Beispiel dafür, wie ein Profil für Pixel und Peeper, zwei kleine Terrier-Mischlinge, aussehen könnte. Obwohl die rechte Spalte derzeit noch weitgehend leer ist, wird das Profil vollständig sein, sobald ihr Besitzer das Buch zu Ende gelesen hat. Sobald Sie das Buch zu Ende gelesen haben, werden Sie die Lösung zu jedem dieser Probleme kennen.

Problem	Lösung
Peeper bewacht sein Futter beim Fressen vor Pixel.	Die Hunde beim Fressen voneinander trennen.
Pixel bewacht manchmal Kuscheltiere vor Peeper.	Plüschtiere nur herausholen, wenn die Hunde betreut oder voneinander getrennt sind.
Peeper wird eifersüchtig, was unsere Zuneigung angeht. Wenn Pixel dazu kommt, kann es zum Kampf kommen.	
Wenn Besucher kommen, werden die Hunde so aufgeregt, dass es manchmal zum Streit kommt.	
Aus Spiel wird manchmal Kampf.	
Beim Spazierengehen greift Peeper manchmal Pixel an, wenn ein anderer Hund vorbeiläuft.	

Körpersprache und subtile Signale

Duke der Dalmatiner hat im Garten einen Knochen ausgegraben. Jetzt liegt er auf dem Wohnzimmerteppich und genießt die gut gereifte Belohnung, als Daisy der Yorkshire sich nähert.

„Hey!" warnt Duke. „Bleib weg, Das ist mein Knochen!"

„*Dein* Knochen? Das glaube ich wohl eher nicht!" gibt Daisy zurück, während sie weiter näherkommt.

„Hast du mich gerade nicht verstanden?" sagt Duke, senkt seinen Kopf über den Knochen und erhebt seine Stimme. „Wer's findet, darf's behalten!"

„*Du* wirst gleich derjenige sein, der einen Haufen Ärger bekommt, wenn du nicht teilst", knurrt Daisy und rückt an, um sich die leckere Beute zu schnappen.

Diese Art von Konversation findet zwischen Hunden andauernd statt. Obwohl sie nicht unsere Sprache sprechen, kommunizieren sie genauso mittels Körpersprache und Lauten. Wenn wir zu beobachten lernen und ihre Sprache verstehen, können wir besser erkennen, wann unsere Hunde beginnen, angespannt zu sein – und können einschreiten, ehe Reibereien in Kämpfe ausarten.

Hunde sind im Erkennen ihrer Körpersprache untereinander ziemlich gut, wir Menschen allerdings übersehen oft deren Feinheiten. Ein prima Weg zum fließenden Beherrschen der Hunde-Körpersprache ist das Aufzeichnen als Video, während Ihre Hunde spielen oder anderweitig miteinander in Interaktion sind. Wenn Sie das Material nochmals anschauen – idealerweise in Zeitlupe, aber Normalgeschwindigkeit wird es auch tun – versuchen Sie, die Signale zu erkennen, die in diesem Kapitel beschrieben werden. Achten Sie auf diese auch im täglichen Leben. Der erste Schritt dahin, das Verhalten Ihrer Hunde kontrollieren zu können, ist, sich des ständigen stillen Dialogs zwischen ihnen bewusst zu werden.

Die nachfolgend beschriebenen Ausdrücke von Körpersprache und Vokalisation zeigen Angst, Aggression, Stress oder eine Bedrohung. Obwohl man jeden für sich sehen kann, sollten sie als Teil des Ganzen ausgewertet werden und immer im Kontext der jeweiligen Situation.

Ohren und Rute

Wichtig ist, dass Sie die Normalstellungen der Ohren und des Schwanzes – der Rute – Ihres Hundes kennen, damit Sie feststellen können, wenn sich etwas verändert hat. Bei Hunden mit Stehohren wie Deutschem Schäferhund oder Spitz ist es einfacher, die feinen Veränderungen der Ohrpositionen zu erkennen, als bei Schlappohr-Hunden wie Retrievern oder Spaniels. Aber grundsätzlich sind flach angelegte Ohren ein Zeichen von Angst oder Unterwerfung, während nach vorn gestellte Ohren intensive Aufmerksamkeit, Dominanz oder Aggression anzeigen. Natürlich gibt es viele Positionen, die irgendwo dazwischen liegen. Mein erster Deutscher Schäferhund, die Hündin Soko, legte ein Ohr leicht nach hinten und zur Seite, wenn sie beunruhigt war. Weil ich sie so genau kannte, konnte ich das beobachten und, falls nötig, entsprechend handeln. Es ist wichtig, dass Sie derart feine Veränderungen in den Ohrpositionen Ihres eigenen Hundes wahrnehmen.

Die normale Rutenstellung Ihres Hundes sollte ebenfalls festgehalten werden. Manche Hunde wie Akitas oder andere Spitz-Rassen haben eine über dem Rücken eingerollte Rute, während die von Greyhounds und anderen Windhunden viel tiefer hängt und sogar dann eingezogen wirken kann, wenn der Hund vollkommen entspannt ist. Eine Rute, die tiefer gehalten wird als sonst oder eingezogen wird, kann grundsätzlich Ängstlichkeit, Furcht oder Unterwerfung anzeigen. Nervöse Hunde wedeln oft in niedrigen, kleinen engen Bögen. Eine Rute, die hoch gehalten wird, insbesondere eine, mit der steif gewedelt wird wie eine Fahne, sei es unter Einbeziehung der ganzen Rute oder auch nur der Spitze, kann ein Zeichen für Vertrauen, Dominanz oder Aggression sein. Es ist wichtig zu wissen, dass die Körpersprache von Hunden mit kupierten Ohren oder Ruten für andere Hunde und den Menschen schwieriger zu lesen ist.

Beachten Sie den eingezogenen Schwanz, die zurückgelegten Ohren und den geduckten Körper.

Nochmals, Veränderungen der Positionen von Ohren und Rute können sehr fein sein. Die Ohren eines besorgten Hundes müssen nicht ganz flach am Kopf liegen. Ein einzelnes Ohr könnte nach hinten geklappt sein oder beide gehen etwas zurück. Die Rute eines verängstigten Hundes braucht nicht komplett eingezogen zu sein, kann jedoch tiefer gehalten werden als üblich. Denken Sie auch daran, dass man Körpersprache immer im Zusammenhang lesen muss. Zum Beispiel könnte die Rute hoch gehalten werden und mit ihr während des Spielens steif gewedelt werden, aber dasselbe würde auch während einer angespannten Begrüßung eines anderen Hundes zur Schau gestellt werden. Selbst wenn Sie den Kontext kennen, werden die Dinge nicht immer klar ausgesprochen. Beispielsweise kann das Ohr eines Hundes flach am Kopf angelegt sein, während er einen anderen Hund anknurrt. In diesem Fall zeigt der Hund eine widersprüchliche Körpersprache, weil er versucht, dem anderen Hund Angst einzujagen, während er selbst wegen der Begegnung nervös ist.

Das Aufstellen der Haare - Piloerektion

Das Aufstellen der Nackenhaare, mit Fachbegriff Piloerektion genannt, wird oft als sicheres Zeichen für Aggression fehlinterpretiert. Es stimmt zwar, dass das Haareaufstellen oft mit einer Demonstration von Aggression einhergeht, es kann aber auch ein Ausdruck von Aufregung und Angst sein. Wenn Hunde sich fürchten, stellen sie vielleicht ihre Nackenhaare, um sich selbst größer und einschüchternder erscheinen zu lassen. Wie der bekannte Ethologe und Autor Dr. Roger Abrantes sagt: „Der angsterfüllte, unterwürfige und überraschte Hund mag seine Nackenhaare stellen, um den Gegner zu ängstigen. Falls er damit Erfolg hat, seinen Gegner für einen Moment zögern zu lassen, wird er eine bessere

Mojo hält seinen Schwanz hoch und stellt die Nacken – und Rückenhaare, während er auf einen anderen Hund trifft.

Chance haben, seinen Rückzug vorzubereiten oder zu fliehen.“ Weiterhin wird das Aufstellen der Haare auch im Spiel beobachtet, denn es ist ganz einfach eine Körperfunktion bei Erregung. Wenn Sie bei Ihren Hunden das Aufstellen der Haare beobachten, sehen Sie es als emotionale Erregung an und achten Sie darauf, es im Gesamtkontext der Umstände zu diesem Zeitpunkt zu interpretieren.

Lefzenlecken, Gähnen, Abwenden, Kratzen, Schnüffeln

Manches an der Körpersprache der Hunde ist sehr subtil, aber wenn Sie lernen, darauf zu achten, werden Sie dies bald nicht nur bei Ihren Hunden, sondern auch bei anderen Hunden bemerken. Es gibt einen speziellen Komplex an Signalen, der von Wolfs-Ethologen lange als *cut off signals, Abschaltsignale,* bezeichnet worden ist. Viele moderne Hundeverhaltensexperten nennen diese *Beschwichtigungssignale.* Die Zurschaustellung dieser Signale (*im Ethologen-Fachjargon spricht man von einem „Display“ als Bezeichnung für eine Signaleinheit mit Bedeutungseinheit, Anm. d. dt. Verlages*) wird oft beobachtet, wenn ein Hund gestresst, nervös oder ängstlich ist. Einem anderen Hund können sie zu verstehen geben, dass derjenige, der diese Signale aussendet, keine Bedrohung darstellt.

Das Lefzenlecken kommt aus verschiedenen Gründen vor. Lassen Sie eine leckere Belohnung vor Ihrem Hund baumeln und dies wird höchstwahrscheinlich ein Lefzenlecken, begleitet von einem glücklichen Leuchten in den Augen, zur Folge haben. Aber das Lefzenlecken ist auch ein verbreitetes Zeichen dafür, dass der Hund besorgt ist, was seine Umgebung anbelangt. Diese Art des Lefzenleckens ist eher eine rasche, züngelnde Bewegung, bei der die Zunge heraus-

Lefzenlecken, Kopf und Blick abgewandt.

Wer schaut in die furchterregende Kamera? Keiner! Ein Welpe gähnt noch dazu.

schnellt und entweder die Ober – oder Unterlippe kurz berührt, um wieder zu verschwinden. Es wiederholt sich oftmals, ein kurzes Züngeln nach dem anderen. Schauen Sie sich einmal um, wenn Sie das nächste Mal im Wartezimmer Ihres Tierarztes sind. Sie werden wahrscheinlich viele nervöse Hunde sehen, die mit Lefzenlecken beschäftigt sind.

Das Gähnen ist ein weiteres Signal, das aus mehreren Gründen vorkommt, aber es ist auch ein verbreitetes Signal für Stress – und eines, das man leicht bemerkt. Haben Sie schon einmal gesehen, wie ein kleines Mädchen einen Hund umarmt? Das Kind strahlt über das ganze Gesicht, während seine Arme den haarigen Freund umschließen. Der Hund selbst mag nun, wie so viele, das Umarmtwerden nicht wirklich genießen. Daher gähnt er und zeigt gleichzeitig ein weiteres Signal für Stress, indem er sich abwendet. Das Abwenden kann nur den Kopf oder auch den gesamten Körper umfassen. Betrachten wir es einmal so: Wenn etwas, das Sie beunruhigt, genau vor Ihnen wäre – würden Sie dem direkt ins Auge sehen wollen oder würden Sie sich abwenden? Das Gleiche gilt dafür, ob das beängstigende Ding Sie anschaut oder von Ihnen abgewandt ist. Falls ein riesiger Grizzly auf Ihrer Veranda erschiene – wäre es Ihnen lieber, er würde Sie direkt anschauen, oder er hätte sich zur Seite gewendet? Wenn zwei Hunde sich

Dieser Blick bedeutet nicht „Freut mich, dich zu sehen!“

aus ihrer Interaktion ab – und einer möglichen Konfrontation zuwenden, beobachten Sie womöglich, wie ein Hund einlenkt, indem er seinen Kopf abwendet und ein weiteres Beschwichtigungssignal zeigt, indem er den Blick abwendet.

Kratzen und Schnüffeln sind zwei weitere verbreitete Beschwichtigungssignale. In dem Moment, wo es im Spiel zwischen Hunden rau zuzugehen beginnt, könnte einer von beiden den Eindruck erwecken, als habe er plötzlich etwas Faszinierendes auf dem Boden entdeckt: „Wow! W*as ist das? Auszeit!*" In Wirklichkeit nutzt er die vorgetäuschte Schnüffeluntersuchung als Möglichkeit, eine Pause in der Aktion zu schaffen, um den anderen Hund zu beruhigen. Genauso könnte es einen Hund plötzliches irgendwo jucken, wo vorher nichts gewesen war. Bei meinen beiden früheren Hunden, Soko und Mojo, war dieses Schauspiel zwischen den beiden oft vorhersehbar. Wenn das Spiel sich zu einem Punkt hochgeschaukelt hatte, an dem die Grobheit für Soko besorgniserregend wurde, konnte ich tatsächlich im Geist herunterzählen „3-2-1 …" bis sie ein plötzliches Jucken verspürte – und indem sie sich am Hinterteil kratzte, wandte sie sich wirkungsvoll von Mojo ab und verlangte eine Auszeit, während derer sich beide Hunde beruhigten.

Anstarren

Dies ist einer der wichtigsten Bestandteile der Hundekörpersprache, von dem Sie je hören werden, und einer, den viele Hundebesitzer übersehen. Ich kann Ihnen gar nicht sagen, wie oft ich in Häuser zu Situationen gerufen wurden, in der die Besitzer glaubten, ein Hund würde immer zu streiten beginnen, während in

Wahrheit der andere Hund ihn heftig angestarrt und der mutmaßliche Angreifer darauf lediglich reagiert hatte. Ich bin in New York aufgewachsen, oft mit der Subway gefahren und kann Ihnen mit Sicherheit sagen, dass sowohl in der New Yorker Subway als auch zwischen Hunden nichts über ein fixes Anstarren geht.

Fixes Anstarren – das „böse Auge", wie manche meiner Kunden es auch nennen – ist schlicht und ergreifend eine Drohung. Diese wird von anderen Hunden sofort wahrgenommen. Der konzentrierte, unbewegte Blick wird oftmals begleitet von einer vollkommenen Unbeweglichkeit des Körpers. Als Trainer würde ich lieber einem Hund begegnen, der auf mich zustürzt und anbellt, als einem, der stocksteif dasteht, den Kopf leicht senkt und starrt. Während der erste Hund sicherlich kein angenehmer Zeitgenosse ist, verschwendet er aber seine Energie damit, jede Menge Krach zu machen in der Absicht, mich wegzuscheuchen. Der zweite Hund spart seine Kräfte. Wehe, wenn er explodiert: geben Sie gut auf sich Acht!

Anstarren kann man auch beobachten, wenn ein Hund etwas in seinem Besitz hat, das er nicht teilen möchte, wie im Beispiel von Daisy und Duke. Der Kopf wird höchstwahrscheinlich gesenkt sein, entweder leicht oder vollständig über dem Objekt, und das Starren kann durch ein Knurren begleitet werden. Das Anstarren kann in einer Vielzahl von Umständen vorkommen. Sagen wir einmal, einer Ihrer Hunde sitzt mit Ihnen auf dem Sofa und der andere nähert sich in der Hoffnung auf ein paar Streicheleinheiten. Der Hund auf dem Sofa könnte ein flüchtiges Anstarren zeigen, das von Ihnen unbemerkt bleibt, insbesondere, wenn er in diesem Moment von Ihnen abgewandt ist. Wenn der andere Hund mit Schnappen oder Knurren reagiert, mag es so scheinen, als würde der andere Hund herkommen und einen Streit anfangen, während in Wirklichkeit der Hund neben Ihnen der Impulsgeber war.

Beobachten Sie Ihre Hunde sorgfältig. Wenn es eine Situation gibt, die typisch dafür ist, Spannung unter ihnen zu verursachen, beobachten Sie die Augen. Starrt einer den anderen heftig an? Falls dies der Fall ist, könnte das Ihr Schlüssel sein und der Moment zum Eingreifen, ehe die Dinge eskalieren.

Ein angespannter Moment. Beachten Sie das Einfrieren, Anstarren und die nach vorne gerichteten Ohren beim rechten Hund, wohingegen beim Hund links die Ohren zurückgelegt sind und er nicht so heftig starrt wie der andere. Gespannte Leinen, wie sie hier zu sehen sind, sollten beim Aufeinandertreffen von Hunden vermieden werden, denn sie können weitere Spannung erzeugen.

Eine andere Mimik, nach der man Ausschau halten sollte, ist das sogenannte Walauge. Dabei wird deutlich mehr vom Weißen des Auges sichtbar als normalerweise. Das Walauge kann beobachtet werden, wenn ein Hund sich vom anderen in Furcht abwendet, aber ein Auge auf die Bedrohung haben möchte. Auch kann man es beobachten, wenn ein Hund seinen Kopf zu etwas hinuntergesenkt hat, was er bewacht, aber ein Auge auf einen sich nähernden Hund behält. Kurz gesagt, ein Hund mit Walauge ist gestresst.

„Einfrieren"

Wie bereits gesagt, wird das Anstarren manchmal von einer vollständigen Bewegungslosigkeit des Körpers begleitet. Dieses sogenannte Einfrieren kann allerdings auch ohne Anstarren beobachtet werden. Wenn ein Hund einfriert, erlaubt ihm dieser eine Sekundenbruchteil, die Situation, mit der er konfrontiert ist, einzuschätzen. Vielleicht haben Sie so etwas schon einmal gesehen, als sich einem Hund ein ihm unbekannter Hund angenähert hat. Einer oder beide Hunde haben vielleicht plötzlich aufgehört, mit dem Schwanz zu wedeln. Die Schnauze, die bei vielen Hunden im Normalfall in einem hechelnden „Grinsen" geöffnet ist, schließt sich und mag angespannt erscheinen. Es kann auch vorkommen, dass die Augenpartie angespannt ist und sich bei manchen Hunden senkrechte Falten zwischen den Augen zeigen. Bei dieser Art der Körpersprache können Sie die Anspannung, die in Wellen von den Hunden ausgeht, geradezu spüren. Es kann sein, dass nach dem Einfrieren, insbesondere, falls es von Anstarren begleitet wird, ein Hund sich als Nächstes auf einen anderen stürzt. Allerdings ist es in vielen Fällen, in denen sich Hunde begegnen, so, dass ein sehr kurzes Einfrieren von einer Vorderkörpertiefstellung (Play Bow) gefolgt wird, mit der ein Hund zeigt, dass er keine Bedrohung darstellt – und an dieser Stelle entspannen sich beide Hunde.

Nochmals: Ein Einfrieren ist nicht in jedem Fall ein Zeichen dafür, dass ein Kampf folgt. Zusätzlich zum „Herumblödeln" und Zeigen einer Vorderkörpertiefstellung zum Durchbrechen der Spannung kann es sein, dass ein Hund einfriert, sobald er eine Bedrohung entdeckt, und sich dann fürs Wegrennen entscheidet. Oder, falls der Hund für sich bestimmt hat, dass es da nichts gibt, worum er sich sorgen müsste, könnte dem Einfrieren eine Entspannung des Körpers folgen und alles wie gehabt weiterlaufen. Am häufigsten folgen dem Einfrieren Verhaltensweisen wie Kämpfen, Fliehen, Herumblödeln, sowie das Zurückkehren in einen entspannten Zustand.

Das Knurren

Knurren ist etwas Gutes. Ja, Sie haben richtig gelesen! Natürlich würden wir es vorziehen, wenn unsere Hunde uns nicht anknurren, weder einen anderen Hund noch sonst jemanden. Aber ein Knurren ist das Frühwarnsystem des Hundes. Es ist seine Art, einen anderen Hund oder eine Person wissen zu lassen, dass ihm etwas nicht passt. Um ein Menschenbeispiel zu verwenden: Stellen Sie sich vor, Sie stehen in der Kassenschlange beim Supermarkt. Ein anderer Kunde steht sehr dicht hinter Ihnen. Sie fühlen sich unwohl. Die Person rückt näher heran, dringt weiter in Ihren Wohlfühlabstand ein. Was würden Sie tun? Vielleicht versuchen Sie, etwas nach vorne zu gehen, aber wenn jemand vor Ihnen steht, wäre diese Option recht eingeschränkt. Wenn der Eindringling sich näher heranbewegt, bis Sie seinen Atem spüren können und irgendwann quasi an Sie gepresst wäre, wären Sie gezwungen, sich umzudrehen und (angenommen, Sie wählen die nette Variante) Sie müssten so etwas sagen wie „Entschuldigen Sie mal!" Die Person würde dann hoffentlich merken, was sie da tut, sich entschuldigen und zurückweichen. Wenn dem nicht so wäre, würden Sie sich wahrscheinlich noch mehr aufregen und am Ende Ihre Stimme erheben, um Ihren Standpunkt noch mehr zu verdeutlichen.

Im vorangegangenen Beispiel war Ihre Warnung mit Worten das Pendant zum Knurren eines Hundes. Jetzt stellen Sie sich dieselbe Situation vor, aber Sie könnten nicht sprechen. In der Schlange stehend, sich unwohl fühlend, was würden Sie tun? Klar, Sie könnten einfach weggehen, aber wenn Sie sich entscheiden zu bleiben, müssten Sie auf eine körperliche Handlung zurückgreifen. Sie könnten sich umdrehen und eine Hand auf die Brust der Person legen, um sie sanft wegzuschieben oder eine stärkere körperliche Annäherung unternehmen. Natürlich wird die Person es nicht schätzen, dass sie angefasst oder geschubst wird, und die Situation könnte eskalieren. Sehen Sie jetzt, wieso Knurren etwas Gutes ist? Ein Knurren ist die Art des Hundes, auszudrücken „Ich mag nicht, was du tust. Hör auf und lass das sofort!" In der Unterhaltung zwischen Duke und Daisy, als er sie zuerst freundlich gebeten hat, von seinem Knochen wegzugehen, hat er geknurrt. Als sie weiter darauf bestand, näher zu kommen, und er „seine Stimme erhob", wurde das Knurren lauter und nahm eine tiefere Klangfärbung an, was anzeigte, dass die Spannung angestiegen war und die Situation ernst wurde.

Mit Knurren können Hunde vokalisieren, wie sie sich fühlen. Falls die Möglichkeit, diese Warnung zu nutzen, wegfällt, weil der Hund fürs Knurren bestraft worden ist – was bleibt ihm da noch? Wie kann er sein Unbehagen zum Ausdruck bringen? Genau wie im Supermarkt bliebe keine andere Möglichkeit, als auf körperliche Maßnahmen zurückzugreifen, um auf die Notlage aufmerksam zu machen. *Einen Hund fürs Knurren zu bestrafen ist eine extrem schlechte Idee!* Als Verhaltensexpertin habe ich zahllose Hunde gesehen, die ohne Vorwarnung zubissen, weil sie beim Knurren mit der Stimme gemaßregelt oder körperlich bestraft wurden. Wenn Ihr Hund knurrt, sei es bei Ihnen oder einem anderen Hund, nehmen Sie die Spannung aus der Situation – und kommen dann wieder zusammen, um zu überlegen, wie man das Problem lösen könnte. Natürlich werden Ihre Hunde im Idealfall keine Veranlassung haben, sich gegenseitig oder irgendjemanden anzuknurren. Doch indem Sie Knurren als Kommunikationsmittel ansehen anstatt als etwas, das bestraft werden müsste, zeigen Sie Verständnis und Wertschätzung für die Gefühle Ihres Hundes. Dadurch können Sie die Situation richtig einschätzen und angemessen handeln. Denken Sie daran: Knurren ist nicht dazu da, um Gewalt hervorzurufen, sondern um diese zu verhindern.

Offensives Zähneblecken und Unterwürfigkeitsgrinsen

Haben Sie jemals eine Naturdoku gesehen, bei der zwei Wölfe aufeinandertreffen und die Kamera das Gesicht eines Wolfes in Großaufnahme zeigt? Plötzlich scheint es, als ob der gesamte Bildschirm nur aus Zähnen bestünde! Die obere Lefze des Wolfes ist zurückgezogen, als wollte er dem anderen Wolf sagen „*Siehst du meine perlweißen Zähne? Beachte die zwei langen, spitzen da. Sie könnten in deinem Nacken stecken, wenn du noch einen Schritt weiter gehst!*“ Dieses spektakuläre Detail der Körpersprache nennt man offensives Zähneblecken und es ist bei Hunden ebenso zu beobachten. Wenn es vollständig zur Schau gestellt wird, dann ist die obere Lefze so weit zurückgezogen, dass die Schnauze faltig wird. Die beiden Fangzähne – diese langen, gebogenen, mit denen es zur Sache geht – werden voll zur Schau gestellt, gemeinsam mit der oberen dazwischen liegenden Reihe an Zähnen. Der Kiefer kann geschlossen oder geöffnet sein. Die Zungenspitze mag dabei schnell hinein und hinausschnellen, was man nicht mit dem zuvor genannten Lefzenschlecken verwechseln sollte, mit welchem er einem anderen Hund mitteilt, „Ich bin keine Bedrohung.“ Dieses Tier zeigt ganz bestimmt eine bedrohliche Haltung! Manchmal zieht ein Hund seine Lefzen hoch, ohne in das komplette offensive Zähneblecken überzugehen. Und manche Hunde heben nur eine Ecke der oberen Lefze, was ich – ich kann nicht anders – als „die Elvis-Oberlippe“ bezeichne.

Ein offensives Zähneblecken sollte nie mit einem Unterwürfigkeitsgrinsen verwechselt werden. Beim offensiven Zähneblecken ist die obere Lefze gerade

Offensives Zähneblecken.

Unterwürfigkeitsgrinsen.

Bodhi (links) zeigt widersprüchliche Körpersprache. Obwohl er die Zähne zeigt, hat er den Körper abgewendet, eine Pfote erhoben und die Ohren nach hinten gelegt. Sierra sieht jedenfalls nicht aus, als würde sie streiten.

hochgezogen und die Mundwinkel sind nach vorne geschoben, um ein C zu formen. Bei einem Unterwürfigkeitsgrinsen werden zwar die Vorderzähne gezeigt, aber die Mundwinkel sind straff nach hinten gezogen und mehrere Backenzähne können sichtbar sein. Manche Hunde grinsen, wenn sie sich ambivalent oder sogar glücklich fühlen, und vielen hat man beigebracht, es auf Kommando vorzuführen. Manche zeigen es, wenn sie gemaßregelt wurden, nervös sind oder sich bedroht fühlen. Vor einiger Zeit gingen Videos mit Hunden, die „lachen", im Internet viral. Tatsächlich waren diese Hunde von ihren Besitzern mit Sätzen wie „Was hast du angestellt?" ausgeschimpft worden und haben alles andere als gelächelt, sondern ein Unterwürfigkeitsgrinsen gezeigt. Da das Unterwürfigkeitsgrinsen nicht so häufig gezeigt wird, wird es manchmal als Bedrohung aufgefasst. Glücklicherweise erkennen Hunde den Unterschied zwischen einem offensiven Zähneblecken und einem Unterwürfigkeitsgrinsen bei anderen Hunden. Für uns Menschen ist es wichtig, dass wir diesen Teil der Körpersprache im Zusammenhang mit anderen Signalen bewerten, die der Hund zeigt, damit wir ihn richtig einschätzen können.

In die Luft schnappen

Bekäme ich jedes Mal einen Dollar, wenn ich jemanden sagen höre: „Er wollte mich beißen, aber ich konnte meine Hand gerade noch wegziehen!", würde ich am Strand von Tahiti sitzen und schreiben. Hunde sind schneller als Menschen. Wenn ein Hund beißen will, dann beißt er. Ein Luftschnapper, bei dem der Hund anscheinend in die Luft beißt, anstatt zuzubeißen, ist eine klare Bedrohung. Der Hund sagt *„Die Leere hättest Du sein können. Wenn Du so weiter machst, dann* wirst *es Du sein!"* Hunde schnappen auch während des Spiels in die Luft, aber wo es Spannungen zwischen Hunde gibt, achten Sie auf dieses vielsagende Bisschen an Körpersprache.

Beißen

Obwohl ein Biss eher eine Aktion als ein Teil der Körpersprache ist (und wahrlich keine unterschwellige), muss man darüber reden. Der Schweregrad reicht durch das ganze Beiß-Spektrum von einem Hund, der rasch vorschnellt und das Fell des anderen kaum streift (im Grunde nur eine Warnung) bis hin zu dem Hund, der einen anderen packt und im Versuch, diesen umzubringen, am Nacken schüttelt. Die meisten Bisse sind irgendwo zwischen diesen beiden Extremen einzuordnen. Wie groß der Schaden ist, hängt nicht nur von der Bissintensität ab, sondern auch von der Größe und Stärke der beteiligten Hunde; ein ernsthafter Biss von einem Chihuahua wird wahrscheinlich nicht so viel Schaden anrichten wie der von einer Bullrasse oder einem Mastiff.

Die meisten Konflikte unter Hunden sind laut und erscheinen heftig, aber tatsächlich entsteht dabei kein körperlicher Schaden. Besonders zwei Rüden können klingen, als ob sie in eine Kneipenschlägerei verwickelt wären! Jede Menge Gebell und Knurren sind am Start und auch Luftschnappen kann dabei sein. Das alles klingt furchterregend, aber meistens ist diese Art von Geplänkel oft mehr Getöse als sonst etwas und es resultieren keine körperlichen Verletzungen daraus.

Bei Hundezankereien gibt es oft minimale Schäden bei einem oder beiden Hunden in Form von Kratzern oder kleinen Rissen, verursacht von Zähnen, die die Haut erwischt haben. Ohren und besonders die Schnauze sind anfällig für kleine Blutungen, was erschreckend aussehen kann. Es kann wechselweise zu kleinen Warnbissen kommen, die die Haut tatsächlich gar nicht durchdringen. In beiden Szenarien wollen die beteiligten Hunde keinen ernsthaften Schaden anrichten.

Wenn wir auf der Skala weitergehen, kommen wir zu Bissen, die absichtlich durch die Haut dringen. Diese können von sehr oberflächlichen Bissen bis hin zu tiefen Punktutationswunden reichen. Je ernstgemeinter ein Biss, desto tiefer dringen die Zähne in den Körper. Die Schwere von Punktuationswunden kann man anhand ihrer Tiefe, Menge und Anordnung am Körper beurteilen. Am unteren Ende der Skala liegt ein einziger, oberflächlicher Biss. Zum Beispiel wenn ein Hund herangeschossen kommt, zubeißt und wieder davonschießt oder der andere Hund wegrennt. An deutlicheren Punktuationswunden ist schätzungsweise die halbe Länge eines Hundezahns involviert. Am oberen Ende wären dann mehrfache Punktuationswunden, in die der Hund seine Zähne bis zum Anschlag versenkt hat. Wenn das Opfer sich wegzieht, kann es auch zu Risswunden kommen.

Bei einem extremen Angriff klammert ein Hund seine Zähne um das Genick des anderen Hundes und schüttelt dann seinen Kopf hin und her. Möglicherweise haben Sie Ihren Hund schon einmal dabei beobachtet, wie er dies mit einem Stoffspielzeug tut. In diesem Zusammenhang geht es ums Spielen, doch dieselbe Bewegung nutzen viele Tiere dazu, ihre Beute zu töten. Einmal hatte ich eine Kundin im Training, die mir berichtete, dass ihr größerer den kleineren Hund am Genick gepackt und geschüttelt habe. Sie fragte sich, ob dieser den Hund mit einem seiner Stoffspielzeuge verwechselt hätte. Nein! Der Hund hatte versucht, den kleineren Hund ernsthaft zu verletzen oder gar zu töten.

Wenn Ihre Hunde kämpfen, trennen Sie sie und untersuchen Sie jeden Hund sorgfältig. Man kann Bisse und kleine Wunden leicht übersehen, besonders, wenn Ihre Hunde dichtes oder langes Fell haben. Alle Wunden sollte sich ein Tierarzt anschauen, denn auch bei oberflächlichen Wunden kann es zu Komplikationen wie einer Infektion kommen. Über Punktuationswunden können Bakterien in den Körper eindringen, deshalb müssen sie ordentlich gesäubert werden. Lässt man sie unbehandelt, können Bakterien Abszesse oder eine Gewebeinfektion verursachen, die sich in der Umgebung ausbreiten kann. Punktuationswunden können auch Schaden anrichten, wenn sie durch Muskeln oder Weichteile gehen. Ein Biss, der den Brustkorb durchdringt, kann einen Lungenkollaps verursachen. Selbst ohne sichtbare äußere Schäden sind innere Verletzungen möglich, besonders, falls ein Hund gepackt und ernsthaft geschüttelt worden ist.

Hoffentlich ist die Situation zwischen Ihren Hunden nicht so schlimm. Aber wenn sie kämpfen, ist es wichtig, den Ernst der Lage abzuschätzen – und man muss sich bewusst sein, dass Aggression dazu tendiert, mit der Zeit zu eskalieren. Auch wenn ein Hund jetzt gerade oberflächliche, einzelne Bisse anbringt, könnten diese Verletzungen heftiger werden, einschließlich mehrfacher tiefer Wunden. Umso mehr ein Grund, die Hilfe eines professionellen Verhaltensexperten in Anspruch zu nehmen.

6

Zum Thema Dominanz

Ehe wir weitermachen, lassen Sie uns einen Moment innehalten und über das D-Wort sprechen: Dominanz.

In den vergangenen Jahren hat das Thema Dominanz bei Hunden in den Medien viel Aufsehen erregt. Wenn man manchen Leuten zuhört, könnte man meinen, Hunde würden die Weltherrschaft zu übernehmen versuchen! So mancher Besitzer oder Trainer sieht das Anspringen als Dominanzverhalten oder das An-der-Leine-ziehen als Versuch, der Rudelführer zu werden. Sogar bei Stubenunreinheit habe ich gehört, wie man von Dominanzverhalten sprach: *Ätsch, das hast du davon!* All die eben genannten Verhalten sind kaum Zeichen für Dominanz bei einem Hund, sondern einfach ein Mangel an adäquatem Training. Wie kommt es zu diesen Fehleinschätzungen?

Um eine Antwort zu finden, müssen wir uns ins Jahr 1947 begeben, als ein Wolfsforscher namens Rudolph Schenkel Schweizer Wölfe im Zoo beobachtet hat. Er machte einen männlichen und einen weiblichen Leitwolf aus, die jede Art von Wettbewerb im Rudel unterdrückten und kontrollierten. Schenkel zog Parallelelen zwischen Hunden und Wölfen, indem er implizierte, dass es eine ähnliche Sozialstruktur unter domestizierten Haushunden geben musste. Diese Forschungsergebnisse wurden später in den 1970ern durch den Ethologen David Mech in seinem Buch *The Wolf: Ecology and Behavior of an Endangered Species* (Der Wolf: Ökologie und Verhalten einer gefährdeten Art) bekannt gemacht. Mech hatte in den Sechziger Jahren einige Zeit mit dem Studium von Wölfen im Michigan's Isle Royal National Park verbracht und bestätigte Schenkels Forschungsergebnisse zur dominanzbasierten Rudeltheorie.

Dann aber untersuchten Mech und seine Zeitgenossen in jüngeren Jahren Wölfe sehr intensiv in der Wildnis, im Gegensatz zu solchen in Gefangenschaft, und fanden heraus, dass Wölfe tatsächlich in traditionellen Familien leben, die aus Eltern und Nachkommen bestehen. Ganz anders als das vorherrschende Dominanzmodell war diese Familiendynamik etwas, mit dem Menschen vertraut sind: Die Jungen folgen den Regeln der Eltern. Die Eltern waren keine Despoten, sondern wohlwollende Leittiere, die ihre Jungen liebten und anleiteten, teils durch Festlegung von Regeln und Grenzen. Wie in Menschenfamilien auch, wurden die Wolfswelpen schließlich erwachsen, trennten sich und gründeten eigene Familien, anstatt zu bleiben und zu versuchen, die Eltern zu stürzen. Zu dem Zeitpunkt, als Mech seine ursprünglichen Forschungsergebnisse über strikte hierarchische Strukturen widerrief und andere ihm dabei zustimmten und seine neuere Forschung bestätigten, hatten sich unglücklicherweise bereits viele Hundetrainer auf das Dominanzmodell gestürzt und sich darauf berufen. Sie hatten aus der veralteten Literatur eine der am meisten Schaden anrichtenden Fehleinschätzungen zum Hundeverhalten gezogen und nahmen sie als Rechtfertigung dafür her, Hunde in die Unterwerfung zu zwingen.

Das alles soll nicht heißen, dass es wahre Dominanz in der Hundewelt nicht gäbe. Wenn ein Welpe noch bei seinen Wurfgeschwistern ist, dann gibt es natürliches Positionsgerangel. Manche Welpen haben genetisch bedingt eher Selbstbewusstsein, während andere weniger davon besitzen. Dominante, selbstbewusste Welpen werden oftmals als erste zu den Zitzen der Mutter kommen und mögen auch ein selbstbewussteres Verhalten beim Spielen und alltäglichen Interaktionen mit anderen Welpen zeigen. Weniger selbstbewusste Welpen warten, bis sie an der Reihe sind, an die Zitze zu gehen, und ihre Körpersprache während des Spiels wird eher unterwürfiger Natur sein. Es ist nichts verkehrt daran, wenn ein Hund generell dominanter oder unterwürfiger ist, solange dieses Verhalten nicht extrem ist. Tatsächlich ist es eine gute Sache, dass nicht alle Hunde dominant sind, sonst hätten wir viel mehr Kämpfe um uns herum!

Ein Hund, der einen anderen dominiert, muss nicht durch die Bank weg in jeder Situation so sein. Vielleicht stellen Sie fest, dass einer Ihrer Hunde normalerweise der Dominantere beim Spielen ist und was den Zugang zu bestimmten Orten wie zum Beispiel das Sofa anbelangt. Aber vielleicht scheint Ihr anderer Hund dominant zu sein, wenn es ans Fressen geht. Ich habe Hunde in ihrem Zuhause gesehen, von denen der Besitzer den einen für dominanter hielt, während in Wirklichkeit der andere dem vermeintlich Dominanten nur Rechte an Dingen zugestand, die er selbst nicht so hoch einschätzte. Vielleicht finden Sie auch heraus, dass sich, obwohl einer Ihrer Hunde grundsätzlich der dominantere ist, dies mit der Zeit verändert. Mit anderen Worten, Dominanzhierarchien sind fließend, nicht starr.

Im Laufe der Jahre habe ich Besitzer oft den Gedanken äußern hören, man müsste den dominanten Hund bestärken oder entscheiden, welcher der „Alphahund" sein solle. Aus nur ihnen bekannten Gründen wünschen sie sich, dass ein Hund durchsetzungsfähiger sein sollte, als er ist, oder sie möchten lediglich die Position des dominanten Hundes stärken. Sie fragen sich, ob sie diesen Hund zuerst füttern, ihm als erstem ihre Aufmerksamkeit schenken sollen und so fort. Es ist aber so: Sie *können* gar nicht entscheiden, welcher Hund dominant ist. Das entscheidet der Hund, und egal was Sie tun, es wird nichts daran ändern. Verschwenden Sie Ihre Zeit und Energie nicht damit, den von Ihnen als dominant erkannten oder gewünschten Hund zu fördern. Außerdem – abgesehen von den Dynamiken zwischen Ihren Hunden, raten Sie mal, wer tatsächlich die dominante Kraft in Ihrem Haus ist? Das sind *Sie.* Und das bringt uns zum nächsten Abschnitt, in dem wir uns damit befassen, wie man einen sanften, effizienten Führungsstil begründet – zusammen mit der Bereitstellung des richtigen Futters, Bewegung, mentaler Auslastung und Begrenzung, wo nötig.

Teil Zwei
Der Alltag

Führungsverhalten

Gestatten Sie, dass ich Ihnen die Golds vorstelle. Joe und Janet Gold haben zwei Söhne, beides Teenager: Brandon ist dreizehn und Bobby vierzehn. Die Jungs spielen und toben miteinander und kommen normalerweise gut miteinander aus. Aber ab und zu wird ihr Spiel zu wild oder ihre Wortgefechte zu heiß, und sie beginnen zu raufen. Üblicherweise ist Joe bei der Arbeit, wenn das passiert. Janet, die die Jungs alleine in den Griff bekommen muss, schreit sie mehrfach an, aufzuhören. Sie ignorieren sie. Janet fühlt sich frustriert und hilflos. Sie weiß, dass die Situation außer Kontrolle ist, weiß aber nicht, wie sie die Jungs dazu bringen kann, zuzuhören.

Nun schauen wir einmal zu den Nachbarn der Golds, den Coopers. Dave und Debbie haben zwei Söhne im Alter von Brandon und Bobby. Sie kommen meist gut miteinander aus, raufen aber manchmal, wie Jungs in dem Alter das zu tun pflegen. Obwohl Dave unter der Woche nicht da ist, hören sie sofort mit dem auf, was sie tun, sobald Debbie sie streng anschaut, oder sie leise, aber bestimmt mit ihrer „Mamastimme" ermahnt. Danach kann es sein, dass Debbie die Jungs in ihr jeweils eigenes Zimmer schickt, um sich abzuregen, was sie auch tun.

Was ist die magische Zutat im Haus der Coopers? Wieso ist Debbie erfolgreicher als Janet, wenn ihre Kinder zuhören sollen? Als eifrige Beobachterin des Verhaltens sowohl beim Hund als auch beim Menschen und jemand, der viele Familien und deren Hunde in Trainings gecoacht hat, kann ich Ihnen sagen, dass es alles auf dasselbe hinausläuft, egal ob Kinder oder Hunde daran beteiligt sind: Führungsverhalten. Es gibt starke Zusammenhänge, was den Gehorsam bei Hunden und Kindern angeht. Auch gibt es unglücklicherweise eine Menge Missverständnisse dazu, was ein gutes Führungsverhalten ausmacht. Manche scheinen zu glauben, dass Führungsverhalten mit Mobben gleichzusetzen ist. Oh ja, sicher, diejenigen, die gemobbt werden, buckeln vielleicht gerade, weil der Mobber größer und stärker ist. Aber auch, wenn man sich vor Mobbern fürchtet, so bringt man diesen keinen Respekt entgegen und sie werden wahrscheinlich irgendwann von einem anderen mit größerer Körperkraft entthront. Im Wolf Park, einer Forschungsstation für Wölfe in Indiana, werden die Wolfsrudelführer, deren Stil es ist, ihre Rudelgenossen zu mobben, ganz schnell verjagt. Diejenigen, die starke, ruhige, faire Leittiere sind, verdienen den Respekt des Rudels und fahren deutlich besser.

Wenn es darum geht, dass Sie den Gehorsam Ihrer Hunde bekommen, sei es während einer Trainingseinheit, im Alltag oder wenn Sie Verhalten umlenken, um einen Kampf zu vermeiden, dann ist der Schlüssel, dass Ihre Hunde Sie als Anführer achten. Ein Hund, der seinem Anführer vertraut, wird sich in Zeiten der Unsicherheit oder Unentschlossenheit lieber an diese Person wenden als das Gefühl zu haben, die Dinge selbst in die Hand nehmen zu müssen. Zum Glück für viele von uns geht es beim Führungsstil nicht um körperliche Stärke. Es geht nicht um Brüllen oder Zwang. Ein guter Anführer strahlt Ruhe und Zuversicht aus, spricht ruhig, aber bestimmt, anstatt zu schreien oder belangloses Zeug zu reden, und er ist fair und konsistent. Lassen Sie uns prüfen, wie Sie zu einem respektierten Anführer werden können.

Die guten Sachen unter Ihrer Kontrolle

Um Ihrem Hund beizubringen, dass Sie der Indianerhäuptling in Ihrem Zuhause sind, werden Sie das einführen, was viele Hundeverhaltensexperten als „Führungsverhaltensprogramm“ bezeichnen. Diese Programme tragen verschiedene Namen, wie „Nichts im Leben ist umsonst“ oder „Lernen und Verdienen“. Ihnen allen gemein ist: Man erwartet von den Hunden, dass sie sich die Dinge, die ihnen etwas wert sind, verdienen, anstatt alles umsonst zu bekommen. Derjenige, der all die guten Sachen unter seiner Kontrolle hat, ist natürlich auch der, der das Sagen hat! Auf ganz ähnliche Weise wie ein Elternteil Taschengeld, Zubettgehzeit und die Hausregeln unter Kontrolle hat, haben Sie die Mahlzeiten, Spaziergänge, Aufmerksamkeit, Zuneigung und alles andere, das Ihre Hunde für lohnend halten, unter Ihrer Kontrolle. Wenn ein Hund extrem unkooperativ ist, ein großes Aggressionsproblem hat und keine Ahnung zu haben scheint, wer das Sagen hat, muss das Führungsverhaltensprogramm strenger ausfallen als eines, das für einen „einfacheren“ Hund erstellt wurde. Hier sind einige Hausregeln, die Sie in Ihr Führungsverhaltensprogramm aufnehmen könnten:

* Zur Futterzeit halten Sie den gefüllten Napf in der Hand und lassen die Hunde sich setzen. Wenn diese folgen, stellen Sie die Mahlzeit auf den Boden, sodass sie fressen können.
* Wenn es Zeit zum Spazierengehen ist (vorausgesetzt, Ihre Hunde mögen Spaziergänge), lassen Sie Ihre Hunde sich auf die Fußmatte an der Haustüre setzen. Sie müssen sitzen bleiben, bis Sie die Türe öffnen und ihnen Freigabe geben.
* Wenn Sie auf dem Sofa vor dem Fernseher liegen und einer Ihrer Hunde nähert sich, um Aufmerksamkeit zu fordern, fordern Sie ihn zuerst auf, sich hinzulegen und streicheln ihn erst dann.
* Ihre Hunde lieben es, zu apportieren. Daher packen Sie den Ball weg, und anstatt dass Ihnen der Ball gebracht wird und Sie zum Spielen aufgefordert werden, holen Sie den Ball gelegentlich heraus und bieten von Ihrer Seite aus ein Spiel an.

Ehe wir weitermachen, ein kurzes Wort zu den Futterzeiten: Falls Sie immer Fressen zur freien Verfügung anbieten – hören Sie damit auf. Erwachsene Hunde sollten zwei Mahlzeiten am Tag bekommen. Wenn ein Hund im Napf etwas übriglässt, nehmen Sie ihn nach zehn Minuten hoch. Er wird bald lernen, dann zu fressen, wenn das Futter unten steht; kein Hund wird sich zu Tode hungern. Diese Art zu füttern stellt das Futter als wertvolle Ressource dar, währenddessen ständige Verfügbarkeit das Futter entwertet. Geplante Fütterungen sind außerdem hilfreich für die Kontrolle der Gesundheit Ihrer Hunde, denn wenn eine Mahlzeit ausgelassen wird, kann das ein Krankheitszeichen sein. Falls Sie sehr aufdringliche oder unfolgsame Hunde haben und bereits feste Fütterungszeiten eingeführt haben, füttern Sie für zwei Wochen aus der Hand. Verlangen Sie Sitz oder andere bekannte Verhaltensweisen nach jeweils ein paar Futterstückchen. Sie führen damit ein, dass dieses lebenserhaltende, unschätzbare Etwas direkt von Ihnen kommt, dem Anführer, und dass man es sich verdienen muss.

Wenn Ihr Hund auf eine Bitte hin nicht folgt, muss es eine Konsequenz geben. Zum Beispiel verlangen Sie von Ihrem Hund *Sitz*, ehe er sein Futter bekommt. Er steht nur da und schaut. Angenommen, er kann *Sitz* auf Kommando, so sagen Sie „ach schade!“ in einem beiläufigen Tonfall und stellen das Fressen weg. Dann gehen Sie aus dem Zimmer. Ihr Hund wird Sie zweifellos beobachten, den Unterkiefer auf dem Boden, und sich fragen, was gerade passiert ist. Kommen Sie nach dreißig Sekunden wieder und versuchen Sie es noch einmal. Die meisten Hunde werden sich beim zweiten Versuch in Rekordzeit setzen. Falls Ihr Hund noch immer nicht sitzt, versuchen Sie es noch einmal. Wenn er dann immer noch nicht folgt, stellen Sie das Futter weg. Im schlimmsten Fall verpasst Ihr

Hund eine Mahlzeit. Sie können darauf wetten, dass der nächste Versuch Erfolg haben wird. Beim Spazierengehen ist die Konsequenz, falls Ihr Hund nicht Sitz machen will, dass Sie die Türe nicht öffnen und stattdessen weggehen. Dann kommen Sie in dreißig Sekunden zurück und versuchen es nochmals. Die Konsequenz für einen aufmerksamkeitsheischenden Hund, der sich nicht hinlegen will, wenn Sie es möchten, ist, dass er nicht gestreichelt wird. Wie Sie sehen, sind keine Konsequenzen wie Schreien oder körperliche Korrekturen nötig.

Falls Ihr Hund grundsätzlich aufdringlich und fordernd ist, ist das natürlich nicht respektvoll. Ein nützliches Verhalten, das es beizubringen gilt, wäre „Nicht jetzt“, was bedeutet *„Ich verstehe, dass du etwas möchtest, aber ich möchte es dir im Moment nicht geben“*. Vor vielen Jahren habe ich Soko die Bedeutung dieses hilfreichen Satzes beigebracht. Soko war vollkommen ballverrückt. Sie konnte sich in der Nähe hinlegen, während mein Mann und ich zu Abend aßen, und vom Ball zu mir schauen, als wolle sie sagen *„Komm‘ schon, hör‘ auf zu essen und wirf‘ endlich!“* Ich habe nie nachgegeben, aber als der besessene, fokussierte Hund, der sie war, hoffte sie weiter, dass es geschehen möge. Wenn man sie ignorierte, stand sie auf und starrte einen unablässig an. Und wenn ich dann endlich keine Lust mehr zum Essen hatte, weil diese großen, braunen Augen ein Loch in mich gebohrt hatten, drehte ich mich zu ihr und sagte ruhig „Soko, jetzt nicht“. Sie nahm dann ihren Ball, trottete zu ihrem Hundebett in der Ecke, und legte sich mit einem Riesen-Drama-Queen-Seufzer hin.

Das „Jetzt nicht“ kann man leicht beibringen. Sprechen Sie es aus und verschränken dann Ihre Arme vor der Brust. Schauen Sie nach oben und zur Seite und ignorieren Sie Ihren Hund. Schauen Sie ihn auf gar keinen Fall an oder reden mit ihm, wenn Sie Ihre Ansage gemacht haben. Ihr Hund wird bald lernen, was mit „Jetzt nicht“ gemeint ist, nämlich dass er sich genauso gut hinlegen oder eine andere Beschäftigung suchen kann, denn es wird nichts weiter passieren. Vertrauen Sie mir, diese Zauberworte werden noch sehr nützlich sein.

Das Gesagte bietet einfach Beschreibungen von Regeln und Gewohnheiten, die Sie möglicherweise in Ihr Führungsverhaltens-Programm mit aufnehmen könnten. Ich persönlich verlange nicht immer von meinen Hunden, sich alles und jedes verdienen zu müssen, aber ich habe Regeln, die für uns alle sinnvoll sind. Zum Beispiel gibt es bei uns in der Gegend Klapperschlangen – und so müssen Bodhi und Sierra nicht nur an der Tür sitzen und warten, sondern ich verlange, dass sie sitzenbleiben, bis ich den Kopf herausgestreckt habe, um rechts und links die Veranda entlang zu sehen. Wenn ich sicher bin, dass es sich um eine schlangenfreie Zone handelt, spreche ich das erlösende Freigabe-Wort und los geht’s.

Wenn ich von meinen Hunden etwas verlange, dann tun sie das in der überwiegenden Zahl der Fälle auch. Denn es ist ja so: Ihre Hunde können um so mehr Freiheit haben, je besser sie trainiert sind. Beim Führungsverhalten geht es nicht darum, Ihre Hunde zu unterdrücken oder sie in Roboter zu verwandeln, sondern darum, ein freundlicher, vertrauensvoller Schöpfer von Regeln und Grenzen zu sein. Welche Regelwerke könnten *Sie* schaffen, die zu Ihrer Lebensweise und Ihrem Alltag mit den Hunden passen? Nehmen Sie sich einen Moment Zeit und schreiben Sie ein paar Stichworte dazu auf, was Ihre Hunde lohnenswert finden. In Ihrer Liste könnten Mahlzeiten, Belohnungen, Spiele, Zugang zum Sofa, Zuneigung und mehr enthalten sein. Wie wollen Sie Ihren Hunden abverlangen, sich diese Dinge zu verdienen? Egal, welche Gewohnheiten Sie etablieren möchten: Das Wichtige daran ist, dass Sie Regeln *haben* und dass Ihre Hunde sie befolgen. Konsistenz im Abverlangen und Einfordern der Regeln – das ist der Schlüssel, ebenso wie die Zusammenarbeit aller Familienmitglieder.

Distanzbereich

Außer beim Spielen wird es als ungezogen angesehen, wenn ein Hund den anderen, der einfach nur dasteht und sich um seine Sachen schert, im Vorbeigehen anrempelt. Überlegen Sie einmal, wie ärgerlich Sie wären, wenn Sie jemand auf einer belebten Straße anrempeln würde. Oder wenn Sie mit Ihrer Großmutter durch eine Tür gehen – würden Sie sie zur Seite schubsen, um als erster durchzugehen? Natürlich nicht! Wir Menschen schätzen es nicht, wenn andere sich in unseren persönlichen Nahbereich drängen oder uns zur Seite schubsen – und Hunde auch nicht. Hunde haben ein angeborenes Verständnis für persönliche Distanzbereiche. Sie sind wie ein unsichtbarer Puffer, eine Distanzblase um sie herum, deren Durchbrechung sie nicht schätzen. Es ist nicht so, als ob Hunde einen anderen nicht aushalten könnten, wenn der ein wenig zudringlich wird – manchmal, wenn ein Hund die Individualdistanz eines anderen missachtet, scheint es demjenigen nichts auszumachen oder er geht einfach weg. Aber wenn der Hund es übelnimmt, dann kann es schon sein, dass er dem Eindringling mitteilt, wegzugehen. Wird die Warnung missachtet, könnte dies einen Kampf zur Folge haben.

Bei beiden, Menschen wie Hunden, kontrolliert derjenige, der das Sagen hat, den Distanzbereich. Sagen wir einmal, Ihr Hund darf aufs Sofa und er hat sich glücklich genau in der Mitte niedergelassen, da, wo Sie sich gerade hinsetzen wollen. Sie können ihm natürlich befehlen, ganz vom Sofa herunterzugehen, oder Sie könnten sich neben ihn setzen und sanft in seinen Bereich hineindrücken, um ihn dazu zu bringen, sich zu bewegen. Es ist ein Naturgesetz, dass, wenn der Anführer einen Platz beansprucht, der andere weicht. Gleiches gilt, wenn Ihr Hund im Eingangsbereich eines Raumes liegt, den Sie betreten wollen. Sie können ihn vorsichtig anschubsen, sodass er aufsteht und weggeht. Nebenbei bemerkt, ob Sie Ihre Hunde auf Sitzmöbel lassen, ist Einstellungssache. Sofern sie Leuten gegenüber keine Aggressionsprobleme haben und es keine Probleme unter den Hunden bereitet, gibt es keinen Grund, dafür, warum Ihre Hunde nicht auf der Couch liegen sollen, wenn Sie das mögen. Wenn aber ein Hund, der auf dem Sofa ist, Besitz von diesem Platz oder von Ihnen ergreifen will, dann sollte es nicht zu seinen Privilegien gehören, aufs Sofa zu dürfen. Dasselbe gilt für Ihr Bett und andere höhere Möbelstücke. Höhe ist in der Hundewelt mit Status gleichzusetzen, und in manchen Fällen ist es besser, wenn nur Sie dieses Privileg besitzen. (Alternativ könnten Sie die Verhaltensmaßnahmen anwenden, die im folgenden Kapitel „Warum der Ort so wichtig ist" umrissen werden).

Ihr Hund soll nicht rüde mit einem anderen Hund umgehen, den er respektiert, und er sollte auch bei Ihnen nicht körperlich aufdringlich werden. Falls Ihr Hund auf der Treppe an Ihnen vorbeiprescht und sich weigert, wegzugehen, wenn Sie ihn sanft zur Seite zu schieben versuchen, was sagt das über den Status Ihrer Führungsqualität aus? Bringen Sie Ihrem Hund bei, sich an Treppen hinzusetzen und zu warten. Gehen Sie dahin, wohin Sie müssen, und erst dann rufen Sie ihn, Ihnen zu folgen. Wenn Ihr Hund Sie in Alltagssituationen bedrängt, wenn Sie stehen, so schieben Sie ihn mit Ihrem Körper (nicht mit den Händen) sanft zurück. Bei einem großen Hund benutzen Sie Ihren Oberschenkel oder Ihre Hüfte. Bei einem kleinen Hund „schlurfen" Sie in ihn hinein (natürlich, ohne ihn zu treten!).

Raum für sich zu beanspruchen, sodass ein anderer ihn aufgibt, kann nützlich werden, falls Sie einmal einen Hund einen anderen anstarren sehen oder einen anderen besorgniserregenden Ausdruck der Körpersprache bemerken. Wenden Sie sich demjenigen Hund zu, dessen Verhalten Sie unterbrechen möchten (das wird ihm auch die Sicht auf den anderen Hund blockieren) und gehen Sie langsam vorwärts bis in seinen Distanzbereich. Er sollte rückwärts gehen, und ab da können Sie ihm etwas anderes auftragen, etwa, auf seinen Platz zu gehen.

Bringen Sie Ihren Hunden bei, an Türen zu warten

Höfliches Benehmen an Türen wird nicht nur beim Führungsverhalten und aus Sicherheitsgründen nützlich sein, sondern es kann auch verhindern, dass Ihre Hunde sich gegenseitig schubsen und darum kämpfen, wer die Kontrolle über den Zugang ins großartige Freie hat. Was die folgende Übung angeht, trainieren Sie mit jedem Hund einzeln und arbeiten dann mit beiden gemeinsam. Beginnen Sie mit dem Üben an einer anderen als Ihrer üblichen Haustüre, zum Beispiel einer Nebentür – das wird weniger aufregend sein. Falls Sie die Haustüre zum Üben nehmen müssen, benutzen Sie sicherheitshalber eine Leine. Nehmen Sie Ihren Hund ein paar Schritte von der Türe weg und befehlen Sie ihm, sich hinzusetzen.

Sollte Ihr Hund an der Leine sein, so vergewissern Sie sich, dass diese nicht angespannt ist. Sagen Sie „Bleib", geben das Handzeichen und öffnen Sie die Tür grade mal einen Spalt. (Falls Ihr Hund noch nicht gelernt hat, auf Befehl zu bleiben, fahren Sie mit Kapitel 18 fort). Solange Ihr Hund sitzen bleibt, machen Sie die Türe weiter auf. Wenn er Anstalten macht, aufzustehen, schließen Sie sie schnell wieder. Warten Sie. Falls er sich nicht innerhalb weniger Sekunden von alleine wieder hinsetzt, wie es viele Hunde tun würden, befehlen Sie ihm, sich zu setzen. Stellen Sie sicher, dass er nicht näher an die Türe gerückt ist. Falls doch, dringen Sie in seine Distanz ein, bis er zurück auf der ursprünglichen Position ist. Dann beginnen Sie noch einmal von vorne. Wenn Sie es einmal geschafft haben, die Türe ganz aufzumachen und Ihr Hund (falls er ohne Leine ist) sitzen geblieben ist, gehen Sie durch die Türe und rufen ihn zu sich. Falls er angeleint ist, gehen Sie mit ihm durch die Türe.

Ein Führungsprogramm zu etablieren ist die Anstrengung allemal wert! Nicht nur, dass Ihre Hunde Sie respektieren werden und Ihre Befehle befolgen, ein besserer Führungsstil führt auch zu weniger Zankereien unter den Hunden. Erinnern Sie sich noch an die Studie der Tufts Universität, die in diesem Buch vorher schon einmal erwähnt wurde? Die Forscher haben eine einfache Variante eines Führungsverhaltensprogramms angewendet. Man hat den Hunden befohlen, bekanntes Verhalten wie Sitz, Platz oder Komm zu zeigen und sie bekamen dafür wertvolle Belohnungen wie Fressen, Spielzeug oder Aufmerksamkeit. Obwohl es rund fünf Wochen gedauert hatte, bis Ergebnisse zu sehen waren, schaffte das Führungsverhaltensprogramm es bei 89% der kämpfenden Paare, eine Besserung herbeizuführen. Es ist leicht, ein Führungsverhaltensprogramm zu institutionalisieren. Sorgen Sie dafür, dass alle in der Familie konsistent bleiben und haben Sie Geduld. Ein gutes Führungsverhalten *wird* einen positiven Effekt haben.

Ernährung

Vielleicht fragen Sie sich, was ein Kapitel über Ernährung in einem Buch über Aggressionen zu suchen hat, insbesondere, wenn Sie einfach nur möchten, dass Ihre Hunde zu kämpfen aufhören. Obwohl es nicht auf der Hand liegen mag, so hat die Ernährung doch einen großen Effekt auf das Verhalten. Stellen Sie sich ein Haus vor, in dem zwei Kindern erlaubt wird, sich über den Tag hinweg ausschließlich von süßen Frühstückscerealien, industriell verarbeiteten Lebensmitteln und gezuckerten Snacks zu ernähren. Dagegen halten Sie ein Haus, in dem die Kinder ausgewogen ernährt werden – mit gesundem Eiweiß, Gemüse und sehr wenig Zuckerzeug oder leeren Kalorien. Wo werden nun die Kinder im täglichen Leben besser miteinander auskommen, was glauben Sie? In welchem Haus würden Sie vermuten, dass wahrscheinlich mehr Griesgrämigkeit und Gereiztheit herrschen und dies zu Konflikten führen kann? Es ist nicht verwunderlich, dass eine gesunde Ernährung bei Kindern zu einem besseren Benehmen führt. Dasselbe gilt für Hunde.

Bei jeder meiner Beratungen zum Verhalten wird auch das Thema Ernährung besprochen. Ob nun das Problem, warum der Kunde mich gerufen hat, Zerstörung von Dingen im Haus ist oder Aggressionen gegenüber anderen Hunden – wichtig ist, dass man den Hunden eine solide Grundlage bezüglich Gesundheit und Ernährung schafft. Interessanterweise stellen die Besitzer in manchen Fällen die Ernährung Ihrer Hunde von niedrigwertigem Futter, das auf Füllstoffen und ungesunden Zutaten basiert, auf ein hochwertiges Futter um. Aber Zeit, um das Verhaltenstraining zu machen, auf das wir uns geeinigt hatten, haben sie noch keine gehabt. Und dennoch zeigt sich drei Wochen später, ohne dass die Hunde ein Training absolviert hätten, eine Besserung im Verhalten der Hunde. Ja, eine Ernährungsumstellung kann wirklich so machtvoll sein! Ich möchte gar nicht behaupten, dass eine Ernährungsumstellung bei Ihren Hunden all deren Verhaltensprobleme lösen würde, aber da wir ihnen durch die Bank weg die besten Möglichkeiten verschaffen möchten, um glücklich, gesund und konfliktfrei zu leben, lassen Sie uns einen kurzen Blick darauf werfen, was Sie denn füttern.

Anmerkung: Bitte besprechen Sie möglicher Ernährungsveränderungen immer mit Ihrem Tierarzt, insbesondere wenn Ihre Hunde an einer Krankheit oder an Lebensmittelallergien leiden.

Werden Sie zum Etiketten-Profi

Die meisten Leute verfüttern irgendeine Sorte Trockenfutter – diese kleinen Stückchen gebackenes oder trocken gepresstes Futter, das in Beuteln angeboten wird, weshalb wir uns diesem zuerst zuwenden.

Es gibt so viele Marken auf dem Markt und so viele Behauptungen seitens der Hersteller, dass es schon sehr verwirrend sein kann, wenn man herausbekommen möchte, welche Futter wirklich nahrhaft sind. Hersteller werben gern mit Worten wie „gesund". Aber sind sie das denn? Ein Futter rühmt sich damit, dass es nur wissenschaftlich erwiesen ausgewogene Zutaten enthält, während ein anderes den Anspruch erhebt, die Zeit zurückdrehen zu können und Ihren Hund in einen jüngeren und gutaussehenden Hundezustand zu versetzen, mit glänzendem Fell und strotzend vor Gesundheit. Wenn Sie Etiketten lesen lernen, dann sind Sie in der Lage, übertriebene Werbeversprechen zu überlesen und eine realistische Einschätzung von der Qualität des Produktes zu bekommen.

Laut Gesetz müssen Hundefutterhersteller die Zutaten in absteigender Reihenfolge nach deren prozentualem Gewichtsanteil auflisten. Zum Beispiel ist in einem Sack mit Trockenfutter, auf dem als erste drei Zutaten „Hühnerfleisch, Hühnernebenerzeugnis, Reis" gelistet sind, mehr Hühnerfleisch als andere Zutaten drin. Weil Hunde vorwiegend Fleischfresser sind (technisch gesehen sind sie Allesfresser, können also sowohl tierische Produkte als auch pflanzliches Futter fressen), sollten die ersten beiden Zutaten aus Fleisch bestehen.

Die gebräuchlichsten Fleischsorten, die in den USA in Hundefutter verwendet werden, sind Huhn, Truthahn, Lamm und Rind. Es gibt drei Varianten beim Fleisch. Am Beispiel Huhn wird die beste Variante einfach nur als „Huhn" aufs Etikett gedruckt. Das indiziert eine vollwertige Fleischquelle – das reine Fleisch geschlachteter Hühner – und beschränkt sich auf mageres Muskelgewebe. Ein Stück darunter ist das „Hühnererzeugnis" angesiedelt, bestehend aus verarbeiteten Muskeln und Geweben. In einem in der Fleischverarbeitung „Rendering" genannten Prozess wird fettlösliches von wasserlöslichem Material getrennt, das meiste Wasser wird entzogen und manche der natürlichen Enzyme und Eiweiße der Rohmaterialien können zerstört oder verändert werden. Falls „Erzeugnis" aufgeführt wird, sollte die Fleischquelle zu identifizieren sein, deutlicher als nur „Geflügelerzeugnis" oder Fleischerzeugnis".

Die unterste Stufe von Hühnchen wäre dann „Hühnerfleisch-Nebenprodukt", Hühnernebenprodukte können aus Köpfen, Füßen, nicht ausgebrüteten Eiern und Eingeweiden bestehen. Hundefutter, das Nebenprodukte enthält, insbesondere wenn diese Zutaten oben auf der Liste erscheinen, sind von keiner hohen Qualität.

Eine weitere Zutat, auf die man achten sollte, ist Mais, denn er ist nicht so leicht verdaulich und viele Hunde reagieren allergisch darauf (obwohl eigentlich die Allergien auf häufig vorkommende, unentdeckte Verunreinigungen des Getreides zurückzuführen sein können).

Ein höherer Getreideanteil bedeutet größere Futtermengen, um die Ernährungsbedürfnisse eines Hundes zu befriedigen. Langfristig gesehen wird ein Hundebesitzer, der ein günstigeres Futter mit hohem Getreideanteil gibt, am Ende genauso viel Geld ausgegeben haben, wenn nicht gar noch mehr, als einer, der ein hochwertiges Futter gibt. Viele Besitzer entscheiden sich inzwischen für Futter ohne jeglichen Getreideanteil.

Andere Zutaten, die es zu vermeiden gilt, beinhalten künstliche Farbstoffe oder Geschmacksstoffe sowie Fette, die man keiner Quelle zuordnen kann, zum Beispiel („tierisches Fett" anstatt „Hühnerfett"). Lesen Sie auch die Zeile bei der Inhaltsangabe, die mit „konserviert mit …" anfängt. Wünschenswerte Konservierungsmittel sind Vitamin E (manchmal aufgeführt als „gemischte Tocopherole") und C (wird oft „Ascorbinsäure" genannt). Ungesunde, möglicherweise krebserregende Konservierungsstoffe beinhalten E320 / Butylhydroxyanisol), E321 / Butylhydroxytoluol und E324.

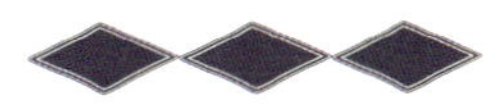

Achtung beim Kauf!

Einige windige Hersteller spalten Zutaten, die alles andere als ideal sind, in ihre Bestandteile auf, damit diese extra aufgelistet werden können und in der Zutatenliste nach weniger aussehen. Zum Beispiel könnte dann auf der Liste stehen: ‚Hähnchenzubereitung, gemahlener Mais, Maismehl, Maisglutenerzeugnis." Würde man die Maisprodukte zusammennehmen, wäre das vom prozentualen Anteil her mehr als das Huhn und der Mais müsste ganz am Anfang der Inhaltsstoffe-Liste stehen.

Im Allgemeinen sind die Hundefutter aus dem Supermarkt von niedrigerer Qualität als die Futter, die man in Zoofachgeschäften bekommen kann. Bei besserem Futter liegen die Anfangskosten höher, doch weil sie mehr Nährstoffe enthalten, braucht man bei jeder Mahlzeit weniger zu füttern. Und weil der Hundekörper mehr von den Nährstoffen aufnehmen kann, entsteht auch weniger an Abfallprodukten – ein Vorteil für die Häufchen-Aufklauber unter uns!! Nebenbei bemerkt, wenn Sie hochwertiges Futter geben, dann investieren Sie in die Gesundheit Ihres Hundes! Jetzt etwas mehr auszugeben, könnte Ihnen sogar Kosten für Tierarztbesuche in der Zukunft sparen.

Falls Sie sich dafür entscheiden, von einem Futter zum anderen zu wechseln, so tun Sie das über einen Zeitraum von einer Woche und erhöhen langsam die Menge des neuen Futters, während Sie gleichzeitig die Menge des alten reduzieren. Wenn Sie zu schnell wechseln oder andauernd das Futter austauschen, drohen Verdauungsstörungen.

Nassfutter / Dosenfutter

Während viele Hundebesitzer Trockenfutter füttern, entscheiden sich andere für Nassfutter. Wieder andere füttern eine Mischung aus beidem. Lange Zeit hielt sich die Meinung, dass Dosenfutter weniger nahrhaft sei, doch immer mehr Hersteller produzieren inzwischen Nassfutter von höchster Qualität. Solange man sich für ein qualitativ hochwertiges Futter entschieden hat, kann pures Dosenfutter eine vollkommen gesunde Option sein, die viele Hunde sogar bevorzugen. Tatsächlich sind Dosenfutter tendenziell frischer als Trockenfutter, haben hochwertigere Zutaten und enthalten weniger Chemikalien und Konservierungsstoffe. Und Dosenfutter beinhalten fast immer einen höheren Prozentanteil an Fleisch als Trockenfutter.

Genau wie beim Trockenfutter variiert die Qualität von Marke zu Marke, daher sollten die Etiketten detektivisch untersucht werden. Achten Sie darauf, dass eine Vollfleischquelle als erste Zutat aufgeführt wird. Einige mittel – bis niederklassige Futtermittel nennen Wasser ganz oben auf der Liste. Für ein Premium-Dosenfutter wird Fleisch-, Geflügel – oder Fischbrühe anstelle von Wasser eingesetzt. Beim Dosenfutter gelten dieselben Regeln bezüglich der Einschätzung der Zutaten auf dem Etikett wie beim Trockenfutter.

Egal ob Sie Dosenfutter, Trockenfutter oder eine Kombination aus beidem auf dem Futterplan stehen haben: Gehen Sie hin, schnappen sich Ihre Beutel oder Dosen und nehmen sich jetzt einen Moment Zeit, um die Etiketten zu lesen. Überlegen Sie, ob Sie beim derzeitigen Futter bleiben oder sich umentscheiden.

Rohfütterung / BARF

Manche Hundebesitzer verzichten gänzlich auf verarbeitetes Futter und füttern rohe Kost. Der Hauptbestandteil bei dieser Ernährungsform sind rohe, fleischige Knochen – vom Huhn oder Truthahn die Rücken und Hälse, Rinderbeinscheiben „Markknochen", und andere Formen rohen Fleischs. Die Ernährung beinhaltet auch gemahlene rohe Gemüsesorten und andere gesunde Nahrung. Verfechter der Rohkost schreiben der Ernährung alles zu – dass sie die Gesundheit des Hundes optimiert, die Lebensspanne verlängert, das Verhalten verbessert und sogar Krankheiten heilt. Manche Tierärzte und Hundebesitzer warnen davor, dass ein Knochen die Eingeweide oder den Magen eines Hundes durchstechen könnte oder dass ein Hund sich einen Zahn abbricht oder einen Knochen verschluckt. Diese Probleme lassen sich durch Mahlen des Fleischs und der Knochen verhindern.

Eine der ersten Hunde-Rohdiäten in der Szene ist immer noch unter der Abkürzung BARF (Biologically Appropriate Raw Food = biologisch angemessenes Roh-Futter) bekannt. (Einer der bekanntesten Autoren zu diesem Thema ist Ian Billinghurst, zu seinem und anderen Büchern über Rohfutter siehe unter *Serviceteil).* Wenn Sie eine BARF-Diät füttern möchten, recherchieren Sie zuvor gründlich, um sicherzustellen, dass Sie eine ausgewogene Ernährung bieten und die richtigen Nahrungsergänzungen geben. Wenden Sie nur bewährte Verfahren an und besprechen Sie Ihren Ernährungsplan mit Ihrem Tierarzt, um sicherzustellen, dass Ihr Hund alles Nötige bekommt. Oder Sie können es wie ich machen und sich für eine kommerzielle Roh-Tiefkühlkost entscheiden, die ergänzt werden kann. Ich bin ganz für schnelle und einfache Lösungen!

Fertig-BARF

Es gibt eine Reihe von Firmen, die verzehrfertiges (oder beinahe verzehrfertiges) fleischbasiertes, gefrorenes Hundefutter anbieten. Diese kommerziell vorgefertigten Produkte sind bequem und machen es Ihnen leicht, sicherzustellen, dass Ihr Hund die richtige Ernährungsbilanz bekommt. Manche Hersteller bieten vollständige Mahlzeiten an, die gefriergetrocknet wurden und denen man nur noch Wasser hinzuzufügen braucht. Andere produzieren Mischungen aus Gemüsen und anderen Nährstoffen, die man einer fleischbasierten Ernährung hinzufügen kann. Manche Produkte findet man im örtlichen Tierzubehörgeschäft, während andere geliefert werden müssen.

Selbstgekochtes Hundefutter

Manche freundlichen, fleißigen Hundebesitzer kochen für ihre Hunde. Sie haben meine vollste Hochachtung! Bei mir persönlich hören die kulinarischen Fähigkeiten bei Makkaroni mit Käse schon auf. Aber gekochtes Huhn, Gemüse und andere gesunde Nahrungsmittel sind unendlich viel gesünder für Ihren Hund als das, was man in den meisten Trockenfuttern findet. Falls Sie sich für eine hausgemachte Ernährung entscheiden, achten Sie gut auf eine Ausgewogenheit der Nährstoffe und überlegen Sie, wann Nahrungsergänzung nötig ist. Mehr Informationen zu all diesen Ernährungsmöglichkeiten entnehmen Sie dem Serviceteil im Anhang.

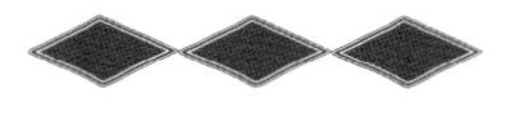

Bewegung

Stellen Sie sich vor, dass eines Morgens Ihr Wecker nicht klingelt. Sie verschlafen, was Ihre Morgenroutine vor der Arbeit zu einer hektischen Hetzerei werden lässt. Dann stecken Sie im Stau fest, schauen andauernd auf Ihre Uhr und hoffen, dass Sie nicht zu spät kommen. Als der Verkehr wieder normal fließt, schneidet Ihnen ein Auto von der anderen Spur den Weg ab. Was denken Sie, wie würden Sie wohl reagieren? Würden Sie ruhig bleiben und zu sich selbst sagen *Reg' dich nicht auf. Wer weiß? Vielleicht hat er einen Notfall.* Oder, angenommen Sie befinden sich bereits im höchst angespannten Zustand, wäre Ihre Reaktion eine andere? Würden Sie möglicherweise sogar auf die Hupe drücken und nicht gerade freundlich über den anderen Fahrer denken?

Nun stellen Sie sich stattdessen vor, Sie würden rechtzeitig aufwachen und ein Workout absolvieren, nach welchem Sie körperlich ausgelastet und in angenehmer Stimmung sind. Sie duschen, frühstücken, und gehen rechtzeitig zur Arbeit aus dem Haus. Unterwegs, nachdem der stockende Verkehr sich aufgelöst hat und die Autos vorwärtskommen, schneidet Ihnen einer den Weg ab. Wie reagieren Sie jetzt? Natürlich wären Sie immer noch nicht glücklich, aber die Chancen wären hoch, dass Sie in diesem Szenario viel ruhiger wären als im vorherigen und nicht so aus der Haut fahren. Warum? Weil Bewegung eine Kette von chemischen Reaktionen in Körper und Hirn auslöst, die ein Gefühl der Ruhe fördern. Nach Bewegung fühlen sich die meisten Menschen gelassener und verspüren weniger Nervosität in sich.

Der Mechanismus Bewegung-Beruhigung funktioniert prinzipiell bei Menschen und Hunden auf die gleiche Weise. Haben Sie schon einmal bemerkt, wie entspannt Ihr Hund nach einem langen Spaziergang ist? Sicher, er ist müde vom Laufen, aber dank der chemischen Reaktionen, die durch die Bewegung ausgelöst wurden, hat sich eine angenehme Ruhe wie eine warme Decke über ihn gelegt.

Diesen ruhigen, entspannten Zustand zu erreichen ist doppelt wichtig bei Hunden, die gerne ein wenig angespannt sind, wenn der andere in der Nähe ist.

Verschaffen Sie Ihren Hunden ausreichend Bewegung, damit sie eher entspannt bleiben können und weniger Neigung zum Streiten haben. Außerdem wird dies Ihre Trainingseinheiten und Pläne zur Verhaltensänderung erleichtern.

Ehe Sie für Ihren Hund einen Bewegungsplan aufstellen, lassen Sie ihn von einem Tierarzt checken. Hunde mit schwachen oder verletzten Schultern, Knien, Sprunggelenken oder Hüften sollten keine Aktivitäten unternehmen, die Springen beinhalten und keinen anstrengenden Sport. Fragen Sie Ihren Tierarzt auch, wann das geeignete Alter ist, mit Ihrem Hund in den Sportarten anzufangen, die Sie interessieren.

Es hängt von Ihrer individuellen Situation ab, ob Sie Ihren Hunden gemeinsam auf die ein oder andere Art Bewegung verschaffen können. Manche Hunde, die zuhause oft kämpfen, kommen auf Spaziergängen oder Wanderungen bestens miteinander klar, weil es draußen so vieles gibt, was sie voneinander ablenkt. Andere wiederum können gar nicht in der Nähe des anderen spazieren geführt werden, weil irgendetwas in ihrer Umgebung – zum Beispiel die Begegnung mit einem anderen Hund – sie dazu veranlasst, sich einander zuzuwenden und sich anzugreifen. Wenn Sie noch jemand anderen haben, können die Hunde natürlich mit Abstand zueinander spazieren geführt werden. Aber selbst wenn Sie Ihre Hunde für eine der folgenden Aktivitäten getrennt voneinander bewegen müssen, ist es die Anstrengung allemal wert.

Spazierengehen

Wie viel Bewegung Ihre Hunde brauchen, hängt von Rasse, Größe, Alter und Kondition ab. Ein heranwachsender Labrador braucht beispielsweise viel mehr Bewegung – normalerweise mindestens eine Stunde täglich, sofern er bei guter Gesundheit ist – als ein neunjähriger Neufundländer. Die einfachste Art, Ihre Hunde zu bewegen, ist es, mit ihnen spazieren zu gehen. Tägliche Spaziergänge sind eine hervorragende Art der Bewegung, denn sie bieten nicht nur körperliche Anstrengung, sondern auch geistige Beschäftigung in Form von faszinierenden Gerüchen. Für einen Hund ist das Schnüffeln an den Marken anderer Hunde wie das Lesen der Klatschspalte. „Hm, ein Halbstarker ist in der Nachbarschaft eingezogen. Aah, Fifi war hier; oh là là, den Geruch kenne ich doch irgendwoher!" Wenn Sie mit Ihren Hunden täglich einen Ausflug machen, haben Sie einen guten Grund, selbst nach draußen zu gehen und sich zu bewegen. Angenommen, Ihre Hunde mögen Spaziergänge, so ist dies auch eine prima Gelegenheit, die Gesellschaft des anderen mit positiven Erlebnissen zu verbinden. Falls Ihre Hunde dazu neigen, sich bei Spaziergängen zu streiten, finden Sie im Kapitel „Da geht's lang" Anleitungen zur sicheren Gestaltung von Gruppenausflügen.

Längere Wanderungen

Wanderungen in der Natur sind wie Spaziergänge, aber noch viel spannender für die Hunde – wie in einem riesigen Hunde-Vergnügungspark. Eine Wanderung bietet Gelegenheit, über Naturpfade zu tollen und unter dem Schatten von Bäumen und Gehölzen zu spielen, die Pflanzenwelt und Wasserlöcher zu erkunden oder faszinierenden Gerüchen entlang des Weges zu folgen. Passen Sie die Wanderungen dem Wohlfühlbereich und der körperlichen Fitness Ihrer Hunde an. Befolgen Sie Hinweisschilder und seien Sie sich Ihrer Umgebung stets bewusst. Wandern regt sowohl Geist als auch Körper an und bietet Gelegenheit für eine ruhige, friedliche Zeit der Verbundenheit. Planen Sie längere Ausflüge bei eher kühlerem Wetter und nehmen Sie für alle Wasser mit.

Ausdauertraining

Spaziergänge und Wanderungen sind etwas Tolles, aber wie wäre es mit intensiverer Bewegung? Wenn Sie einen Garten haben, ist es einfach, ein ordentliches Workout anzubieten: Werfen Sie einen Ball, ein Soft-Frisbee oder was auch immer Ihre Hunde gerne apportieren. Derartige Spiele sollten Sie allerdings nicht machen, wenn die dabei entstehende Erregung voraussichtlich zu Problemen führt. Sie könnten natürlich mit dem einen Hund spielen, während der andere im Haus bleibt und an einem Knochen kaut oder Kauspielzeug wie einen Kong ausschleckt (mehr dazu im nächsten Kapitel). Wenn es für die Hunde ans Plätzetauschen geht, nehmen Sie zuerst das Kauspielzeug und helfen Sie dann den Hunden beim Rollentausch, erst dann geben Sie dem zweiten Hund sein Kauspielzeug.

Aber was, wenn Sie mit beiden Hunden gemeinsam spielen wollen und diese zwar nicht unbedingt miteinander kämpfen, aber immer wieder in kleinere Rangeleien miteinander geraten? Nehmen wir an, Sie haben einen Hund, der es absolut liebt, einem Ball hinterherzujagen. Doch sobald er losläuft, rennt auch der andere los, um wiederum den ersten Hund zu jagen, was eine Rangelei zur Folge hat. In diesem Fall bringen Sie dem Herausforderer bei, dass es immer, wenn ein Ball geworfen wird, seine Aufgabe ist, zu Ihnen zu kommen. So habe ich es bei meinen früheren Hunden Soko und Mojo gemacht. Soko starb für Bälle und Mojo liebte es, Soko zu jagen und nach ihr zu schnappen, wenn sie dem Ball hinterherlief. Eine Schritt-für-Schritt-Anleitung dazu, wie ich dieses Problem gelöst habe, finden Sie im Kapitel 26 – Die Ressourcen bewachen.

Sollten Sie glücklicher Besitzer eines Swimmingpools sein, haben Sie ein prima eigenes Fitnesscenter. Schwimmen ist gut für das Herz-Kreislauf-System und stärkt die Muskulatur, ohne die Gelenke zu belasten (besonders gut für Hunde mit Arthrose oder anderen Gelenkserkrankungen). Für Hunde in guter körperlicher Verfassung, die ordentlich Bewegung brauchen, gibt es noch weitere Möglichkeiten für aerobes Ausdauertraining – unter anderem Jogging, Laufen am Fahrrad (bitte nur ein Hund pro Fahrrad) und die diversen Möglichkeiten des Zughundesports, sei es mit oder ohne Schnee (weitere Informationen siehe Serviceteil im Anhang).

Ich rate Ihnen vom Besuch von Hundewiesen und ähnlichen Freilaufflächen mit Ihren Hunden ab. Sollten Sie es dennoch tun, dann überwachen Sie die Interaktion Ihrer Hunde mit anderen genau - so wie Sie es immer dort tun, wo freilaufende Hunde unterwegs sind. Einige Hunde sind mit anderen tatsächlich nicht gerade sehr nett, obwohl ihre Besitzer sie ohne Leine herumtollen lassen. Aber auch wenn alle Hunde freundlich zu sein scheinen, kann ein Spiel manchmal in eine Rangelei oder in ausgewachsene Kämpfe ausarten. Sie sind der Beschützer Ihrer Hunde und müssen auch deren Anwalt sein. Egal, was irgendjemand anderes sagt (und andere Leute haben immer viel ungefragte Meinung): Falls Sie bei einer Hundebegegnung ein ungutes Gefühl haben, sagen Sie entweder etwas oder nehmen Sie Ihren Hund und gehen in eine andere Ecke der Wiese. Falls nötig, gehen Sie ganz. Klar ist natürlich: Sollten Ihre Hunde dazu neigen, im Beisein anderer miteinander zu streiten, weil zum Beispiel einer eifersüchtig seine neu gewonnenen Freunde bewachen möchte oder Ihren anderen Hund aufgrund umgerichteter Aggression plötzlich angreift, sind Hundewiesen keine gute Idee für gemeinsame Aktivitäten.

Tipps für Bewegung

* Sollten Ihre Hunde nicht an regelmäßige Bewegung gewohnt sein, beginnen Sie langsam und steigern Sie Dauer und Intensität allmählich. Genauso, als würden Sie selbst mit einer neuen Sportart beginnen.
* Verlassen Sie sich nicht darauf, dass Ihre Hunde Ihnen mitteilen, wann sie müde sind. Viele Hunde laufen herum und jagen nach Bällen bis zur Erschöpfung, wenn man sie lässt.
* Genau wie bei menschlichen Sportlern ist es wichtig, dass die Muskulatur Ihrer Hunde aufgewärmt wird, ehe sie lebhaften Aktivitäten nachgehen. Machen Sie mit Ihren Hunden einen kurzen Aufwärm-Spaziergang und massieren Sie ihre Muskeln, ehe Sie beginnen. Sorgen Sie auch für einen kurzen, ruhigen Spaziergang danach zum „Herunterkommen".
* Unternehmen Sie, wann immer es möglich ist, lange Spaziergänge oder joggen Sie auf Naturpfaden. Möglichst nicht auf Asphalt oder Beton, denn dieser ist nicht nur für die Gelenke Ihres Hundes viel härter, sondern auch für Ihre eigenen.
* Wenn Sie Apportierspiele machen, achten Sie darauf, Gegenstände nicht zu hoch zu werfen. Ihre Hunde könnten sich beim Landen nach einem senkrechten Sprung am Rücken verletzen.

Agility

Agility ist eine der am weitesten verbreiteten Hundesportarten, und das aus gutem Grund. Es bietet Hunden körperliche Bewegung und mentale Stimulation und ist eine großartige Möglichkeit, um Selbstvertrauen aufzubauen. Außerdem macht es auch den Besitzern Spaß. Hunde lernen, um Slalomstangen zu laufen, durch Tunnel zu kriechen, durch Reifen und über Hürden zu springen, eine Schrägwand oder einen Laufsteg zu überwinden oder über eine Wippe zu laufen. Wenn der Hund erst einmal gelernt hat, jedes Hindernis einzeln zu meistern, flitzt er durch den ganzen Parcours, während sein Besitzer neben ihm herläuft und Richtungsanweisungen gibt. Agility wird bis hin zu Weltmeisterschaften als Leistungssport betrieben, bei dem es sowohl um sauberes Überwinden der Hindernisse als auch um Schnelligkeit geht, aber man kann auch nur zum Spaß Stunden nehmen. Agility baut durch den Erwerb neuer Fähigkeiten und dem sprichwörtlichen Überwinden von Hindernissen nicht nur Selbstvertrauen auf, sondern verbessert auch Kommunikation und Vertrauen zwischen Hund und Besitzer. Die Hunde sind normalerweise in Hundeboxen untergebracht oder anderweitig eingesperrt, bis sie an der Reihe sind. Damit gibt es nur wenig Möglichkeiten für durch Übererregung verursachte Kämpfe unter den Hunden.

Um Agility betreiben zu können, müssen Ihre Hunde in einem guten Gesundheitszustand sein. Hunde unter achtzehn Monaten werden normalerweise für Wettkämpfe nicht zugelassen, denn die Sprünge könnten ihr sich noch entwickelndes Skelettsystem schädigen. Dennoch bieten manche Hundeschulen gefahrlose, altersgerechte Einführungsklassen für jüngere Hunde an. Wie bei jedem Unterricht variieren auch hier die Trainingsmethoden und manche Ausbilder sind besser als andere. Schauen Sie sich unbedingt zuerst eine Unterrichtsstunde an, ehe Sie mitmachen, um zu sehen, ob der Ausbilder freundliche Motivationsmethoden nutzt. Achten Sie auch darauf, ob der Unterricht organisiert abläuft und gut besucht ist und ob es so aussieht, als hätten Hunde und Menschen Spaß dabei.

Fährten und andere Nasenarbeit

Die Spurensuche – oder in der sportlich-formalen Variante das Fährten – können Sie als weniger anstrengende Betätigung in Betracht ziehen. Beim Fährten wird eine Duftspur gelegt und der Hund muss dieser folgen, um einen bestimmten Gegenstand zu finden. Mit jedem Erfolg baut die Spurensuche Selbstvertrauen auf, und wie bei Agility ist immer nur ein Hund alleine im Parcours. Die Fähigkeit dazu wird normalerweise in einer Unterrichtsumgebung, sprich zusammen mit anderen Hunden erlernt. Wenn es Ihnen jedoch lieber ist, dass Ihre Hunde ihren Spaß, die Anregung und den Aufbau von Selbstvertrauen ohne soziale Interaktion haben sollen, empfehle ich Bücher für Nasenarbeit (siehe *Serviceteil),* mit denen Sie selbst zuhause alleine mit Ihrem Hund üben können.

American K9 Nosework

American K9 Nosework gibt es noch nicht so lange wie die traditionellen Formen des Suchens, aber es macht bestimmt genau so viel Spaß! Dabei wird Hunden schrittweise beigebracht, nach Gegenständen und Gerüchen zu suchen, wobei man mit dem Lieblingsspielzeug oder der Lieblingsbelohnung beginnt und allmählich zum Aufspüren von Zielgerüchen übergeht. Das Suchareal wird so langsam erweitert, dass Ihr Hund Erfolg und gleichzeitig Spaß an dem Sport haben kann. American K9 Nosework ist eine gute Wahl für jeden Hund, der laufen und riechen kann und ist ausgezeichnet zum Aufbau von Selbstvertrauen geeignet. Wie beim Spurensuchen ist immer nur ein Hund im Parcous, so dass Aggressionen unter Hunden kein Thema sind. Wie beim Agility oder Spurensuchen auch macht der Sport Ihnen und Ihrem Hund vielleicht sogar so viel Spaß, dass Sie an Wettbewerben teilnehmen möchten. (*Im deutschsprachigen Raum bieten inzwischen viele Hundeschulen unterschiedliche Kurse oder auch Wanderungen zu den Themen „Nasenarbeit" und „Spurensuche" an, bei denen der Spaß anstelle des sportlichen Gedankens im Vordergrund steht. Fragen Sie einfach mal bei den Hundeschulen Ihrer Umgebung nach! Anm. d. dt. Verlages.)*

Kauen

Kauen als Freizeitbeschäftigung für den Hund ist zwar kein Sport oder körperliche Betätigung wie mancher der anderen Vorschläge, aber es ist so wichtig, dass man es erwähnen muss. Kauen bedeutet nicht nur Bewegung für die Kiefer Ihres Hundes, sondern ist eine ausgezeichnete Möglichkeit, um Energie loszuwerden – und es hat den entscheidenden Vorteil, Stress bei Hunden abbauen zu können. Natürlich trennen Sie Ihre Hunde voneinander, wenn Sie Kauartikel geben, da man sich darum streiten kann. Dies erreichen Sie mit Einsperren, mit Gattern, Anbinden in verschiedenen Bereichen oder indem Sie einen Hund drinnen und einen draußen halten. Sie müssen sich nur sicher sein, dass alle im Haus Anwesenden Bescheid wissen, was passiert, damit niemand die Hunde zusammenlässt, ehe Sie alle Reste der Kauartikel entfernt bzw. sich vergewissert haben, dass alles vollständig verspeist worden sind. Und Achtung, werden Sie nicht zu schnell leichtsinnig: Nur, weil Ihre Hunde sich nicht um eine bestimmte Sorte Kauartikel streiten, heißt das noch nicht, dass sie nicht über eine andere streiten würden. Wie immer geht es um Wertschätzung – also irren Sie sich zugunsten der Sicherheit lieber ein Mal zu viel.

Meiden Sie Artikel aus Rohhaut und Schweinsohren, denn diese können gefährlich sein, falls große Stücke verschlungen werden, ohne ordentlich gekaut worden zu sein (gepresste Haut ist die sicherere Variante des Originals) Eine bessere Alternative sind Ochsenziemer. Sie sind natürlichen Ursprungs und geben beim Beißen keine großen Stücke wie Rohhaut ab, außerdem sind sie überall in Zoofachgeschäften erhältlich. Behalten Sie Ihren Hund mit den Kauartikeln im Auge, da sogar die „sicheren" gefährlich sein können, wenn das letzte, kleine Stück unzerkaut verschluckt wird. Mehr über den von mir favorisierten Kauartikel, den Kong, erfahren Sie im nächsten Kapitel.

Mentale Auslastung

Erinnern Sie sich einmal daran, als Sie das letzte Mal ein Kreuzworträtsel gelöst oder ein Problem gemeistert haben, das Ihnen kreatives Denken abverlangt hat. Obwohl es ein Gefühl hinterlassen hat, etwas geschafft zu haben, fühlten Sie sich wahrscheinlich danach etwas ausgelaugt. Geistige Anstrengung kann genauso ermüdend sein wie körperliche Ertüchtigung, manchmal sogar noch mehr. Bei angespannten, ängstlichen oder aggressiven Hunden kann mentale Auslastung sehr nützlich sein, denn sie begünstigt einen ruhigen Gemütszustand.

Ein geistig unterbeschäftigter Hund wird im Allgemeinen eher weniger entspannt sein. Stellen Sie sich einen Vorratstank vor, der nicht mit Wasser oder Gas gefüllt ist, sondern mit der Energie und nervösen Anspannung Ihres Hundes. Der Füllstand im Tank kann von Tag zu Tag variieren, doch was sich nicht ändert, ist, dass die Substanz kanalisiert und somit irgendwie verringert werden muss – oder sie wird auf unangenehme Art und Weise überlaufen. Dies kann im Umgraben Ihres Gartens bestehen, in unablässigem Bellen oder im Kämpfen mit einem anderen Hund. Positive Wege, um diese Energie zu kanalisieren, bestehen aus Bewegung, Training sowie mentaler Auslastung. Diese haben zum Ziel, das, was sich im Tank befindet, auf einem vernünftigen Niveau zu halten, indem man konstruktive Wege findet, den Inhalt zu kanalisieren. Unten schlage ich einige Möglichkeiten dafür vor. Da wie immer wertvolle Ressourcen beteiligt sind, setzen Sie auf ein gutes Management, um Ihre Hunde voneinander zu trennen, falls das nötig ist. Denken Sie daran – auch wenn Ihre Hunde normalerweise nicht um Futter oder Leckerlis streiten, kann ein neues Spielzeug oder Leckerli immer eine heftige Auseinandersetzung verursachen.

Wo ist das Leckerli? / Interaktive Futterspielzeuge

Interaktive Futterspielzeuge sind eine großartige Möglichkeit, um die Problemlösefähigkeit Ihrer Hunde zu beanspruchen. Diese cleveren Geräte gibt es in verschiedenen Formen und Größen und sie sind dafür gedacht, mit Trockenfutterbröckchen oder kleinen, nicht klebrigen Leckerlis gefüllt zu werden. Ihre Hunde müssen herausfinden, wie man das Spielzeug mit Nase und Pfoten bedient, damit die Leckerli herausfallen. Denken Sie auch darüber nach, das gesamte Futter aus einem Spender zu geben. Wölfe, die Vorfahren der Hunde, mussten für ihr Futter hart arbeiten. Wenn Wölfe jagen, haben sie nur in zehn Prozent der Fälle Erfolg. Das bedeutete jede Menge Anstrengung! Und nun kommen wir, Tausende Jahre später, mit einem Teller voll Futter und sagen „Bitteschön“! Lassen Sie Ihre Hunde stattdessen dafür arbeiten. Nebenbei bemerkt wird das Stück für Stück aus einem Spender zu holende Futter Ihre Hunde zehn bis dreißig Minuten lang beschäftigen. Das kann Ihnen morgens daheim nutzen, wenn Sie sich für den Weg zur Arbeit fertigmachen oder auch im Laufe des Tages, wenn Sie eine Pause brauchen. Bleiben Sie unbedingt dabei, wenn Ihre Hunde sich mit den Spendern beschäftigen und sammeln Sie diese wieder ein, wenn Ihre Hunde damit fertig sind.

Sierra ist nach einer Runde mit dem Wobbler angenehm müde.

Einer meiner Lieblingsfutterspender ist der Kong Wobbler®. Er besteht aus rotem Kautschuk und ist geformt wie ein Schneemann. Es gibt ihn in vier verschiedenen Größen und er hat eine kleine, runde Öffnung, durch die das Futter herausfällt. Kennen Sie aus Ihrer Kindheit noch Stehaufmännchen? Die Bewegung des Kongs ist so ähnlich. Ihr Hund muss ihn mit der Nase oder Pfote schubsen, damit er kippt und Leckerlis herausfallen, wonach er sich von selbst wieder aufrichtet. Den Wobbler zu füllen ist einfach, da man das Oberteil abschrauben kann. Meine Hunde lieben diesen speziellen Spender alle beide, und er bietet genau den richtigen Schwierigkeitsgrad, um interessant zu bleiben, ohne eine zu große Herausforderung zu sein.

Ein einfacherer Spender ist der „Atomic Treat Ball". Ursprünglich wurde er so genannt, weil er geformt ist wie ein Molekül. Ähnliche Modelle findet man oft auch unter der Bezeichnung „Futterball" oder „Belohnungsball" im Handel. Dieses raffinierte Spielzeug ist aus Plastik und hat oben ein Loch. Die Lochgröße und Form des Balles sorgen dafür, dass es spannend bleibt, aber insgesamt gesehen ist es etwas einfacher als beim Wobbler. Um sicherzustellen, dass Ihre Hunde den Ball nicht zerbeißen, überlassen Sie ihnen diesen nur zu den Mahlzeiten oder solange Belohnungen abgegeben werden. Ein ähnlicher Belohnungsspender ist der Stuff-A-Ball von Kong. Er ist aus dickerem Gummi und bietet eine ziemlich große Öffnung für das Herausfallen von Belohnungen, ebenso wie Rinnen zur Zahnpflege auf der Ballseite, die die Zähne Ihrer Hunde reinigen, während diese versuchen, die Belohnungen herauszuholen.

Keine Abhandlung über Futterspender wäre komplett, ohne meinen Favoriten genannt zu haben: Der Classic Kong. Diese wunderbare Kreation ist aus hartem Gummi gemacht – die schwarze Ausführung ist sogar noch härter als die rote – und geformt wie ein Schneemann. Es gibt ein kleines Loch oben und ein größeres unten. Verstopfen Sie das obere Loch mit einer kleinen, sich auflösen-

Kong Stuff-A-Ball

Atomic Treat Ball

den Belohnung oder dicken Substanz wie Erdnussbutter, dann drehen Sie den Kong um und füllen den großen Hohlraum. (Seien Sie vorsichtig, dass Sie keine zu kleine Größe kaufen, sonst bleibt nicht viel Platz für das Hineinstopfen von Leckerlis). Der Gedanke dahinter ist, Schichten zu schaffen, indem man abwechselnd klebrige Substanzen wie Erdnussbutter, Frischkäse oder Dosenfutter zwischen lose Schichten wie Hundekekse oder Trockenfutter füllt. Der Inhalt sollte nicht zu leicht herausfallen, denn all diese geschichteten Leckereien bieten den Anreiz für Hunde, beim Herausholen nicht aufzugeben.

Sie können sogar einen gefrorenen Kong erschaffen, indem Sie den Hohlraum füllen und das fertige Teil in den Gefrierschrank legen. Das Gefrorene stellt sicher, dass der Spaß lange Zeit anhält und bietet an heißen Tagen eine großartige Beschäftigung für den Geist. Sie können sogar ganze Mahlzeiten im Kong füttern. Dann verstopfen Sie das kleine Loch mit einer weichen, feuchten Belohnung oder einem Stück Erdnussbutter. Messen Sie das Trockenfutter ab und mischen Sie es entweder mit Nassfutter, ehe Sie die Mischung hineinlöffeln, oder schichten Sie abwechselnd nasses und trockenes Futter hinein, beginnend und endend mit einem Löffelvoll bzw. einer Lage Nassfutter, damit alles drinbleibt.

Sierra arbeitet am Leeren ihres Classic Kongs.

Wie lange wird es dauern, bis Ihre Hunde die versteckten Schätze aus dem Kong herausgeholt haben? Das hängt ganz davon ab, wie dicht er gefüllt ist und vom Energieniveau und der Ausdauer Ihrer Hunde. Ein locker gefüllter Kong wird vielleicht in weniger als zehn Minuten geleert sein. Ein dicht gepackter oder gefrorener kann über eine Stunde halten. Lassen Sie es bei Hunden, die einem solchen Spender noch nie begegnet sind, langsam angehen. Machen Sie lockere Schichten und lassen Sie einen Hundekeks oder eine Belohnung herauslugen, damit Ihre Hunde einen Soforterfolg zu verzeichnen haben. Wenn ihre Geschicklichkeit sich verbessert hat, können Sie dichtere Schichten einfüllen, um die Herausforderung zu erhöhen.

Die ruhige Konzentration, die einen Hund erfüllt, wenn er glücklich mit seinem „Freilegungsprojekt" beschäftigt ist, ist etwas Wunderschönes. Eine meiner Kundinnen nannte den Kong „Welpenbefrieder", und sie hat Recht. Ich sage Ihnen voraus, dass Ihre Hunde, genau wie meine, bald zu erklärten Kongaholics werden! Auf der Herstellerwebsite werden sogar Rezepte für Kong-Füllungen angeboten, die Ihre Hunde mögen könnten. Der Kong kann online leicht gefunden werden, genau wie die anderen vorgenannten Artikel, und viele davon bekommen Sie auch im Zoofachgeschäft vor Ort.

Lust auf eine Autofahrt?

Für Hunde ist eine Autofahrt ein rollendes Sammelsurium an Düften. Hunde lieben es, ihre Nase aus dem Fenster zu strecken, denn sie können so den Geruch eines Baumes erhaschen, den anderer Tiere, Leute und überhaupt von allem draußen, das wir Menschen kaum bemerken. Es gibt auch eine visuelle Komponente beim Autofahren, denn Ihr Hund ist Dingen ausgesetzt, die er nicht jeden Tag zu Gesicht bekommt. Eine Autofahrt bietet geistige Beschäftigung… und macht Spaß!

Ihre Hunde mitzunehmen, wenn Sie etwas zu erledigen haben oder Freunde besuchen, ist eine gute Gelegenheit, ihnen Abwechslung zu bieten – besonders, wenn Sie nicht so viel Zeit für Spaziergänge oder andere Outdoor-Aktivitäten haben. Achten Sie aber unbedingt darauf, dass Sie Ihre Hunde an heißen Tagen nicht im Auto lassen und lassen Sie die Fenster weit genug herunter, dass sie ihre Nase herausstrecken können, jedoch nicht den ganzen Kopf, weil Schmutzteilchen und Zugluft sonst die Augen schädigen könnten. Wenn Sie regelmäßig mit Ihren Hunden Auto fahren, so wird sie das geistig beschäftigt halten und somit auch generell ruhiger machen.

Clickertraining

Das Clickertraining behandle ich hier anstatt in dem Teil, in dem es um Training geht, weil es auch so eine gute geistige Beschäftigung ist. Diese zwangsfreie Trainingsmethode wurde erfolgreich bei Meeressäugern wie Delfinen und Killerwalen angewendet, aber auch bei exotischen Tieren wie Löwen, Tigern oder Bären. Und oh ja – Clickertraining ist auch ein toller Weg, um Hunde zu trainieren, und weil es sie zum Denken und Problemlösen anregt, auch ein großartiger Weg, um das Selbstvertrauen zu stärken.

Ein Clicker ist eine kleine Plastikbox mit einem Metallstreifen und macht beim Drücken ein Klickgeräusch. Der Click dient als Marker, um einem Hund zu verstehen zu geben, dass er genau in diesem Moment etwas richtig gemacht hat. Nehmen wir einmal an, Sie bringen Ihrem Hund bei, sich hinzulegen. Sie können ihn mit Hilfe von ein wenig Futter in die richtige Haltung locken und dann in dem Moment clicken, wenn er sich in der genau von Ihnen gewünschten Position befindet. Ein Click ist schneller und präziser als Worte und er klingt immer gleicht. Warum sollte sich ein Hund etwas aus einem Click machen? Weil jeder Click von einer Belohnung gefolgt wird! Hunde müssen herausfinden, wie sie sich den Click verdienen, um eine Belohnung zu bekommen – da kommt die geistige Beschäftigung ins Spiel. Es ist faszinierend anzuschauen, wenn ein Hund das Prinzip verstanden hat und das gewünschte Verhalten anzubieten beginnt, in der Hoffnung, sich einen Click und eine Belohnung zu verdienen.

Falls Ihr Hund geräuschempfindlich sein sollte, können Sie einen so genannten Softclicker verwenden, der leiser ist als der Standard-Clicker. Es gibt auch einen Clicker, der „i-click“ heißt und ein weicheres Geräusch macht als ein normaler Clicker (siehe Serviceteil). Wenn es Ihnen lieber ist, können Sie auch ein kurzes gesprochenes „Ja!“ als Ersatz für einen Click nehmen, was natürlich den Vorteil hat, immer verfügbar zu sein.

Clicken kann in Kombination mit Locken anhand von Futter verwendet werden, wie ich eben beschrieben habe. Aber richtig Spaß macht es dann, wenn es zum Formen von Verhalten genutzt wird. Da beginnen die kleinen grauen Zellen Ihrer Hunde erst richtig zu rattern! Beim *Freien Formen (Shaping)* belohnen Sie kleine Teile von Verhaltensweisen – sukzessive Annäherungen – um ein Ziel zu erreichen. Das ist wie bei dem Kinderspiel Heiß-Kalt, bei dem der Rest der Gruppe dem Kind das Gesuchte mit "heißer" und „kälter" beschreibt, sobald das Kind dem vorher festgelegten Objekt näherkommt oder sich weiter davon entfernt. Beim Formen gibt es kein „kälter", aber der Clicker dient als Signal für „heißer" und hilft dem Kandidaten beim Formen seines Verhaltens in Richtung Ziel.

Die Technik des Formens können Sie beispielsweise dazu nutzen, Ihrem Hund beizubringen, dass er auf seinen Platz geht. Zuerst könnten Sie beim bloßen Blick auf seinen Platz clicken und belohnen. Sie könnten auf die kleinste Bewegung Richtung des Hundeplatzes warten, zum Beispiel eine Pfote vorwärts, ehe Sie clicken und belohnen. Dann würden Sie weitermachen, indem Sie kleine Fortschritte clicken, bis Ihr Hund schließlich eine Pfote auf seinem Platz hat, dann zwei, und so weiter, bis er ganz auf seinem Platz stehen würde. All dies würde ohne jegliche verbale Aufforderung ablaufen, abgesehen von einem Lob beim Geben der Belohnung. Wenn Ihr Hund einmal verstanden hat, was von ihm gewünscht wird und er von alleine auf seinen Platz geht, sagen Sie „Geh auf den Platz" kurz bevor er es ohnehin getan hätte. Sehr bald schon wird Ihr Hund auf Kommando auf seinen Platz gehen.

Noch faszinierender als Formen ist das Einfangen von Verhalten. Einfangen bedeutet, ein natürlich auftretendes Verhalten zu clicken. Sagen wir einmal, Sie möchten, dass Ihr Hund anständig neben Ihnen hergeht, anstatt an der Leine zu ziehen. Jedes Mal, wenn Ihr Hund nun zufällig neben Ihnen geht, würden Sie clicken, um den Moment zu markern und ihn mit einem Leckerli belohnen. Ihr Hund würde rasch lernen, dass der wertvollste Platz an Ihrer Seite ist. Einfangen kann Ihnen helfen, Verhalten zu trainieren, das mit Locken schwierig zu erreichen wäre. Sagen wir, Sie möchten, dass der Hund sich auf Kommando langstreckt. Es könnte schwierig sein, Ihren Hund irgendwie dazu zu bringen, sich zu strecken, aber Sie haben bemerkt, dass er sich jedes Mal streckt, wenn er nach einem Schläfchen aufsteht. Perfekt! Alles, was Sie tun müssen, ist bei jedem Strecken einfach zu clicken und ihn zu belohnen. Ein clicker-versierter Hund wird stets herausfinden wollen, was er getan hat, um sich den Click zu verdienen, und somit das Verhalten bald zeigen. Wenn er es dann tut, fügen Sie den Befehl „Streck dich!" hinzu, oder, wenn Sie das lieber mögen, etwas Kreatives wie „Verbeug dich vor der Königin!", wenn er anfängt, sich zu strecken. Mit Einfangen können Sie Ihrem Hund sogar beibringen, auf Kommando zu gähnen, zu niesen oder zu rülpsen – obwohl ich Ihnen anrate, das letztere nicht zu tun, denn wer möchte schon einen Hund, der *dieses* Benehmen zeigt?

Die Prinzipien des Clickertrainings mögen Ihnen merkwürdig erscheinen, wenn Sie schon Hunde auf traditionelle Art und Weise trainiert haben – besonders, wenn Sie an körperliche Manipulationsmethoden wie das Nach-Unten-Drücken des Popos zum Beibringen von „Sitz" gewohnt sind. Aber Clickertraining ist es durchaus wert, dass man sich die Zeit zum Ausprobieren einmal nimmt. Die Methode ist nicht nur faszinierend, kreativ und sehr effizient, sondern eröffnet ganz neue Möglichkeiten, mit Ihren Hunden zu kommunizieren. Es ist ein Riesenspaß, Kunststücke beizubringen, und es ist auch ein wertvolles Mittel zur Stärkung des Hunde-Selbstbewusstseins. Wenn Sie mehr über die faszinierende Kunst des Clickertrainings wissen möchten, schauen Sie im Serviceteil im Anhang nach.

11

Sicheres Trennen

Ihr allgemeiner Management-Plan für den Alltag mit Ihren Hunden sollte ein idiotensicheres System beinhalten, die Hunde voneinander zu trennen, sofern das nötig wird. Lassen Sie uns ein paar Möglichkeiten dazu anschauen, sodass Sie für sich entscheiden können, welche davon bei Ihnen zu Hause am besten funktionieren.

Hundeboxen sind großartig!

Jeder von uns lebt in anderen Wohnverhältnissen. Aber egal, ob Sie nun ein Studio-Apartment haben oder ein Haus mit zehn Zimmern und einem Garten – eine narrensichere Möglichkeit, um Hunde zeitweise zu trennen, bietet der Einsatz von Hundeboxen. Für Boxentraining gibt es viele gute Gründe, vom Sauberkeitstraining junger Welpen bis hin dazu, den Hund nach Operationen oder Verletzungen ruhig zu halten. Es ist außerdem besonders hilfreich als Instrument des Managements, wenn Sie Hunde haben, die sich nicht vertragen.

Vielleicht sind Ihre Hunde bereits an Boxen gewöhnt. Falls nicht, gibt es online Videos, die den Gewöhnungsprozess zeigen. Oder Sie schauen sich die DVD „*Train Your Dog: The Positive, Gentle Method*" an. Wichtig ist, für welche Art von Hundebox Sie sich entscheiden. Es gibt zwei Haupttypen: Zusammenklappbare aus Kunststoff mit einer Metallgittertüre und Drahtgitterboxen. Drahtgitterboxen empfehle ich aus den folgenden Gründen nicht: Erstens klemmt sich ein Hund ganz leicht eine Pfote oder ein Bein zwischen den Stäben ein oder er verletzt sein Maul beim Kauen daran. Zweitens bieten Drahtboxen zu viel visuelle Stimulation. Kunststoff-Klappboxen dagegen schränken das Gesichtsfeld des Hundes stark ein und verschaffen ein beruhigendes, umhüllendes Gefühl. Nach meiner Erfahrung beruhigen sich Hunde in geschlossenen Boxen deutlich schneller.

Falls Sie Ihre Hunde noch nicht an Boxen gewöhnt haben, nehmen Sie sich Zeit, dies zu tun – egal, wie alt Ihre Hunde sind. Falls Sie Reibereien und Kämpfe zu Hause haben, ist es entscheidend, dass jeder Hund seinen eigenen Platz der Sicherheit und Geborgenheit hat, in den andere nicht eindringen können. Falls

Ihre Hunde zu streiten beginnen, bringen Sie jeden sofort in seine Box und lassen ihnen eine gewisse Zeit zum Beruhigen, ehe Sie sie wieder zusammenlassen. Falls Sie Ihren Hunden im Nachgang zum Gerangel sofort wieder erlauben, frei herumzulaufen, könnte aufgrund des noch hohen Erregungsniveaus leicht ein weiterer Kampf entstehen. Selbst wenn Sie Ihre Hunde trennen, indem Sie einen in den Garten stecken und den anderen im Haus behalten, wären sie noch in Freiheit und könnten sich wegen der erhöhten Spannung möglicherweise damit beschäftigen, etwas kaputt zu kauen, wobei die weitere Aktivität sie womöglich in einem emotional geladenen Zustand halten würde. Das Einsperren in eine Box zwingt einen Hund dazu, mehr oder weniger still zu liegen und dabei den Muskeln die Gelegenheit zum Loslassen zu geben, das Adrenalinniveau zu senken und Entspannung einkehren zu lassen, ehe sie sich wieder mit etwas anderen beschäftigen. Boxen sind außerdem praktisch für Autofahrten, wenn die Hunde sonst womöglich auf einem so kleinen, abgeschlossenen Raum miteinander streiten würden.

Hundeboxen können auch dann nützlich sein, wenn ein Hund andauernd den anderen reizt oder mobbt. Eine Box bietet dem gemobbten Hund bei Bedarf einen sicheren Rückzugsort. Und natürlich hindert das Einsperren des Mobbenden in die Box ihn daran, zu dem anderen Hund zu gelangen. Noch wichtiger ist, dass eine Hundebox als Ort für eine Auszeit eingesetzt werden kann. *Dies sollte man nur tun, wenn der Hund bereits an seine Box gewöhnt ist und diese auch mag, und man sollte es nicht zu oft tun!* Sie möchten doch, dass Ihr Hund seine Box auch weiterhin mag! Als Teil eines Verhaltensänderungsplanes sagen Sie genau in dem Moment, wenn Ihr Hund den anderen mobbt, „ZU schade!“ und stecken ihn in seine Hundebox. Solche Auszeiten sollten nicht länger als ein paar Minuten dauern, da es Hunden nicht bestimmt ist, herumzusitzen und endlos darüber nachzudenken, was sie falsch gemacht haben. Aber sie verstehen Konsequenzen, und wenn ein Hund jedes Mal, wenn er einen anderen mobbt, eine Auszeit bekommt, wird er allmählich begreifen, dass die eine Aktion zur anderen führt. Dies sollte zur Folge haben, dass das Verhalten weniger häufig auftritt.

Das Einsperren in Hundeboxen kann auch nützlich sein, wenn man einen älteren Hund daheim hat und ein neuer Welpe ins Haus kommt. Eine typische Situation wäre, dass der Welpe andauernd mit dem älteren Hund spielen und bei ihm bleiben möchte, während dieser seine Ruhe haben will. Falls Sie sich in solch einer Lage befinden, so kann, wann immer Sie sich aufbauende Spannungen bemerken, ein kurzer Aufenthalt des Welpen in der Box die Spannung vor dem Eskalieren bewahren. In diesem Fall ist das Einsperren in die Hundebox nicht dasselbe wie eine Auszeit wegen schlechten Benehmens; hier dient die Box mehr als Ruhekammer. Wie lange die Pause in der Box nötig ist, ist von Welpe zu Welpe unterschiedlich, aber normalerweise sollten fünfzehn bis zwanzig Minuten ausreichen.

Viele Hunde streiten sich nur dann, wenn ihre Besitzer zu Hause sind. Das könnte deswegen so sein, weil ein Hund den Besitzer als eine Ressource bewacht oder weil sich ein Hund im Beisein seines großen, starken Menschen im Hintergrund mächtiger fühlt, quasi bedingt durch einen assoziierten Status. Aber wenn Ihre Hunde sich auch streiten, wenn niemand da ist, und es keine geeignete Möglichkeit gibt, um sie getrennt voneinander zu halten, bieten Hundeboxen eine gute Management-Lösung. Achten Sie darauf, dass die Boxen sich nicht zugewandt sind und weit genug voneinander wegstehen, um den Hunden keinen Stress zu bereiten. Es würde Ihren Hunden nicht helfen, wenn sie sich von ihren Boxen aus gegenseitig anstarren würden oder sich anbellen oder anknurren. Für manche Hunde reicht es aus, am anderen Ende des Raums zu sein. Bei anderen mag es erforderlich sein, die Boxen in getrennte Räume zu stellen. Falls Sie nicht genug Platz haben, können Sie Handtücher oder Decken über die Boxen legen, um die Sicht einzuschränken.

Falls Ihre Hunde in der Box gehalten werden müssen, während Sie tagsüber weg sind, so fragen Sie sich vielleicht, was für eine Zeitspanne akzeptabel wäre. Eine Faustregel ist, erwachsene Hund nicht länger als drei oder vier Stunden am Stück in Hundeboxen eingesperrt zu lassen. (*Nach Ansicht vieler deutscher Amtsveterinäre gilt dies als zu lang – Anm. des dt. Verlags. §2 Abs.1 des deutschen Tierschutzgesetzes legt fest, dass ein Hund angemessen und artgerecht untergebracht sein muss, legt aber keine exakte Zeitdauer für das Einsperren in eine Box fest. Was vertretbar ist, ist im Einzelfall zu entscheiden. Regelmäßiges stundenlanges Einsperren ist je nach Auslegung des TierSchG eher als nicht angemessen zu betrachten.)*

Falls Sie durch Ihre Arbeitszeiten oder andere Umstände gezwungen sind, sie länger eingesperrt zu lassen, dann organisieren Sie einen Hundesitter oder jemanden aus dem Bekanntenkreis, der tagsüber kommt und jeden Hund einzeln rauslässt, damit er sich erleichtern kann und ein wenig Bewegung und Aufmerksamkeit bekommt. Dieser Jemand sollte strenge Anweisung erhalten, niemals mehr als einen Hund auf einmal heraus zu lassen. Apropos Hundesitter: Falls Sie einmal für längere Zeit wegmüssen, für mehrere Tage oder Wochen, und kein gutes Gefühl damit haben, dass sich ein Hundesitter zu Hause um Ihre Hunde kümmert, dann wäre eine bessere Alternative vielleicht eine Hundepension, deren geschultes Personal Ihre Hunde während des Aufenthaltes dort ganz voneinander getrennt halten würde.

Gatter können großartig sein

Was den Einsatz von Gattern (wie z. B. Babygittern) beim Hundemanagement anbelangt, so gibt es zwei Dinge zu bedenken: Zuerst einmal, ob ein Gatter eine geeignete Möglichkeit ist. Würden sich Ihre Hunde wohlfühlen, wenn sie auf gegenüberliegenden Seiten eines Gatters wären, von wo aus sie sich sehen können, oder würden sie sich böse anstarren und womöglich durch das Gatter hindurch streiten? Im letzteren Fall wäre das Einsperren in Hundeboxen die bessere Alternative.

Die zweite Überlegung wäre, ob das Gatter hoch und stabil genug ist, um Ihren Hund zurückzuhalten. Ich hatte viele Kunden im Hundetraining, die während der Phase des Trainings zur Stubenreinheit Babygatter eingesetzt haben. Und ich habe viele Geschichten darüber gehört, wie ein Hund entweder das Gatter umgeworfen hat oder darüber geklettert ist. Für ein ordentliches Management muss der Bereich, den Sie dafür vorsehen, auch für ein Gatter geeignet sein. Ein Zimmer mit einem türähnlichen Durchgang, der an beiden Enden ein Gatter ermöglicht, ist hier zu bevorzugen, da die Anbringung einfach wäre. Natürlich führen enge Durchgänge oft in viel kleinere Räume, wie das Wäschezimmer, das möglicherweise nicht genug Platz bietet. Ein größerer Raum ist besser, doch ein Gatter quer in einer weiten, ungünstig geschnittenen Küche befestigen zu müssen, kann einen davon abschrecken. Bei solch einem untypischen Grundriss wird ein Babygatter keine Lösung sein. Ein langes, ausziehbares Stellgitter quer durch, in der Mitte verstärkt und an den Wänden verschraubt, könnte wahrscheinlich funktionieren, wobei das von der Größe des Raumes abhängt. Ideen für Bezugsquellen finden Sie im Anhang.

Wenn das Gatter sicher angebracht ist, sollte Ihr Hund es nicht umwerfen können. Allerdings bleibt dann immer noch das Problem mit den Hunden, die obendrüber gehen. Die meisten Hunde springen nicht direkt drüber. Eher typisch wäre, dass ein Hund über das Gatter klettert – entweder vom Boden aus oder mit einem kleinen Sprung. Babygatter mit Querstäben erleichtern natürlich das Klettern. Wenn Sie einen großen Hund haben, ist es sogar möglich, dass dieser direkt über das Gatter „segelt". In diesem Fall und falls es der Platz erlaubt, könnten Sie zwei Babygatter übereinander befestigen. Oder – und diese Lösung wird in größeren, ungewöhnlich geschnittenen Räumen auch hilfreicher sein – Sie könnten ein schmiedeeisernes Gitter kaufen, das lange, senkrechte

Öffnungen zwischen den Stäben hat. So lange Ihr Hund sich nicht dazwischen durchquetschen kann, wäre dies eine ausgezeichnete Lösung.

Es gibt noch einen weiteren guten Grund für den Einsatz von Gattern oder Boxen mit Vorteil nicht nur für die Hunde, sondern auch für Sie. Es kann anstrengend sein, sich ständig im Zustand höchster Wachsamkeit zu befinden. *Was machen die Hunde gerade? Liegen Ressourcen herum, um die sie streiten könnten? Baut sich Spannung zwischen ihnen auf?* Wenn Sie Ihre Hunde gelegentlich mit Gattern oder in Boxen wegsperren, gibt ihnen dies einen eigenen, sicheren Platz und Zeit, sich zu entspannen – und Sie haben Zeit für sich, in der Sie entspannen können und unachtsam sein dürfen.

Draußen im Freien

Falls einer Ihrer Hunde nichts zerstört, wenn man ihn frei im Haus herumlaufen lässt, könnte die Lösung auch ganz einfach darin bestehen, ihn drin und den anderen Hund im Garten zu lassen. Falls aber beide Hunde drinnen Dinge zerstören und keiner in eine Box gesperrt werden kann, weil es Probleme wie Inkontinenz oder einen hohen Stresslevel auf engem Raum gibt, der zu Selbstverletzungen führen könnte, könnte die Lösung darin bestehen, beide Hunde im Freien zu lassen. Nein, keine Sorge, wir wollen Ihre Hunde nicht mit freiem Zugang zueinander nach draußen lassen! Angenommen, das Wetter ist weder zu heiß noch zu kalt oder unwirtlich, kann das Halten draußen im Freien eine hervorragende Managementlösung darstellen, falls man Hunde alleine lassen muss. Falls Sie sich dafür entscheiden sollten, brauchen die Hunde eine angemessene Beschattung gegen die Sonne, Schutz vor Kälte, einen bequemen Liegeplatz und Wasser zu ihrer Verfügung.

Das Geheimnis besteht darin, entweder zwei gesonderte Zwinger aus Maschendrahtelementen aufzubauen oder eine Konstruktion, bei der die Hunde nicht zueinander gelangen können. Wenn Sie sich für getrennte Zwinger entscheiden, dann setzen Sie diese nicht direkt nebeneinander. Bauen Sie diese vielmehr so weit wie möglich auseinander, am besten auch außer Sichtweite zum jeweils anderen. Falls Sie einen kleinen Platz haben, der nur ein paar Zentimeter Abstand zwischen den Zwingern ermöglicht oder wenn die Hunde sich voraussichtlich anstarren werden, setzen Sie einen Sichtschutz ein (lange Plastikstreifen, die man durch die Maschen fädelt, um die Sicht zu versperren), um durch den Anblick entstehende Erregung zu verhindern. Eine Alternativmöglichkeit wäre es, nur einen Zwinger aufzubauen und diesen durch eine mit Sichtschutzstreifen versehene Umzäunung außen herum aufzubauen, die ein paar Zentimeter übersteht, so dass die Hunde sich weder erreichen noch sehen können.

Sollten Sie sich gegen Zwinger entscheiden und stattdessen Teile des Gartens für jeden Hund vorsehen wollen, setzen Sie nicht nur einfach einen Maschendrahtzaun in die Mitte. Falls Sie dies tun, wären Ihre Hunde in der Lage, durch den Zaun hindurch zu streiten. Unterschätzen Sie den Schaden nicht, der dabei entstehen kann! Während meiner Jahre im Tierschutz habe ich von viel zu vielen Hundeartigen (Hunden und Wolfshunden) gehört, die sich durch Zäune hindurch die Ohren abgerissen hatten – oder Schlimmeres. Setzen Sie zwei parallel verlaufende Reihen Maschendrahtzaun, im Abstand von dreißig bis sechzig Zentimetern. Auf diese Art hat jeder Hund seine Gartenseite, aber sie können sich körperlich nicht erreichen. Falls nötig, setzen Sie auch hier Sichtschutzstreifen ein.

Rotationssystem

Im besten Fall brauchen alle diese Einsperrmethoden nur vorübergehend eingesetzt zu werden, etwa dann, wenn Sie von zu Hause weg sind oder als Chill-Out-Zone, wenn die Anspannung eskaliert. Aber es gibt Extremfälle, bei denen zwei Hunde sich ernsthaft Schaden zufügen wollen und in denen zu deren eigenen Sicherheit eine Wiederzusammenführung nicht möglich ist. Falls Sie sich dafür entscheiden, beide Hunde zu behalten, ist Management der Schlüssel. Es wird nötig sein, die Hunde sicher und dauerhaft voneinander zu trennen. In Situationen dieser Art bewohnt oft ein Hund den Garten, während der andere im Haus ist und die Hunde rotieren regelmäßig. Sollten dabei drei Hunde beteiligt sein, kann es etwas komplizierter werden, aber solange das Problem nur zwischen zweien der Hunde besteht, hat ein dauerhaftes Management Aussicht auf Erfolg. Wir nehmen einmal die Situation an, dass Hund A und B streiten. Solange beide mit Hund C klarkommen, könnten die Hunde A und C zusammen den Garten genießen, während Hund B im Haus ist, und es wird getauscht, so dass B und C im Garten bleiben, während Hund A im Haus ist und so weiter. Wieder ist dies weder Training noch Verhaltensänderung, sondern pures Management. Mehr Informationen zu dauerhaften Trennungen finden Sie im Kapitel 39: *Im schlimmsten Fall.*

12

Tipps zum Management

Beim Management geht es um den Alltag mit Ihren Hunden. Es legt fest, wie sie gefüttert werden, wo sie schlafen, ob sie in bestimmte Bereiche des Hauses gehen dürfen und mehr. Mit anderen Worten: Sie managen den Raum und die täglichen Aktivitäten Ihrer Hunde, sodass Sie deren Sicherheit gewährleisten. Beim Management geht es auch darum, Routinen zu schaffen, damit Ihre Hunde verstehen, was von ihnen erwartet wird. Außerdem geht es auch darum, auf ihre Körpersprache zu achten, sodass Sie eingreifen können, ehe die Situation vor lauter Stress eskaliert. Wie friedlich Sie es zuhause haben werden, hängt stark davon ab, wie sorgsam Sie Ihre Hunde managen.

Routine ist alles

Man kann gar nicht genug betonen, wie wichtig es ist, für Umgebungskontrolle und die Einführung von Routinen zu sorgen, damit das Spannungsniveau so gering wie möglich bleibt. Nehmen wir einmal an, dass die Mahlzeiten ein mögliches Konfliktfeld darstellen, weil einer Ihrer Hunde sein Fressen vor dem anderen bewacht. Ihr Managementplan könnte so aussehen, dass ein Hund im Garten und der andere im Haus frisst oder sie in getrennten Räumen gefüttert werden. Falls Sie nicht viel Platz haben, könnte ein Babygatter die Hunde zeitweise voneinander trennen.

Eine andere Situation, in der eine etablierte Routine von Vorteil sein kann, ist die Ankunft von Besuchern, weil Hunde sich dabei oft so aufregen, dass die Erregung gegeneinander in Form eines Kampfes umgeleitet wird. Wir decken das Thema in einem der nachfolgenden Kapitel ab, aber bis Ihre Hunde gut trainiert sind, könnte das Management bedeuten, dass Sie jeden Hund in seine Box setzen, bis er sich wieder so weit beruhigt hat, dass er mit den Besuchern interagieren kann. Oder Sie separieren die Hunde in einen anderen Raum, solange Gäste da sind.

Management kann auch helfen, wenn Hunde permanent von am Haus vorbeigehenden Menschen und/oder anderen Hunden übererregt sind und diese Übererregung zum Konflikt führt. In vielen Häusern gewährt die Wohnzimmercouch Hunden die Möglichkeit, darauf zu springen und das Fenster als Aussichtsluke für die Überwachung von Passanten zu nutzen. In diesem Fall könnten Vorhänge oder Jalousien geschlossen bleiben – oder den Hunden könnte beigebracht werden, dass die Couch vollkommen tabu ist.

Ein sehr wichtiges Teil im Managementpuzzle hängt mit Ressourcenbewachung zusammen. Sollten Ihre Hunde dazu neigen, Futter oder Kauartikel wie Kongs zu bewachen, müssen Sie wachsam sein und die Sachen sofort aufsammeln, sobald die Hunde damit fertig sind. Viele Hunde werden diese Artikel sogar dann noch bewachen, wenn sie längst leer sind. Ein häufiges Szenario ist, dass ein Hund mit seinen eigenen Leckerlis fertig ist und dann hinüberwandert, um zu prüfen, was der andere Hund hat. Das ist eine klassische Konstellation, die zum Streit führt. Eine Möglichkeit, derartigen Streit im Keim zu ersticken, wäre, jeden Hund, solange beide mit ihren Kauspielzeugen beschäftigt sind, an einem stabilen Möbelstück in Entfernung zum anderen anzubinden. Die meisten Leinen haben eine Schlaufe am einen Ende und einen Karabiner am anderen. Legen Sie die Leine einfach um einen Möbelfuß, ziehen Sie den Karabiner durch die Schlaufe und befestigen Sie den Karabiner am Geschirr oder Halsband Ihres Hundes (ein Geschirr ist zu bevorzugen, da es den Nacken weniger belastet).

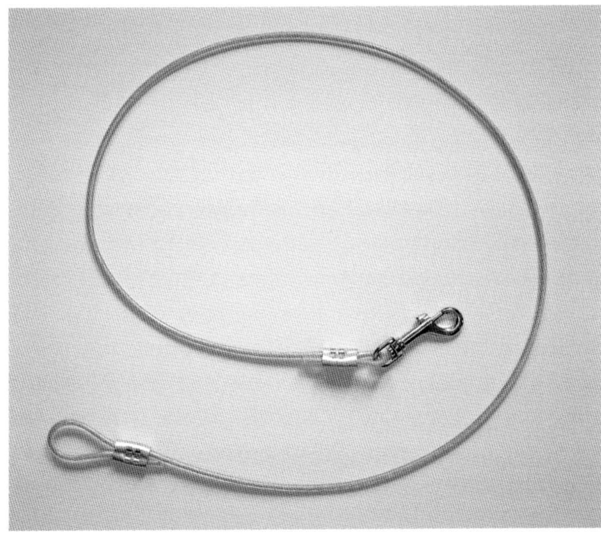

Ideal zum kurzfristigen Anbinden, zum Beispiel an einem Möbelstück: ummanteltes Drahtseil mit Schlaufe und Karabiner.

Wenn Ihre Hunde am selben Ort gefüttert werden, gewöhnen Sie sich an, beim Fressen ein Auge auf sie zu haben und nehmen Sie die Futterschüsseln sofort weg, sobald die Hunde fertig sind. Falls sie um Futter streiten, füttern Sie sie an getrennten Plätzen. Was auch immer bei Ihnen zu Hause zur Fressenszeit oder wenn Sie Leckerlis verteilen, die gekaut oder herausgeholt werden müssen, der Normalfall sein mag – haben Sie einen Plan parat. Vielleicht rufen Sie einen Hund, wenn er fertig ist, zu sich und streicheln ihn oder schicken ihn auf seinen Platz. Oder, wenn Sie das nicht überwachen können, locken Sie einen Hund nach draußen oder stecken ihn in seine Hundebox, ehe Sie die Kausachen verteilen.

Es gibt endlos viele Beispiele dazu, wie man Management einsetzen kann, um die Möglichkeit zu verringern, dass Spannung in einen Kampf übergeht. Nehmen Sie sich einen Moment Zeit, um Ihr erstelltes Profil zu überarbeiten und schauen Sie, an welchen Stellen Management eine Lösung sein könnte – sei es dauerhaft oder als temporäre Strategie, bis ein solides Training greift.

Anspannung mildern

Wenn Sie in einem Heim leben, in dem die Konfliktbedrohung permanent vorhanden ist, ist es von überaus großer Wichtigkeit, dass Sie lernen, Anspannungen sicher und effizient zu mildern. Betrachten Sie einmal die folgende Situation sowie die beiden Möglichkeiten, wie man damit umgehen kann:

Ihre aus dem Tierheim übernommenen Mischlingshunde Jake und Karma kommen gut miteinander aus. Sie gehen zusammen spazieren, spielen zusammen und machen manchmal auch ein Nickerchen zusammen. Beide lieben es, wenn Sie ihnen Ihre Aufmerksamkeit schenken und schwelgen in Ohrkraulen und Bauchmassieren. Unglücklicherweise fängt genau hier der Ärger an. Eines Tages sitzen Sie mit Karma auf dem Fußboden und massieren ihren Bauch. Jake sieht das und geht, weil er ebenfalls Aufmerksamkeit möchte, zu Ihnen hinüber. Karma indes schätzt dieses grobe Eindringen nicht. Jake senkt seinen Kopf zu Karmas und versucht, seine Schnauze unter Ihre Hand zu schieben. Plötzlich macht Karma ihrem Namen alle Ehre, hebt eine Lefze und schnappt in der Luft nach Jake. Jake erwidert dies, indem er einen Schritt näherkommt und seine obere Lefze hochzieht. Sie können die Feindseligkeit zwischen ihnen spüren und es ist Ihnen klar, dass gleich ein Kampf losbrechen könnte. Was tun Sie in diesem Moment?

Eine Antwort, die viele Hundebesitzer geben, ist, die Hunde scharf zu rügen. „Jake!", könnten Sie ihn ermahnen. Ihre Stimme klänge scharf, oder vielleicht leise und bedrohlich, aber auf jeden Fall würde der Stimmeffekt Jake zum Zurückweichen bewegen. Manche Besitzer, die Karmas Reaktion auf Jake inakzeptabel finden, würden stattdessen sie ermahnen.

Ein alternativer Ansatz zum Ausschimpfen der Hunde wäre, mit einer hohen Singsangstimme etwas zu beiden zu sagen, wie etwa „Kommt schon, ihr Dummchen“, während Sie Jake ruhig anweisen, zurückzugehen und sich in der Nähe hinzulegen. Sie könnten sich dann zwischen den Hunden positionieren und beide gleichzeitig streicheln, während sie zu Ihren beiden Seiten lägen. Oder Sie könnten Jake ablegen und warten lassen, bis er an der Reihe ist.

Jeder dieser Ansätze könnte funktionieren. Theoretisch ist nichts daran falsch, wenn man Jake zurückgehen lässt – *Sie* haben letztendlich die Verantwortung. Aber wenn Sie dies tun, könnte das noch mehr Reibung verursachen. In jeder Situation, in der bereits Spannung besteht, riskieren Sie durch Hinzufügen von Spannungen, dass die Situation eskaliert und in Gewalt endet. Die Anspannung in dem Moment zu mildern ist der bessere Weg. Später können Sie alle grundlegenden Probleme durch Training und Verhaltensanpassung lösen.

In einer Vielzahl von Situationen hilft eine Technik, bei der man ein Wort oder einen Satz konditioniert, womit der Fokus Ihrer Hunde voneinander weg und auf etwas Angenehmeres hingelenkt wird. Überlegen Sie, welche Belohnung Ihre Hunde wirklich lieben. Das mag eine bestimmte Kekssorte sein, die Sie im Schrank aufbewahren oder vielleicht Wurststückchen, die Sie im Kühlschrank lagern. Sagen wir, es wären die letzteren. Suchen Sie sich eine Zeit aus, während der Ihre Hunde nicht abgelenkt sind oder etwas Bestimmtes machen. Sagen Sie „Würstchen!“ mit einer hohen, aufgeregten Stimme und laufen Sie zum Kühlschrank. Geben Sie jedem Hund gleichzeitig ein Wurststückchen. Falls Sie mehr als zwei Hunde haben, lassen Sie die Hunde warten, bis sie an der Reihe sind, aber verteilen Sie die Belohnung rasch, weil die Hunde aufgeregt werden (siehe auch *Kapitel 15* für in die Tiefe gehende Anweisungen, wie man an mehr als zwei Hunde Belohnungen austeilt, ohne Reibereien zu verursachen). Wiederholen Sie die Übung hier und da zufällig über den Tag verteilt.

Der Gedanke dahinter ist nicht der, dass Ihre Hunde diese herrlichen Belohnungen verdient hätten – das haben sie nicht. Was Sie tun, ist, Ihre Hunde darauf zu konditionieren, dass, wenn sie diesen bestimmten Satz hören und zu einem bestimmten Punkt rennen, etwas Wunderbares passieren wird. Das Ergebnis? Wann auch immer Sie diesen Satz äußern, so werden Ihre Hunde zum Belohnungspunkt rennen. Wenn sie dies dann zuverlässig tun, dann beginnen Sie, den Satz auch anzuwenden, wenn Sie sehen, dass sie etwas abgelenkt sind. Zum Beispiel, wenn einer am Teppich schnüffelt oder aus dem Fenster schaut. Steigern Sie dies allmählich bis dahin, dass Ihre Hunde auch dann auf den magischen

Satz reagieren, wenn sie mitten im Spiel sind. Tun Sie das, indem Sie es anwenden, während die Hunde in einem langsamen, bequemen Spiel sind, und dann steigern Sie es, bis Sie es auch nutzen, wenn sie heftiger miteinander spielen. Das Ergebnis sollte dann sein, dass sie damit aufhören, was sie gerade tun, und mit Ihnen zum Kühlschrank laufen. Indem Sie das Spiel auf diese Weise unterbrechen, helfen Sie den Hunden dabei, ihre Aufmerksamkeit selbst in hoch erregten Momenten zurückzuholen.

Wenn der magische Befehl einmal fest verankert ist, kann er einen leichten, angenehmen Weg bieten, wie Sie Anspannung zwischen Ihren Hunden mildern können. Ob das immer funktioniert? Nun, stellen Sie sich vor, wir würden Ihre Hunde auf einer Skala von eins bis zehn einstufen. Eine Eins wäre es, wenn Ihre Hunde lächeln, ihre Pfoten beim anderen auf die Schultern gelegt haben und "Kumbayah" singen, und eine Zehn wäre ein ausgewachsener, bösartiger Kampf. Ich will Ihnen damit nicht erzählen, dass ein fröhliches „Würstchen"-Rufen eine Situation auf Level Zehn stoppen könnte, genauso wenig wie das Verstreuen von Feenstaub im Vorbeigehen dies schaffen würde. Aber wenn die Anspannung eher ein Level Drei oder Vier wäre, wo man sehen kann, dass die Lage langsam ernst zu werden beginnt, dann wäre diese Technik sehr effizient.

Vergessen Sie nicht: Egal, ob Sie Ihre Hunde voneinander trennen, weil diese ungut um ihre Zuneigung wetteifern oder weil Sie bereits bestehende Anspannungen umleiten möchten – tun Sie dies immer auf angenehme Art, um eine mögliche emotionale Explosion zu entschärfen.

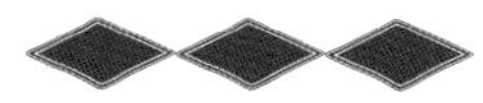

Maulkörbe

Ganz egal, ob Sie versuchen, im Anschluss an eine Beruhigungsphase nach einem Streit Ihre Hunde wieder zusammenzuführen oder ob Sie an Programmen zur Verhaltensänderung arbeiten – Maulkörbe können ungemein hilfreich sein, wenn gesonderte Vorsichtsmaßnahmen nötig sind. Sie können damit die Lücke zwischen der Arbeit mit Ihren Hunden an der Leine und dem ungebundenen Zugang der Hunde zueinander schließen. Und wenn Sie Ihre Hunde daran gewöhnen, dass sie das Tragen eines Maulkorbs ruhig annehmen, kann dies Situationen, in denen eine mögliche Reaktivität zum Problem werden kann, sehr hilfreich sein.

Es gibt zwei Hauptarten von Maulkörben. Der Stoff-Maulkorb, den man auch Nylon-Maulkorb, Maulschlaufe oder Pflege-Maulkorb nennt, besteht aus einem breiten, das Hundemaul umschließenden Streifen Stoff, wobei das Maul nicht geöffnet werden kann. Die meisten Stoffmaulkörbe haben eine Öffnung am Ende. Alle haben zwei Bänder, mit denen der Maulkorb sicher hinter den Ohren befestigt wird. Ein Hund, der einen Stoffmaulkorb trägt, kann weder fressen, saufen, bellen noch beißen. Diese Art von Maulkorb darf nicht bei heißem Wet-

Gittermaulkorb

Stoffmaulkorb

ter benutzt werden, denn der Hund kann sein Maul nicht zum Hecheln öffnen. Stoffmaulkörbe sind nur für kurze Tragezeiten gemacht worden, zum Beispiel für die Untersuchung des Hundes beim Tierarzt, beim Krallenschneiden oder während einer kurzen Sitzung im Verhaltenstraining.

Der Gittermaulkorb ähnelt einem locker geflochtenen Korb aus Draht oder Plastik. Er passt über die Hundeschnauze und wird mit Riemen um den Kopf befestigt. Ein Gitterkorb erlaubt dem Hund, das Maul zum Hecheln zu öffnen und kann damit auch bei heißem Wetter gebraucht werden. Viele Hunde scheinen sich mit einem Gitterkorb wohler zu fühlen, weil das Maul nicht geschlossen gehalten wird. Manche Gitterkörbe haben seitliche Schlitze, durch die in dünne Scheiben geschnittene Belohnungen wie münzgroße Würstchenscheiben passen, sodass man den Hund während des Trainings belohnen kann. Falls während des Trainings ein Maulkorb verlangt wird, bevorzuge ich immer Gitterkörbe gegenüber denen aus Nylon.

Alle beide, Stoff – und Gittermaulkorb, bekommt man in einer Vielzahl von Größen sowohl in Zoofachgeschäften als auch im Internet (siehe Anhang). Stellen Sie sicher, dass Sie die für Ihren Hund richtige Größe kaufen und passen den Maulkorb genau an. Er sollte weder so dicht anliegen, dass er am Maul ins Fell einschneidet, noch so locker sitzen, dass er auf dem Gesicht Ihres Hundes herumrutscht. Die Riemen sollten so verschnallt werden, dass Sie noch einen Finger zwischen Riemen und Hundekopf bekommen. Lassen Sie einen Hund mit Maulkorb niemals unbeaufsichtigt.

Bis Ihre Hunde sich an den Maulkorb gewöhnt haben, legen Sie die Maulkörbe nie in Gegenwart des anderen Hundes an, außer, es handelt sich um einen absoluten Notfall. Sie möchten ja nicht, dass die Hunde etwas Unangenehmes mit dem anderen Hund in Verbindung bringen. Außerdem könnte das Gefühl, sich nicht verteidigen zu können, die Angst und Reaktivität noch steigern, wenn Ihre Hunde noch nicht ans Maulkorbtragen gewöhnt sind.

Gewöhnung an den Maulkorb

Die folgende Anleitung dient der Gewöhnung Ihres Hundes an den Gittermaulkorb, wobei man diese auch an die Gewöhnung an einen Stoffmaulkorb anpassen kann. Setzen Sie bei dieser Übung mega-leckere Belohnungen ein und vergessen Sie nicht, sich zu entspannen und durchzuatmen, sodass Ihr Hund ebenfalls entspannt bleibt. Natürlich werden Sie die Übung mit Ihren Hunden einzeln durchführen, ohne dass der andere in der Nähe ist.

Halten Sie den Gitterkorb am Boden mit der Öffnung nach oben. Legen Sie eine Belohnung hinein. Halten Sie den Maulkorb ruhig und erlauben Sie Ihrem Hund, seine Nase hineinzustecken, um die Belohnung aus dem Korb zu holen. Wiederholen Sie dies mehrmals.

Falls Ihr Hund seine Nase nicht in den Korb steckt, halten Sie den Korb ruhig auf den Boden. Füttern Sie ein paar Zentimeter weg davon mit Ihrer anderen Hand Belohnungen. Bei jeder Wiederholung bewegen Sie die Belohnungshand näher und näher an den Maulkorb, bis die Hand direkt daneben liegt. Dann, solange Ihr Hund sich wohl fühlt, bewegen Sie Ihre Hand, sodass die Belohnung an der Öffnung des Maulkorbes ist, und dann irgendwann hinein. Nehmen Sie sich Zeit, auch, wenn es Tage oder gar Wochen dauern sollte.

Wenn sich Ihr Hund erst einmal wohlfühlt und Belohnungen aus dem am Boden liegenden Maulkorb nimmt, halten Sie den Maulkorb einige Zentimeter über dem Boden und wiederholen Sie den Vorgang. Solange Ihr Hund ruhigbleibt und Belohnungen nimmt, bewegen Sie den Maulkorb etwas näher an sein Gesicht, und zwar zu Beginn – nicht am Ende – jeder Wiederholung. Sie werden ja nicht wollen, dass Ihr Hund sich bedroht fühlt. Machen Sie in dem Tempo weiter, bei dem Ihr Hund sich wohl fühlt. Wenn er beim Nahekommen des Maulkorbs zurückscheut, gehen Sie bis zu der Entfernung zurück, in der er sich noch wohlgefühlt hat wiederholen dies noch ein paar Mal – dann lassen Sie es für diesen Tag gut sein. In der nächsten Session beginnen Sie ein paar Schritte weiter zurück als da, wo Ihr Hund zurückgescheut war und machen dann allmählich mit kleineren Schritten als beim letzten Versuch weiter. Denken Sie daran: Auch wenn Sie großen Erfolg haben, gibt es keinerlei Grund, alle Schritte in einer Sitzung durchzuhecheln. Jeder Hund ist anders. Erlauben Sie Ihrem Hund, Fortschritte in seinem eigenen Tempo zu machen, egal, wie lange es dauert.

Wenn Ihr Hund dann einmal glücklich seine Nase im Maulkorb hat, während Sie diesen auf Gesichtshöhe halten, ist es an der Zeit, die Riemen zu benutzen. In dem Moment, wo Ihr Hund seine Nase in den Maulkorb steckt, um die Belohnung zu holen, bringen Sie die Riemen hinter seinem Kopf zusammen, sodass sich diese berühren. Aber versuchen Sie noch nicht, sie zu schließen. Halten Sie sie für einen Moment so, dann lassen Sie los. Macht das Ihrem Hund nichts mehr aus, halten Sie die Riemen als Nächstes für zwei Sekunden zusammen, dann lassen Sie los. Versuchen Sie, die Dauer, wie lange Sie die Riemen zusammenhalten, immer um eine Sekunde zu verlängern. Da Sie nicht möchten, dass Ihr Hund zurückscheut, sobald er die Belohnung gefressen hat, ist es an diesem Punkt hilfreich, wenn Sie noch jemanden dabeihätten, mit dem sich Ihr Hund wohlfühlt und der beim Zusammenhalten der Riemen weitere Belohnungen füttern kann. Da Ihr Maulkorb waagrechte Schlitze haben sollte, funktioniert dies mit kleinen Belohnungen oder dünngeschnittenen Würstchenscheiben.

Sobald Sie die Riemen für zehn Sekunden zusammenhalten können, schließen Sie diese, füttern ein paar Belohnungen in schneller Abfolge durch den Maulkorb hindurch, dann lösen Sie die Riemen und nehmen den Maulkorb ab. Belohnungen und Lob sollten sofort aufhören, sobald der Maulkorb abgenommen ist, sodass Ihr Hund etwas Gutes mit dem Tragen des Maulkorbs verbindet. Steigern Sie das Ganze langsam auf längere Zeiträume bis zu zehn Minuten. Vergessen Sie nicht: Dieser Prozess kann Tage dauern, Wochen oder auch länger, und es hängt von Ihrem Hund und davon ab, wie oft Sie üben.

Ob Sie nur einen Hund oder mehrere an das Tragen eines Maulkorbes gewöhnen müssen, hängt ganz von Ihrer Situation ab. Wenn nur ein Hund ganz klar und durchgehend der Aggressor ist, könnte er als einziger einen Maulkorb brauchen. Seien Sie sich dessen jedoch bewusst, dass selbst Hunde, die nicht beißen können, solange sie einen Maulkorb tragen, einander immer noch körperlichen Schaden zufügen können. Als Trainerin kann ich Ihnen attestieren, dass Plastikmaulkörbe ganz schön wehtun können, wenn ein Hund einen „Maulkorbstoß" ausführt. Obwohl der Ausdruck sich auf einen Hund bezieht, der mit seiner eigenen Schnauze nach vorne gegen einen anderen stößt, so ist der Plastik – oder Drahtmaulkorb der Verursacher der Schmerzen, die der Empfänger spürt. Lassen Sie Hunde, die möglicherweise kämpfen könnten, nie unbeaufsichtigt, auch nicht, wenn sie Maulkörbe tragen.

Wenn die Fetzen fliegen: Wie man einen Kampf beendet

Im Idealfall sind Management, Training und Verhaltensanpassung zu 100% effizient und es gäbe keine Notwendigkeit für Anleitungen, wie man einen Hundekampf beendet. Obwohl Sie hoffentlich dieses Kapitel nicht benötigen, ist es doch am besten, wenn man vorbereitet ist. Wenn ein fellfetzenfliegendes Tohuwabohu ausbricht, dann kann es schwierig sein, Ruhe zu bewahren und zu entscheiden, wann oder wie man eingreift. Glücklicherweise hören Hunde oftmals innerhalb weniger Sekunden von alleine auf zu kämpfen. Falls Ihre Hunde das nicht tun und die Auseinandersetzung ernster ist als ein kurzes Wir-klären-das-Gerangel, kann es sein, dass Sie eingreifen müssen. In den folgenden Situationen sollten Sie sofort einschreiten:

1. Es ist bereits bekannt, dass die Hunde miteinander kämpfen und nicht aufhören.
2. Ein Hund hat den anderen in der Vergangenheit bereits verletzt.
3. Ein kleinerer Hund wird von einem größeren oder ein schwächerer Hund von einem stärkeren angegriffen.
4. Es sind Kampfhunderassen beteiligt.
5. Eine oder mehrere Hündinnen sind läufig.

Wenn noch jemand dabei ist, wird es um einiges leichter sein, die Hunde zu trennen. Aber wie es oft der Fall ist, sind Sie vielleicht der Einzige, der da ist. Wichtig ist, für beide Fälle einen Schritt-für-Schritt Plan zu haben. Falls es noch andere im Haus wohnende Personen gibt, muss jeder Bescheid wissen, was zu tun ist, sollten die Hunde miteinander zu kämpfen anfangen. Deshalb sollten Sie Abläufe im Vorfeld besprechen. Kinder kann man anweisen, auf jeden Fall aus der Schusslinie zu bleiben, koste es, was es wolle, und falls sie sehen, dass es zu einem Kampf kommen wird, nach Hilfe zu rufen oder zu laufen und einen Erwachsenen zu holen.

Das Schlimmste, was ein Kind oder ein Erwachsener tun kann, ist, mit einem Körperteil mitten in einen Kampf zu geraten, der in vollem Gange ist. Viele Leute schnappen die Hunde am Halsband und ziehen sie voneinander weg. Das sollte der letztmögliche Ausweg sein. Wenn Hunde kämpfen, sind sie emotional so erregt, dass sie nicht mehr Herr ihrer Sinne und Hemmschwellen sind. Wenn Ihre Hände mitten zwischen zwei kämpfende Hunde geraten, ist es sehr wahrscheinlich, dass Sie aufgrund umgerichteter Aggression gebissen oder durch Zähne und scharfe Krallen verletzt werden.

Sie werden feststellen, dass das Anschreien Ihrer Hunde in den nachfolgenden Anweisungen nicht vorkommt. Das heißt, falls Schreien bei Ihnen wirkt, ist das prima – Sie kennen Ihre Hunde am besten. Ein lauter, scharfer Laut *kann* möglicherweise einen leichten Kampf beenden. Aber andauerndes Schreien könnte genauso gut ein Ansteigen von Spannung verursachen, die in ausgewachsene Gewalt überschwappt oder die Intensität eines bereits stattfindenden Kampfes verstärken. Denken Sie stattdessen über eine der nachfolgend beschriebenen Methoden nach. Natürlich funktioniert eine Technik nicht für alle Hunde oder ist die erste Wahl jedes Besitzers. Denken Sie über jede nach und entscheiden Sie, welche bei Ihnen wohl am besten funktioniert. Wir beginnen mit Methoden, die keinen körperlichen Einsatz nötig machen.

Machen Sie Krach!

Jeder scharfe, laute und plötzliche Krach kann Ihre Hunde innehalten lassen. Falls Sie in der Nähe der Küche sind, greifen Sie sich Töpfe und Pfannen. Falls nicht, schnappen Sie sich irgendwelche Metallgegenstände, die in der Nähe sind. Schlagen Sie diese fest aufeinander. Eine andere Möglichkeit wäre eine Hupe. Hupen werden bei Sportveranstaltungen oder auf Booten eingesetzt und bestehen aus einer Trompete aus Metall oder Plastik mit einem (handbetriebenen) Blasebalg. Eine solche Hupe ist klein genug, um auf einen Spaziergang mitgenommen zu werden und kann zu Hause leicht gegriffen werden. Wenn Sie die Hupe betätigen, wird der unglaublich laute Ton Ihre Hunde und Sie erschrecken. Je eher Sie darauf drücken, desto größer ist die Wahrscheinlichkeit, dass der Kampf unterbrochen wird.

Decke

Manchmal reicht es, einen dicken Teppich, eine Bettdecke oder etwas anderes aus schwerem Stoff über kämpfende Hunde zu werfen, um sie voneinander zu trennen und die Handlung zu stoppen. Positionieren Sie die Decke so, dass die Hunde einander nicht mehr sehen können, wenn diese über den einen Hund fällt. Überlegen Sie, welche Bettwaren oder anderes Material Sie im Haus haben, die Sie der Sache bedenkenlos opfern können und legen Sie diese in Reichweite.

Wasser

Wenn es richtig eingesetzt wird, kann Wasser manche Kämpfe auseinanderbringen. Wie Sie schon vermutet haben mögen, bedeutet das nicht, dass Sie Ihren Hunden etwas zu trinken anbieten. Es muss sich um einen starken, überraschenden Strahl Wasser handeln. Falls der Kampf in Ihrem Garten stattfindet, greifen Sie zum Gartenschlauch, drehen den Hahn voll auf und richten Sie den Schlauch auf Ihre Hunde. Falls es im Haus ist, greifen Sie sich einen Topf mit Waser und schütten Sie dieses direkt in die Gesichter Ihrer Hunde. Sie können darüber nachdenken, einen Topf voll Wasser bereitzustellen, damit Sie nicht wertvolle Sekunden mit dem Füllen desselben verschwenden müssen. Sie könnten auch eine gefüllte Wasserspritzpistole griffbereit legen. Wirkt Wasser *immer*? Nein – nichts wird das tun. Aber es ist eins der Dinge, die oft wirken, und es ist sicher einen Versuch wert.

Barriere

Wenn Sie etwas Großes, Flaches und Handfestes haben, das Sie zwischen die kämpfenden Hunde stellen können, können Sie Ihre eigenen Gliedmaßen aus dem Ganzen heraushalten. Je nachdem, wie groß Ihre Hunde sind, könnte das ein großes Pizzablech aus Metall sein oder ein Mülltonnendeckel. Sie können sich auch ein „Stopp-Brett“ bauen, indem Sie Seilgriffe an die Seiten einer dünnen Sperrholzplatte montieren (die Griffe helfen, das Brett leichter zu greifen und zu dirigieren). Platzieren Sie die Barriere zwischen die Hundeschnauzen, sodass sie sich nicht gegenseitig beißen können. Dann manövrieren Sie einen Hund rückwärts, bis Sie ihn hinter ein Gatter sperren können, locken ihn in den Garten oder hinter eine verschlossene Tür. Nehmen Sie sich jetzt einen Moment

Zeit um zu überlegen, wie diese „Sicherheitszonen" bei Ihnen zu Hause sind und was Sie als materielle Barriere nehmen könnten.

Schubkarre

Die Schubkarrentechnik kommt normalerweise mit zwei Personen zur Anwendung. Aber wenn einer Ihrer Hunde ganz klar den anderen angreift und das Opfer offensichtlich davonzukommen versucht, anstatt sich zu rächen, können Sie selbst mit dem angreifenden Hund Schubkarre fahren. Das tun Sie, indem Sie entweder sein Schwanzende nehmen oder seine Hinterbeine oberhalb der Sprunggelenke (unterhalb könnten Verletzungen entstehen), und ihn vom Boden anheben, als würden Sie eine Schubkarre fahren. Gehen Sie mit ihm in einem Bogen zurück und drehen Sie seinen Körper diagonal, sodass er nicht herumfahren und Sie beißen kann. Wenn Sie ihn gar nicht greifen können, können Sie vielleicht stattdessen eine Leine einsetzen. Schieben Sie den Karabiner durch die Schlaufe, um ein Lasso zu formen und schlingen Sie es um den Bauch des Angreifers. Dann bringen Sie ihn an einen Platz, von dem aus er nicht zu dem anderen Hund gelangen kann.

Festbeißen

Falls ein Hund sich mit den Zähnen am anderen festgeklammert hat und nicht loslassen will, versuchen Sie *nicht*, sie auseinanderzuziehen, da dies zu Risswunden führen kann. Versuchen Sie zuerst, den klammernden Hund mit superleckerem Fressen abzulenken, mit dem Sie direkt unter seiner Nase herumwedeln. Sie sollten ruhig und fröhlich klingen. Falls dies nicht wirkt, verwenden Sie ein Trennholz. (Diese hölzernen Keile sind im Internet erhältlich.) Stecken Sie das keilförmige Ende zwischen die Backenzähne und drehen Sie es. Der Kiefer wird sich öffnen. Dann trennen Sie die Hunde in aller Ruhe.

Zwei-Personen-Schubkarre

Wenn Sie in der glücklichen Lage sind, noch jemanden dabei zu haben, dann sollte jeder einen Hund an der Schwanzwurzel oder an den Hinterbeinen fassen (wiederum oberhalb der Sprunggelenke) und anheben, sodass die Hunde wie Schubkarren positioniert sind. *Das muss zeitgleich geschehen,* ansonsten wäre der in Schubkarrenposition befindliche Hund im Nachteil und würde wahrscheinlich vom anderen Hund angegriffen werden. Wenn Sie beide die Hunde ergriffen haben, sollten Sie sich vorsichtig und ruhig voneinander wegbewegen, während Sie die Hunde leicht diagonal kippen, um die Möglichkeit einer umgeleiteten Aggression zu verhindern. Einer sollte dann einen Hund hinter eine Türe oder ein Gitter bringen oder in eine Box oder anderweitig einsperren.

Nach dem Kampf

Genau wie beim Menschen auch verändert sich die Körperchemie, wenn Hunde emotional erregt sind. Erinnern Sie sich, als Sie einmal so verärgert waren, dass Sie dies körperlich spüren konnten – auch noch lange, nachdem die eigentliche Situation schon vorüber war? Vielleicht haben Sie gezittert oder bei einem Freund Dampf abgelassen. Nachdem Hunde sich nach einem Kampf nicht bellenderweise mit einem Kumpel darüber auslassen können, sind ihre Adrenalinspiegel erhöht und bleiben zusammen mit anderen Stresshormonen noch einige Zeit, nachdem die eigentliche Auseinandersetzung vorbei ist, auf einem hohen Niveau. Halten Sie Ihre Hunde voneinander getrennt, bis sich deren Erregungszustand auf einem normalen Niveau befindet. Auch Ihnen verschafft dies Zeit zum Beruhigen, ehe Sie die Hunde einander wieder zuführen (falls die Rangeleien Ihrer Hunde eher milde ausfallen und üblicherweise nicht mit Verletzungen enden). Falls Ihre Hunde bald danach wieder Freunde sind, kann es genügen, dass Sie sie nur für kurze Zeit, sagen wir für zwanzig Minuten, trennen. Aber falls es ein ernsthafter Kampf war, der mit Verletzungen verbunden war oder falls es ein heftigerer Kampf als üblich gewesen ist, dann halten Sie die Hunde voneinander getrennt, während Sie einen Verhaltensspezialisten konsultieren. Der Profi sollte dabei sein, falls und wenn Sie die Hunde einander wieder zuführen.

Noch einmal: Ich hoffe, Sie werden die Informationen aus diesem Kapitel nie benötigen. Aber es zahlt sich aus, einen Plan in petto zu haben. Suchen Sie sich eine der vorgenannten Techniken aus und entwerfen Sie einen Plan, damit Sie vorbereitet sind, ruhiger bleiben und wirkungsvolle Maßnahmen ergreifen können, falls die Fetzen fliegen.

Teil Drei
Training

Training

Die folgenden Kapitel werden Ihnen einige Trainingskompetenzen vorstellen. Diese Fertigkeiten werden Ihnen im Alltag nützlich sein, aber viel wichtiger ist, dass sie entscheidend dabei helfen, Konflikte bei Hunden zu vermeiden. Lassen Sie uns ein paar Beispielsituationen und deren mögliche Ergebnisse anschauen.

Beantworten Sie zuerst die folgenden Fragen, ausgehend vom derzeitigen Verhalten Ihres Hundes:

1. Sie gehen durch die Küche und haben einen Teller mit kaltem Braten in der Hand, den Sie in den Kühlschrank zurückstellen möchten. Ein Stück fällt Ihnen hinunter. Ihre beiden Hunde, die in einer Ecke der Küche gelegen haben, springen sofort auf und flitzen auf das Essen zu. Was tun Sie?

   a. Sie brüllen „NEIN!“ während Sie sich selbst auf das Essen stürzen und hoffen, es vor den Hunden zu erwischen, oder
   b. Sie bleiben ruhig und sagen zu beiden Hunden: „Lass es!“

2. Während Sie dabei sind, zwei Kongs für Ihre Hunde vorzubereiten, stellen Sie fest, das einer Ihrer Hunde damit anfängt, den Bereich vor dem anderen zu bewachen. Obwohl sich noch gar nichts in seinem Besitz befindet, steht er stocksteif da und starrt den anderen Hund nieder. Was tun Sie?

   a. Sie ignorieren das und beeilen sich, schnell fertig zu werden, damit es keine Schwierigkeiten gibt.
   b. Sie schicken beide Hunde auf ihre Plätze. Weil sie wissen, dass sie dort bleiben müssen, bis Sie sie freigeben, geben Sie das Freigabesignal erst, wenn sie mit den Kongs fertig sind.

3. Normalerweise spielen Ihre Hunde schön zusammen, aber manchmal werden die spielerischen Raufereien zu wild und aus Spiel wird Aggression. Es sieht aus, als würde es gleich wieder soweit sein, weil einer Ihrer Hunde deutlich zu heftig wird. Was tun Sie?

   a. Sie schreien beide Hunde an, aufzuhören.
   b. Sie rufen den Namen des Anstifters mit fröhlicher Stimme. Wenn er Sie anschaut, rufen Sie ihn zu sich.

Vermutlich erkennen Sie schon, in welche Richtung es geht. In all diesen Fällen *könnte* Variante a) funktionieren – aber oft eben auch nicht, sondern vielmehr die Dinge vielleicht sogar noch schlimmer machen und zur Steigerung der Erregung beitragen. Variante b) ist ganz klar die bessere Wahl in jeder dieser Situationen. So oder so können Sie von Ihren Hunden wirklich nicht erwarten, dass sie richtig reagieren, solange Sie ihnen die Bedeutung Ihrer Wortsignale nicht beigebracht haben. Nebenbei bemerkt sind die genauen Worte oder Sätze, aus denen Befehle bestehen, nicht wichtig. Sie sollten allerdings kurz sein. Manchmal haben mich Kunden gefragt, ob das richtige Wortsignal zum Hinlegen denn nun „Platz", „leg dich" oder etwas anderes wäre. Dabei könnten Sie auch genauso gut „Ratzeputz!" rufen. Es ist Ihren Hunden wirklich egal, denn sie können kein Deutsch. Das Wichtige daran ist, dass Sie ihnen zuerst das Verhalten beibringen, das Sie sehen möchten und dieses dann, sobald sie es beherrschen, mit einem Signalwort verbinden.

Egal, was Sie Ihren Hunden beibringen – der Schlüssel liegt genau wie bei kleinen Kindern darin, ihnen ein Erfolgserlebnis zu verschaffen. Das kann man erreichen, indem man das Training in kleine, gut zu bewältigende Teile stückelt und auf diesen allmählich aufbaut. Falls zu irgendeinem Zeitpunkt ein Hund nicht mehr versteht, was er tun soll, gehen Sie einfach zu dem Schritt zurück, der für ihn noch mit Erfolg verbunden war, wiederholen Sie diesen und gehen dann in kleineren Schritten weiter in Richtung Ziel. Sobald er verstanden hat und gut reagiert, ist es an der Zeit, das Verhalten zu festigen, indem Sie es unter verschiedenen Bedingungen und auch unter Ablenkungen abfragen. So wird es immer wahrscheinlicher, dass er richtig reagiert, egal, wo und wann Sie das Verhalten verlangen.

Da Sie ja mehr als einen Hund haben, wird es nötig sein, die beiden zunächst einzeln zu trainieren, anstatt von ihnen zu erwarten, dass sie etwas Neues gemeinsam lernen werden. Das würde viel zu sehr ablenken. Arbeiten Sie immer nur mit einem Hund alleine. Gehen Sie so weit, dass er das Verhalten nicht nur beherrscht, sondern auch *generalisiert* hat, das heißt, dass er es in verschiedenen Situationen zeigen kann. Nehmen wir zum Beispiel die Lektion, die Hunden oft als erste beigebracht wird – Sitz. Die meisten bringen ihrem Hund bei, sich vor sie hinzusetzen und sie dabei anzuschauen. Beim Bei-Fuß-Gehen an der Leine möchten sie dann aber später, dass der Hund sich *neben* sie setzt, wenn sie stehenbleiben. Viele Hunde drehen sich dann stattdessen um und schauen ihren Besitzer an, denn so hat man es ihnen ja beigebracht. Indem wir Hunden dabei helfen, Verhalten zu generalisieren, ermöglichen wir ihnen, es unter den verschiedensten Umständen korrekt zu zeigen.

Beim Einsatz von positiven, freundlichen Trainingsmethoden entfällt die Notwendigkeit, Ihren Hund körperlich strafen zu müssen, weil er etwas falsch gemacht hat, und das Training wird allen Spaß machen. Sie werden feststellen, dass bei den folgenden Übungen Leckerlis als Belohnung eingesetzt werden. Leckerlis sollten klein sein (erbsengroß oder etwas größer, je nach Größe Ihrer Hunde), feucht und leicht zu kauen sein, also eher nicht so etwas wie ein trockener Hundekeks. Wenn Sie Ihren Hunden Leckerlis geben, ist es wichtig, dass sie sich nicht darum streiten. Wenn Sie zwei Hunde haben, könnten Sie beiden gleichzeitig ein Leckerli geben, indem Sie Ihre Hände so halten, dass die Hunde ihre Köpfe voneinander wegdrehen müssen. Aber was tun Sie mit drei Hunden, falls Sie nicht zufällig auch drei Arme haben? Oder was ist, wenn Sie sich nicht den Kopf über das exakt richtige Timing bei zwei Hunden zerbrechen möchten? Erleichtern Sie sich und Ihren Hunden das Ganze, indem Sie ihnen beibringen, zu warten, bis sie an der Reihe sind. Das ist wirklich nicht schwer! Lassen Sie es uns Schritt für Schritt angehen.

Beginnen Sie, indem Sie Ihre Hunde vor sich sitzen lassen. Falls Ihre Hunde, wenn es um Fressen oder Leckerlis geht, auf der Stelle anfangen zu streiten, platzieren Sie von vornherein ein Babygitter oder eine andere Barriere zwischen sie, um Missgeschicke zu verhindern. Geben Sie einem Hund ein Leckerli und dann sofort dem anderen Hund. Falls Sie mehr als einen Hund haben, machen Sie genauso weiter. Üben Sie dies einige Male, wobei Sie die Leckerlis in zufälliger Reihenfolge ausgeben. Falls zu irgendeinem Zeitpunkt ein Hund nicht sitzenbleiben sollte, sich auf das Leckerli eines anderen Hundes stürzt oder es Ihnen aus der Hand reißt, sagen Sie „Ah-ah!“, und setzen notfalls Ihren Körper ein, um ihn daran zu hindern. Es sollte ausreichen, wenn Sie einen Schritt nach vorne machen und sich vornüberbeugen, um ihn wieder zum Sitzen zu bringen, ansonsten geben Sie das Signal dazu. (Stellen Sie sicher, dass die Leckerli hinter Ihrem Rücken oder anderweitig außer Sichtweite sind). Geben Sie einem anderen Hund ein Leckerli und danach demjenigen, der sich wieder hinsetzen musste – immer vorausgesetzt, dass er noch sitzt und höflich wartet. Setzen Sie nötigenfalls ein stoppähnliches Handsignal ein – Handfläche zum Hund zeigend – , um ihn zu erinnern, dass er bleiben soll. Ihre Hunde werden den Sinn der Selbstkontrolle schnell begreifen und warten, bis sie an der Reihe sind.

Ich wende diese Warte-bis-Du-dran-bist Philosophie beim Vorbereiten der Kongs für meine Hunde an. Die von mir verwendete Füllung besteht teilweise aus Dosenfutter und es bleibt immer ein bisschen übrig. Wenn ich mit dem Füllen fertig bin, frage ich „Wer sitzt?“. Beide Hunde setzen sich. Dann nehme ich einen Löffel aus der Dose und gebe diesen einem der Hunde zum Ablecken, während der andere Hund wartet. Dann ist der andere Hund an der Reihe. Wahrscheinlich werden Sie es sich jetzt nicht vorstellen können, dass Ihre Hunde dies höflich tun werden, aber glauben Sie mir, mit etwas Übung klappt es.

Es sei jedoch erwähnt, dass Leckerlis niemals zur Bestechung Ihres Hundes eingesetzt werden dürfen. Zum Beispiel dürfen Sie nicht mit einem Leckerli winken, um Ihren Hund zu sich zu locken. Leckerlis sollten irgendwann ausgeschlichen oder wenigstens weniger häufig gegeben werden. Trainer arbeiten häufig mit „variabler Bestärkung“, das heißt, wenn ein Hund ein Verhalten beherrscht, wird er nur noch ab und zu dafür belohnt anstatt bei jeder erfolgreichen Wiederholung. Dieses Zufallsverstärkungsprinzip ist sehr effektiv, weil der Kandidat wegen der *Aussicht* auf eine Belohnung an etwas arbeitet – fragen Sie mal jemanden, der schon einmal an einem Spielautomaten gespielt hat. Ein anderer Weg, um Belohnungen auszuschleichen, ist, diese durch belohnende Ereignisse zu ersetzen. Ein Hund, dem befohlen wird, sich zu setzen, könnte nicht mit einem Leckerli belohnt werden, sondern damit, dass die Tür zum Spazierengehen aufgemacht wird oder er sein Futter gereicht bekommt.

Manche Hundebesitzer wenden an dieser Stelle ein, dass ihr Hund sich nichts aus Leckerli machen würde und fragen sich folglich, wie sie diese dann als Trainingsbelohnung verwenden sollen. Eine Möglichkeit wäre, dem Hund zuvor seine Mahlzeit vorzuenthalten. Viele hungrige Hunde sind plötzlich weniger wählerisch, wenn ihnen eine Mahlzeit entgangen ist. Eine andere Möglichkeit wäre, wirklich *leckere* Belohnungen zu suchen. Wenn Besitzer mir erzählen, ihr Hund interessiere sich nicht für Leckerli, haben sie es in der Regel noch nie mit Würstchenscheiben ausprobiert (wählen Sie eine gesunde Marke ohne Nitrate und andere ungesunde Zutaten). Kleine Stückchen kaltes Hähnchen – oder Putenfleisch sind ebenfalls eine gute Option. Falls das Gewicht des Hundes ein Problem ist oder er eine strenge Diät einhalten muss, können Sie seine Trockenfutterration in Trainingsleckerli ummünzen. Anstatt eine Mahlzeit am Morgen zu geben, nehmen Sie am Abend vorher einen Teil der Tagesration beiseite und packen es zusammen mit etwas lecker Riechendem wie Würstchen oder Hähnchenbrust in eine Tüte. Am Morgen nehmen Sie das Futter heraus. Die Bröckchen haben in diesen herrlichen Düften gebadet und sind um einiges verlockender geworden! Bei Hunden, die sich wirklich keinen Deut um Leckerli scheren, nehmen Sie irgendetwas, das der Hund als wertvoll ansieht. Manche Hunde kommen prima mit purem Lob zurecht (obwohl Leckerli auf der Liste der meisten Hunde deutlich höher liegen!), während andere es schätzen, wenn man kurz mit ihnen Zergeln spielt, einen Ball wirft, oder Fangen mit ihnen spielt. Überlegen Sie, was Sie als Belohnung für Ihre Hunde einsetzen werden und lassen Sie uns mit dem Training beginnen!

Sitz

Sitz ist eine der allerersten Verhaltensweisen, die die meisten Hunde lernen, und das aus einem guten Grund. Es ist schnell und leicht beizubringen und außerdem in vielerlei Situationen ganz praktisch. Bei mir zu Hause müssen Sierra und Bodhi sich unter anderem hinsetzen, ehe ich ihre Futterschüsseln auf den Boden stelle und ehe ich die Tür öffne, damit wir spazieren gehen können. Wir werden „Sitz" auch im Problemlöseteil dieses Buches einsetzen, daher nehme ich es an dieser Stelle mit auf, falls Ihre Hunde sich noch nicht auf Signal hinsetzen können. Arbeiten Sie zunächst mit jedem Hund einzeln und erst dann gemeinsam. Sollten Sie mehr als zwei Hunde haben, nehmen Sie immer einen dazu, bis alle Hunde sich gemeinsam auf Signal hinsetzen.

Der einfachste Weg, um Sitz beizubringen, ist Locken mit einem Leckerli. Nehmen Sie ein weiches, kaufreundliches Leckerli, an dem Ihr Hund knabbern kann, solange Sie es in der Hand halten. Stellen Sie sich gegenüber Ihrem Hund hin und berühren Sie seine Nase mit einem Leckerli. Dann bewegen Sie Ihre Hand diagonal langsam aufwärts in Richtung seines Hinterkopfs, wobei Sie aufpassen müssen, das Leckerli nicht von seiner Nase wegzuziehen – halten Sie es dort fest wie einen Magneten. Der Kopf Ihres Hundes wird nach hinten kippen, gefolgt von seinem gesamten Körper, bis sein Popo auf dem Boden aufkommt (Sierra und ich demonstrieren das auf den Bildern *auf der nächsten Seite.* In diesem Moment sagen Sie „Ja!" und überlassen ihm das Leckerli. Achten Sie darauf, noch nicht das Wortsignal „Sitz" zu geben, denn noch führt Ihr Hund das Verhalten nicht zuverlässig aus.

Wiederholen Sie die Übung einige Male, bis die Bewegung Ihres sich setzenden Hundes schnell und glatt abläuft. Dann beginnen Sie, Ihre Handbewegung in ein Handsignal umzuwandeln. Anstatt dass Sie mit einem Leckerli beginnen, das Sie an die Nase Ihres Hundes halten, beginnen Sie mit dem Leckerli in Ihrer nach oben zeigenden Handfläche, wobei Ihr Arm ganz gestreckt diagonal nach unten zeigt. Dann beugen Sie Ihren Ellbogen, so weit es geht. Diese Bewegung, bei der die Hand mit dem Leckerli zurück nach oben zu Ihnen geführt wird, ist

Fig. 1

Fig. 2

das Handzeichen für Sitz. Schließlich können Sie, wenn Sie möchten, das Handzeichen schwächer und unauffälliger machen. Sobald Ihr Hund sich zuverlässig beim Erblicken des Handsignals hinsetzt, sagen Sie direkt vor dem Signal „Sitz". Ihr Hund wird bald gelernt haben, auf das Wortsignal alleine zu hören (da er annehmen wird, dass als nächstes das Handsignal folgt), auf das Handsignal alleine oder auf beide gemeinsam. Persönlich wende ich gerne Wortsignale mit Handsignalen zusammen an oder Handsignale alleine, das kommt auf die Situation an.

Fig. 3

Fig. 4

Platz

Einmal fragte mich ein Kunde im Training, worin der Sinn liege, einem Hund beizubringen, dass er sich hinlegt. Ich musste innehalten und einen Moment überlegen, da mich das noch nie jemand vorher gefragt hatte! Die Antwort auf diese Frage lautet, dass es vielen Zwecken dient, wenn man einem Hund beibringt, sich ruhig hinzulegen. Zum Beispiel kann es in Kombination mit „Bleib" eine effiziente Alternative zu etlichem Problemverhalten wie am Tisch um Futter betteln oder Gäste belästigen sein. Am wichtigsten für Sie wird aber sein, dass es Teil der Lösung für einige häufige Szenarien werden wird, in denen Hunde streiten.

Am einfachsten bringen Sie Ihrem Hund bei, sich auf Befehl hinzulegen, indem Sie ihn sich so hinsetzen lassen, dass er Sie anblickt. Halten Sie ein Leckerli in der Hand. Falls Sie in der anderen Hand noch weitere Leckerlis behalten wollen, nehmen Sie diese Hand hinter Ihren Rücken, wo sie nicht ablenken kann. Berühren Sie die Nase Ihres Hundes mit dem Leckerli, und während Sie das Leckerli wie einen Magneten an dessen Nase halten, bewegen Sie Ihre Hand Richtung Boden hinunter, etwas vor Ihrem Hund. Immer angenommen, Ihr Hund ist noch mit dem Leckerli „verbunden", wischen Sie mit der am Boden angekommenen Hand zu sich hin, als formten Sie ein großes „L". Ihr Hund sollte sich zu diesem Zeitpunkt hingelegt haben.

Sie haben sicher bemerkt, dass es noch kein Wortkommando gegeben hat. Das liegt daran, weil Ihr Hund wie beim Sitz noch nicht verstanden hat, was das Wort bedeutet. Erst, wenn er sich jedes Mal auf Ihr Locken hin flott und geschmeidig hinlegt, ist es Zeit, das Wortsignal „Platz" hinzuzufügen und aus der Lockbewegung ein Handzeichen zu machen.

Zuerst führen Sie die Lockbewegung mit ein paar Wiederholungen, aber mit Ihrer offenen Hand nach unten und ohne Leckerli aus. Führen Sie die Bewegung sanft und schnell aus. Wenn Ihr Hund folgt und sich hinlegt, belohnen Sie ihn. Nach ein paar Wiederholungen können Sie beginnen, das Handzeichen kleiner werden zu lassen. Schließlich können Sie stehen, die Hand mit der Handfläche nach unten auf Brusthöhe halten und dann nach unten bewegen, bis Ihr Arm ganz ausgestreckt ist. Sobald Ihr Hund sich alleine beim Handsignal zuverlässig hinlegt, fügen Sie das Wortsignal hinzu, ehe Sie das Handsignal geben. Übrigens,

Sie können als Wortsignal nehmen, was Sie möchten. Manche mögen „Platz" oder „Down" oder „Runter", während andere so etwas wie „Leg dich" oder „Sei ein Pfannkuchen" bevorzugen. Okay, Letzteres habe ich mir ausgedacht. Aber Sie wissen, was ich meine. Falls Sie „Runter" wählen, passen Sie auf, dass Sie Ihren Hund nicht durcheinanderbringen, indem Sie es für anderes Verhalten verwenden wie etwa von den Möbeln runterkommen, sonst wird Ihr Hund sich, wenn er den Befehl „Runter von der Couch!" bekommt, hinlegen und Sie fett angrinsen.

Welches Wort auch immer Sie sich als Wortsignal aussuchen, bleiben Sie dabei. Und denken Sie daran, Sie müssen Ihrem Hund helfen, zu generalisieren. Nur weil er „Platz" von der Sitzposition ausgehend versteht, so heißt das noch nicht, dass er dies automatisch generalisiert und den Befehl aus dem Stehen heraus umsetzt oder wenn Sie es ihm zum Beispiel in der freien Natur befehlen. *Platz* ist oft verbunden mit *Bleib*, welches wir als nächstes behandeln. Fürs Erste bringen Sie Ihrem Hund *Platz* ausgehend von einer sitzenden Position bei, indem Sie ein Leckerli als Lockmittel einsetzen – so, wie es auf den nachfolgenden Bildern dargestellt ist:

Ich beginne damit, dass ich ein Leckerli an Sierras Nase halte, während sie sitzt. Die nachfolgenden Bilder zeigen die Lock-Abfolge.

Bleib

Wenn Ihr Hund „Platz" beherrscht, bringen Sie ihm „Bleib" bei. Falls er „Platz" noch nicht kennt, können Sie ihm „Bleib" auch in einer sitzenden Position beibringen. Die liegende Position ist aber zu bevorzugen, weil es für den Hund schwieriger ist, aus dem Liegen aufzustehen als aus dem Sitzen. Für diese Übung gehen wir einmal davon aus; dass Ihr Hund liegt – ansonsten ersetzen Sie es durch „Sitz". Der übliche Platz (Hundedecke/Körbchen) Ihres Hundes ist perfekt zum Üben. Sie werden eine flache Handfläche, die zu Ihrem Hund ausgerichtet ist, als Handzeichen verwenden, also behalten Sie die Leckerli entweder in der einen Hand hinter Ihrem Rücken oder legen Sie sie in die Nähe, aber ganz weg von Ihrem Körper. Ein verbreiteter Fehler ist es, ein Leckerli in der Signal-Hand zu halten, was viele Hunde dazu bringt, sich auf das Leckerli zu konzentrieren und zu diesem hinzugehen – genau das Gegenteil von am Platz bleiben!

Stellen Sie sich vor Ihren Hund. Nehmen Sie Ihre Hand hoch, als wollten Sie „Stopp" sagen und sagen Sie stattdessen mit sanfter, aber fester Stimme „Bleib". Wenn Ihr Hund auch nur eine Sekunde am Platz geblieben ist, geben Sie ihm ein Leckerli. Während Sie ihm dieses geben, beugen Sie sich nach vorne und bewegen Ihre Hand in einer weichen, zielgerichteten Bewegung, die mit dem Platzieren des Leckerli zwischen den Pfoten Ihres Hundes endet. Dieses Hinlegen wird ihn ermutigen, unten zu bleiben. Falls Sie die Hand zu langsam bewegen oder das Leckerli stattdessen in Richtung seines Mauls bewegen, kann es sein, dass Ihr Hund aufzustehen beginnt. Sollte dies passieren, treten Sie näher und beugen sich nach vorne: das übt Druck auf ihn aus, rückwärts zu gehen und sich wieder hinzulegen. Falls Ihr Hund sich nicht wieder von selbst hinlegt, locken Sie ihn einfach wieder mit einem Leckerli zurück in Position – aber belohnen Sie ihn nicht, sonst könnte er denken, dass Aufstehen und dann wieder Hinlegen belohnt wird. Sie haben bei dieser Übung vermutlich bemerkt, dass das Wortkommando gleichzeitig mit dem Handzeichen gegeben wurde, während es normalerweise erst dazukommt, wenn der Hund nur auf das Handsignal reagiert. Der Grund dafür, in diesem Fall beide Befehle gleichzeitig zu geben, ist, dass die strenge Stimmlage dabei behilflich ist, Bewegung von Anfang an zu unterbinden.

Amie gibt Dave das Handzeichen für Bleib. Dann legt sie das Leckerli zwischen Daves Pfoten.

Wir Menschen sind ungeduldig. Wir wollen von einem dreißigsekündigen Bleib gleich weiter dahin, dass unsere Hunde am Platz bleiben, während wir Kaffee trinken gehen! Seien Sie geduldig. Sobald Sie Ihren Hund sofort dafür belohnt haben, dass er am Platz geblieben ist, geben Sie das Handzeichen, um ihn daran zu erinnern, zählen stumm bis drei und belohnen ihn dann mit einem weiteren Leckerli. Dann entlassen Sie ihn mit einem Freigabesignal Ihrer Wahl.

Ein Freigabesignal ist ein Wort oder Satz, der Ihren Hunden vermittelt, dass sie nicht länger das tun müssen, was auch immer Sie zuvor von ihnen verlangt hatten - so ähnlich, als ob Sie „Rührt Euch" sagen würden. Sie können irgendein Wort oder einen Satz dafür verwenden, den Sie mögen. Versuchen Sie lediglich, „okay" oder andere Alltagsworte zu meiden. Ich sage Ihnen das, weil ich selbst „Okay" verwendet hatte. Bis zu dem Tag, als ich während des Spazierengehens mit Soko und Mojo eine Freundin im Park traf. Ich hatte die Hunde mit „Bleib" hingesetzt und wir unterhielten uns. Zum Schluss sagte sie „Ruf mich an!" und ich erwiderte fröhlich: „Okay!" Glauben Sie mir, es war nicht lustig, von zwei großen Hunden, die der Meinung waren, ich hätte sie freigegeben, mit dem Gesicht nach unten durch den Dreck gezogen zu werden! Das muss Ihnen nicht passieren. Suchen Sie ein Wort aus, mit dem Sie Ihre Hunde entlassen, aber hüten Sie sich vor solchen, die häufig in Unterhaltungen benutzt werden. Geben Sie das Freigabesignal und gehen Sie weg. Ihr Hund wird rasch lernen, dass es bedeutet, dass das Training für jetzt vorbei ist.

Erweitern Sie Zeitdauer und Entfernung allmählich, wobei Sie mit der Dauer beginnen. Wenn Ihr Hund liegt, nachdem Sie ihm den Bleib-Befehl gegeben haben, warten Sie ein wenig länger, bis Sie ihn belohnen. Während Sie zuvor vielleicht nur drei Sekunden verlangt haben, könnten Sie jetzt vielleicht fünf Sekunden anpeilen. Es ist in Ordnung, wenn Sie mit ruhiger Stimme „Schöööööön bleib" sagen, solange Ihr Hund ruhig liegt, aber sprechen Sie nicht mit aufgeregter Stimme, denn die daraus folgende Erregung könnte ihn zum Aufstehen veranlassen. Obwohl manche Trainer Hunde erst am Ende des „Bleib" belohnen, ist es sinnvoll, wenn man auch während der Übung belohnt, solange der Hund das tut, was verlangt wird. Geben Sie sporadisch während des Bleib ein Leckerli. Sobald die Übung zu Ende ist, geben Sie Ihr Freigabesignal und gehen weg. Arbeiten Sie sich bis auf zwei Minuten Dauer hoch, ehe Sie beginnen, die Entfernung zu vergrößern.

Wenn Ihr Hund ein *Bleib* für zwei Minuten aushält, nachdem Sie ihm das Zeichen gegeben haben, gehen Sie einen Schritt rückwärts, wobei Sie ihn weiterhin anschauen. Weil Sie einen Aspekt der Übung durch die Vergrößerung der Distanz schwieriger gestalten, machen Sie den anderen – die Dauer – wieder ein wenig leichter. Nach einem „Bleib" über dreißig Sekunden (oder weniger, falls Sie das als nötig empfinden) geben Sie das abschließende Leckerli, wobei Sie rasch zu Ihrem Hund hingehen und es zwischen seine Pfoten legen. Das bauen Sie bis auf zwei Minuten aus, und denken daran, Ihren Hund während und am Ende des *Bleibs* zu belohnen.

An dieser Stelle haben Sie vermutlich schon herausgefunden, wie es weitergeht: Sie werden sich noch mehr Schritte entfernen, aber nicht zu viele auf einmal, und dabei die verlangte Dauer des *Bleib* ein wenig verringern, um diese dann später wieder auf zwei Minuten aufzubauen. Sie müssen keine Wissenschaft daraus machen. Nachdem Sie es erfolgreich auf fünf oder mehr Schritte gebracht haben, beginnen Sie zusätzlich, sich mit Ihrem Körper abzuwenden und sich direkt wieder zu Ihrem Hund zurückzudrehen. Die Wahrscheinlichkeit ist hoch, dass Sie im wahren Leben nicht rückwärts gehen werden, sollten Sie ein *Bleib* von Ihrem Hund verlangen müssen. Weil es dadurch, dass Sie Ihrem Hund den Rücken zudrehen, für Ihren Hund schwieriger wird, verringern Sie die Entfernung wieder um einige Schritte. Bauen Sie dies stufenweise aus, bis Sie ein paar Schritte mit dem Rücken zum Hund weggehen können.

Falls Ihr Hund an irgendeinem Punkt während dieser Übung aufzustehen beginnt, bleiben Sie ruhig. Es gibt keinen Grund, ihn zu bestrafen. Sie könnten ein Abbruchsignal wie „eh-eh" einsetzen, das ihn mitten im Aufstehen bremsen könnte, sodass er sich wieder hinlegt. Falls er dies nicht tut und stattdessen zu Ihnen kommt, gehen Sie mit ihm zum Startpunkt zurück und befehlen ihm, sich wieder hinzulegen. Und wieder – belohnen Sie nicht, denn das würde ihm nur beibringen, dass man sich mit Aufstehen und wieder Hinlegen ein Leckerli verdient.

Wie bei jeder anderen Trainingsübung auch wird es für Ihre Hunde schwieriger, ein solides *Bleib* durchzuhalten, wenn sie zusammen sind. Nehmen Sie immer nur einen weiteren Hund hinzu. Wenn Sie mit mehreren Hunden im Zimmer übern, fordern Sie sie nicht zu stark und lassen Sie es langsam angehen. Selbst wenn Sie wissen, dass sie zum Beispiel einzeln zwei Minuten „Platz und Bleib" beherrschen, beginnen Sie nur mit zehn Sekunden. Steigern Sie allmählich die Dauer und dann die Entfernung.

Führen Sie über den Tag verteilt kurze Trainingssitzungen in verschiedenen Räumen des Hauses durch, dann im Garten und allmählich aufbauend an Orten mit immer schwierigeren Ablenkungen. Sie können das *Bleib* auch bei Ablenkungen auf den Prüfstand stellen (einzeln, dann alle zusammen), indem Sie einen Freund anheuern, an Ihren still liegenden Hunden vorbeizugehen. Wenn ich mit einer Familie mit Kindern arbeite, mache ich gerne Übungen, die immer schwieriger für die Hunde und immer lustiger für die Kinder werden. Ich instruiere zum Beispiel die Kinder, dass sie bei drei von A nach B laufen müssen. Das machen wir ein paar Mal. Dann sollen sie schnell gehen, dann rennen, dann mit den Armen wedeln, schreien, und schließlich so albern sein, wie sie nur können. Jeder hat viel Spaß und die Hunde erlernen eine wertvolle Fähigkeit. Wenn Sie keine Kinder mit einbeziehen können, suchen Sie nach anderen Wegen, um unter Ablenkungen zu üben. Dies ist eine der wichtigsten Fähigkeiten, die Ihre Hunde erlernen werden und sie wird im Folgenden eine wichtige Rolle bei den Techniken zur Verhaltensänderung spielen.

19

Aufmerksamkeit

Der Schlüssel, wie Sie Ihren Hund dazu bringen, etwas zu tun, sei es zu Ihnen zu kommen, auf seinen Platz zu gehen oder etwas in Ruhe zu lassen, ist als erstes, seine Aufmerksamkeit zu gewinnen. Letztendlich könnten Sie, wenn er gerade mit etwas anderem beschäftigt ist, den ganzen Tag lang „Komm!" rufen und Ihr Hund könnte genauso gut seine Ohren zuhalten und singen „Lalala, ich hör dich nicht!", Wenn Sie es schaffen, Ihre Hunde dabei, was immer sie auch tun, zu unterbrechen und ihre Aufmerksamkeit stattdessen auf sich zu lenken, ist dies von unschätzbarem Wert. Stellen Sie sich vor, Ihr einer Hund starrt den anderen böse an. Nun, da wir wissen, dass „Lass das!" zu sagen wahrscheinlich nicht so wirkungsvoll sein wird wie die Aufforderung zur Ausführung eines alternativen Verhaltens, was könnte er denn stattdessen tun? Gut, er könnte Sie anschauen, und an diesem Punkt könnten Sie die Situation weiter entschärfen, indem Sie ihm sagen, er soll auf seinen Platz gehen oder zu Ihnen herkommen. Wenn der eine Hund quer in der Tür liegen und einem anderen den Zutritt versperren würde und Sie wüssten, dass dies ein Problem verursachen könnte, könnten Sie den Namen des angreifenden Hundes rufen, und wenn er aufsähe, ihn zu sich rufen und so das Problem friedlich lösen. Sogar wenn Ihre Hunde zu streiten anfingen – stellen Sie sich vor, Sie könnten ein Wortkommando geben, auf das beide reagierten und sofort damit aufhörten, was sie täten und Sie stattdessen anschauen. Eine großartige Sache am Aufmerksamkeits-Signal ist, dass Ihre Hunde selbst dann, wenn sie bereits einigermaßen emotional erregt sind, aus diesem emotionalen Modus in einen kognitiven umschalten, weil sie eher mit Denken als mit Handeln beschäftigt sind. Während dieser spannungsgeladenen Momente zwischen Ihren Hunden ist die Fähigkeit, das Drama zu unterbrechen und ihren Fokus auf Sie statt aufeinander zu lenken, unbezahlbar.

Aufmerksamkeit bedeutet: Wenn Sie den Namen Ihres Hundes rufen, stellt er Blickkontakt her. Es ist nicht zwingend nötig, dass er zu Ihnen kommt oder etwas anderes tut, außer Sie anzuschauen und weitere Instruktionen abzuwarten. Manche Leute bringen Ihren Hunden bei, angerannt zu kommen, wenn sie ihren Namen hören. Ich empfehle, dies nicht zu tun, und zwar aus folgendem Grund: Stellen Sie sich vor, Sie gehen spazieren und dabei rutscht Ihr Hund aus dem Halsband und rennt über die Straße. Er hält auf der anderen Seite inne. Der Verkehr fließt in beide Richtungen. Wenn Sie nun Ihren Hund beim Namen riefen, würden Sie wollen, dass er angerannt käme? Wahrscheinlich nicht. Wenn er die Bedeutung seines Namens so versteht, dass er sich zu Ihnen hinwendet, würde er stattdessen einfach zu Ihnen schauen und auf weitere Anweisungen warten, und an dieser Stelle könnten Sie ihn anweisen, zu bleiben. Sie könnten, sobald es sicher wäre, über die Straße gehen und ihn an der Leine mit zurücknehmen.

Das ultimative Ziel der Aufmerksamkeits-Fähigkeit ist: Egal, was in der Umgebung vor sich geht oder wie abgelenkt Ihr Hund gerade ist – sobald sein Name gerufen wird, dreht er sofort seinen Kopf und schaut Sie an. Weil Sie mehr als einen Hund haben, ist es nötig, dass Sie diese Fähigkeit jedem Hund zunächst einzeln beibringen. Sobald jeder Hund seinen Namen versteht und anständig darauf reagiert, werden Sie ein Wortkommando für Aufmerksamkeit einführen, das allen Hunden als Gruppe gilt. Nachfolgend eine Schritt-für Schritt-Anleitung, wie Sie es Ihren Hunden einzeln und dann zusammen beibringen.

Individuelle Aufmerksamkeit

Suchen Sie sich eine ruhige, ablenkungsarme Ecke bei sich zu Hause und bitten Sie alle Anwesenden, Sie nicht zu stören. Sie arbeiten mit nur einem Hund auf einmal, also lassen Sie alle anderen Hunde, mit denen Sie nicht arbeiten, in den Garten oder in ein anderes Zimmer. Falls Sie nur zwei Hunde haben, geben Sie dem anderen Hund in einem anderen Zimmer einen Kauknochen oder lassen Sie jemand anderen auf ihn aufpassen oder mit ihm spazieren gehen.

Blickkontakt kann auf Hunde beängstigend oder bedrohlich wirken und die folgende Übung bedingt, dass Ihr Hund Sie anschaut. Falls Ihr Hund dadurch, dass er Augenkontakt mit Ihnen aufnimmt, eingeschüchtert ist, ist es akzeptabel, dass er stattdessen nur Ihre Brust oder das untere Gesicht fokussiert. (Mehr Tipps zum Umgang mit ängstlichen Hunden siehe im Serviceteil des Anhangs zu meinem Buch „Der ängstliche Hund").

Stellen Sie sich hin und schauen Sie Ihren Hund an. Ihr Hund kann entweder sitzen oder liegen, solange er Sie anschaut. Sie können diese Position im Verlauf der verschiedenen Trainingssitzungen variieren, sodass er lernt, unabhängig von der Körperhaltung zu gehorchen. Falls Ihr Hund noch kein Sitz oder Platz kann, kann er auch stehenbleiben. Falls Sie allerdings feststellen, dass er während der Übung davonspaziert, müssen Sie ihn mit einer Leine an einem Möbelstück festbinden, die Sie an seinem Halsband oder Geschirr befestigen (gewöhnen Sie ihn zuerst ans Angebundensein und kombinieren Sie dies mit Leckerlis und ruhigem Streicheln, damit es eine positive Erfahrung wird). Tragen Sie keinen Leckerlibeutel oder andere offensichtlichen Futterbehältnisse. Sie möchten ja, dass Ihr Hund sich auf Ihre Augen konzentriert, nicht auf die Schatzkiste um Ihre Hüften.

Beginnen Sie im Stehen – oder Knien, falls Stehen Ihren Hund einschüchtern würde – schauen Sie Ihren Hund an, beide Hände hinter dem Rücken, und einer Handvoll kleiner, feuchter Leckerlis in einer Hand. Beobachten Sie Ihren Hund. Ohne, dass Sie einen Laut sagen oder sonstige nonverbale Ermutigungen geben (nicht einmal die Hand zu den Augenbrauen heben!) warten Sie ab, bis Ihr Hund Blickkontakt sucht. In dem Moment, wo er das tut, sagen Sie in freundlichem und glücklichem Tonfall „Ja!“, sofort gefolgt von einem Leckerli und Lob. Das „Ja!“ sollte kurz und knackig sein, damit es den genauen Moment markiert, an dem Ihr Hund das gewünschte Verhalten gezeigt hat. Wenn Sie es lieber möchten, können Sie bei diesen und anderen Übungen auch den Clicker anstatt des Wortmarkers benutzen. Für unsere Zwecke muss Ihr Hund den Blickkontakt nicht für eine bestimmte Zeit halten. Wiederholen Sie diese Übung, bis Ihrem Hund ein Licht aufgeht und er verstanden hat, worum es geht. Sie werden merken, wann das passiert, denn Ihr Hund wird Sie praktisch anstarren und nicht wieder wegsehen wollen.

Als Nächstes wollen wir die Übung für Ihren Hund etwas schwieriger gestalten, indem wir seine Aufmerksamkeit von Ihnen ablenken. Halten Sie weiterhin die Leckerli in einer Hand hinter dem Rücken. Nehmen Sie ein einziges Leckerli in die andere Hand und bewegen diese, *ohne Ihren Hund anzuschauen* (schauen Sie stattdessen zu Boden), langsam zur Seite, bis Ihr Arm voll ausgestreckt und parallel zum Boden ist. Wenn der Arm ganz ausgestreckt ist, können Sie Ihren Hund ansehen. Ihr Hund wird den Weg des Leckerlis mit den Augen verfolgt haben. Stehen Sie ruhig, seien Sie still und warten Sie. Ruhig und still zu bleiben ist das Schwierige daran! Irgendwann wird Ihr Hund Augenkontakt herstellen, denn er wurde ja zuvor wiederholt dafür belohnt. In dem Moment, in dem er Sie anschaut, sagen Sie „Ja!“ und belohnen ihn, indem Sie ihm das Leckerli aus Ihrer ausgestreckten Hand geben und ihn loben. Der Grund, warum Sie Ihren Hund

Dave verfolgt das Leckerli mit dem Blick, wenn Annies Arm nach außen geht.

Dave konzentriert sich stattdessen auf Annies Gesicht. Dann bekommt er ein Leckerli.

nicht anschauen sollen, wenn Sie Ihren Arm ausstrecken, ist übrigens: Falls er während dieses Teils der Übung Blickkontakt hergestellt hätte, hätten Sie ihn belohnen müssen. Aber das Ziel der Armbewegung ist, seine Aufmerksamkeit ganz von sich abzulenken, damit er die Bewegung, zu Ihnen zurückzuschauen, erfolgreich machen kann.

Ihr Hund sollte bei nachfolgenden Wiederholungen nach jedem visuellen Verfolgen und Leckerli-Nachschauen immer weniger Zeit benötigen, um wieder Sie anzuschauen. Sie stellen möglicherweise sogar fest, dass er sich möglicherweise ganz weigert, das Leckerli anzuschauen und stattdessen unaufhörlich Sie anstarrt, als wolle er sagen „Ich bin ganz bei Dir!" Das ist großartig! Als Nächstes wiederholen Sie die Übung mit der anderen Hand. Der Handwechsel hilft Ihrem Hund, zu verinnerlichen, dass, ganz egal, wohin er gerade schaut, er seinen Kopf immer zurückdrehen soll, um Augenkontakt herzustellen. Machen Sie die Übung danach noch schwieriger, indem Sie Ihre Arme zu beiden Seiten ausstrecken, ein Leckerli in jeder Hand.

Sobald Ihr Hund es schafft, innerhalb von ein oder zwei Sekunden, nachdem er aufs Leckerli geschaut hat, wieder Sie anzuschauen, ist es an der Zeit, den Wortbefehl hinzuzufügen. Bewegen Sie das Leckerli wie zuvor nach außen. Sobald Ihr Arm sich nicht mehr bewegt und Ihr Hund aufs Leckerli schaut, rufen Sie ihn sofort beim Namen, und zwar im selben Ton, wie Sie es auch sonst tun. Voraussichtlich wird Ihr Hund Ihnen den Kopf zuwenden und Blickkontakt herstellen. Perfekt! Sagen Sie „Ja!", geben Sie ihm ein Leckerli und loben Sie ihn.

Jetzt denken Sie vielleicht: *Aber mein Hund hätte mich auch angeschaut, ohne dass ich irgendetwas davon getan und nur seinen Namen gerufen hätte!* Das mag stimmen – das Tolle an diesen Übungen ist aber, dass sie einen konditionierten Reflex schaffen. Sobald dieser Reflex, wenn Ihr Hund seinen Namen hört, sauber und sorgfältig konditioniert ist, wird Ihr Hund aufhören zu denken *Ich bin grade damit beschäftigt, im Gras zu schnüffeln. Kann ich gleich auf Dich zurückkommen?* Stattdessen wird er damit aufhören, was er gerade tut, und auf Ihr Verlangen nach seiner Aufmerksamkeit erfolgreich reagieren, sogar bei bestehenden Ablenkungen und auch, wenn er emotional erregt ist.

Weitere Ablenkungen

Um Ihrem Hund beizubringen, ungeachtet der Umgebung oder Situation aufmerksam zu sein, wenn Sie es verlangen, müssen Sie allmählich weitere Ablenkungen hinzunehmen. Für den Anfang holen Sie eine andere Person zu Hilfe. Und wieder, falls Sie praktischerweise ein Kind in der Nähe haben, fragen Sie es, ob es ein Spiel spielen möchte, um beim Trainieren des Hundes zu helfen. Die meisten Kinder haben richtig Spaß bei dieser Übung. Wenn Sie kein Kind zur Hand haben, tut es auch ein Erwachsener. Wiederholen Sie die zuvor geübte Aufgabe mit dem Armausstrecken und Namenrufen ein paar Mal, um Ihren Hund aufzuwärmen.

Als Nächstes nehmen Sie ein paar Leckerlis hinter Ihren Rücken. In diesem Fall ist es egal, ob die Leckerli sich in Hand eins oder zwei befinden. Stellen Sie keinen Blickkontakt her, sprechen Sie nicht mit Ihrem Hund oder erregen anderweitig seine Aufmerksamkeit. Lassen Sie Ihren „Ablenker“ mit einer langsamen Bewegung wie Arme über den Kopf strecken oder einen Schritt machen beginnen, ohne dabei auf den Hund zu schauen. Falls Ihr Hund die Person anschaut, rufen Sie ihn beim Namen. Sofern er darauf reagiert, indem er Sie anschaut, sagen Sie „Ja!“, und geben ihm ein Leckerli. Falls er Sie nicht anschaut, sollte der Ablenker in seinen Bewegungen einfrieren und Sie anschauen. Bleiben Sie bewegungslos und warten. Es ist wahrscheinlich, dass Ihr Hund dem Blick der Person folgt, was damit endet, dass er Sie ebenfalls anschaut. Falls er Sie immer noch nicht anschaut, rufen Sie ihn nochmal beim Namen, und wenn er Sie anschaut, sagen Sie „Ja!“, belohnen Sie ihn. Schließlich wollen wir, dass Ihr Hund Sie beim ersten Mal, wenn Sie ihn rufen, anschaut. Aber das kommt noch mit der Übung.

Auf der folgenden Seite sind einige mögliche Gründe, warum Ihr Hund nicht reagieren könnte, wenn Sie seinen Namen rufen und wie man die Situation bereinigt.

Situation	Lösung
Der Ablenker hat zu viel abgelenkt	Der Ablenker sollte zunächst kleinere oder langsamere Bewegungen machen oder die Person sollte weiter weg stehen.
Die Leckerli waren nicht wertvoll genug.	Setzen Sie höherwertige Leckerli ein.
Ihr Hund war zu diesem Zeitpunkt mit Futter nicht zu motivieren.	Halten Sie vor der nächsten Trainingssitzung eine Mahlzeit zurück.
Es sind andere Ablenkungen aufgetreten.	Suchen Sie sich eine ruhigere Umgebung.
Sie haben zu lange trainiert und Ihr Hund begann, müde oder frustriert zu werden.	Hören Sie erst einmal auf und setzen Sie weitere Sitzungen mit kürzerer Dauer an.

Sowie Ihr Hund bei dieser Übung besser wird, sollte der Ablenker den Schwierigkeitsgrad erhöhen, indem er schnellere Bewegungen macht, spricht und Ihren Hund anschaut. Falls Sie diesen Teil mit Sorge lesen, weil Sie niemanden haben, der den Ablenker spielt – das macht nichts. Beginnen Sie stattdessen mit den folgenden allgemeinen Übungen.

Wann immer Sie eine neue Trainingssitzung beginnen, tun Sie dies nicht mit der letzten erfolgreichen Übung, die Ihr Hund ausgeführt hat. Beginnen Sie stattdessen mit etwas Leichterem und arbeiten Sie sich heran. Wenn Ihr Hund zum Beispiel aufmerksam sein konnte, während ein Kind vorbeigerannt ist, nehmen Sie einen niedrigeren Schwierigkeitsgrad und lassen das Kind stattdessen vorbeigehen. Auf diese Weise kommt Ihr Hund in den Rhythmus der Übung hinein und Sie erhöhen die Erfolgschancen.

Zeit zum Generalisieren

Mit fortschreitender Übung werden Sie feststellen, dass Ihr Hund sogar dann reagiert, wenn der Ablenker jodelt oder über den Teppich hinweg Räder schlägt. Das ist zwar eine großartige Leistung von Ihnen beiden, aber bisher wurde der Erfolg nur im Zusammenhang mit einer Übungssituation erreicht. Der nächste Schritt besteht jetzt darin, Ihren Hund dazu zu bringen, auch in Alltagssituationen auf Ihr Aufmerksamkeitssignal zu reagieren.

Sie müssen Ihrem Hund in kleinen Schritten dabei helfen, zu generalisieren – was wiederum bedeutet, dass er verstehen muss, was von ihm erwartet wird, und zwar unabhängig von den Umständen oder der Umgebung. Beginnen Sie zu Hause und zu einem ruhigen Zeitpunkt. Stellen Sie sich in Ihre Küche und halten Sie Leckerli griffbereit, allerdings außerhalb der Sicht – und Riechweite Ihres Hundes, beispielsweise im Kühlschrank. Ignorieren Sie Ihren Hund und warten Sie, bis er das Interesse an Ihnen ganz verloren hat. Einige Augenblicke später, ehe er sich zu sehr für andere Dinge interessiert, rufen Sie seinen Namen. Wenn er Sie anschaut, sagen Sie „Ja!", gehen rasch zu den Leckerlis und loben ihn andauernd mit fröhlicher Stimme: „Guter Hund, das hast du fein gemacht", bis er das Leckerli im Maul hat. Das frohe Sprechen bildet eine verbale Brücke, die das Verhalten mit der Belohnung verbindet. Und das ermöglicht es Ihrem Hund, zu verstehen, warum er belohnt wird. Fahren Sie fort, indem Sie Ihren Hund immer wieder zufällig einmal beim Namen rufen, wenn er gerade nicht durch andere Dinge zu sehr abgelenkt ist, beispielsweise, wenn er gerade gemütlich am Teppich herumschnüffelt oder in nicht aufgeregter Art einem entfernten Geräusch lauscht. Üben Sie über den Tag verteilt an unterschiedlichen Stellen in Ihrem Zuhause.

Als Nächstes fangen Sie an, Ihren Hund beim Namen zu rufen, wenn er etwas stärker abgelenkt ist, zum Beispiel dann, wenn jemand in den Raum kommt. Falls er nicht reagiert, haben Sie zu früh zu viel erwartet. Gehen Sie zurück bis zu einer Situation, in der er noch Erfolg hatte, wiederholen Sie diese ein paar Mal und dann bauen Sie die Ablenkungen noch kleinschrittiger wieder auf. Sobald Ihr Hund zuverlässig reagiert, schnappen Sie sich ein paar Leckerli und gehen Sie weiter in ein Umfeld, in dem wahrscheinlich ein wenig mehr Anregung geboten ist, wie etwa der Garten. Fahren Sie fort, in Ihrem Zuhause zu arbeiten, draußen im Garten, und dann auf der Straße, während es ruhig ist. Nehmen Sie während dieser Lernphase hochgeschätzte Leckerli auf Spaziergänge mit und üben Sie, Ihren Hund beim Namen zu rufen, wann immer er nicht zu sehr abgelenkt ist. Sie belohnen Ihren Hund nicht bis in alle Ewigkeit dafür, dass er auf seinen Namen reagiert; irgendwann wird von ihm mehr erwartet, damit er ein

Leckerli bekommt. Aber für den Moment fahren Sie damit fort und geben ihm Leckerlis.

Auch hier gilt wieder: Verlangen Sie nicht zu schnell zu viel! Nur, weil Ihr Hund im Wohnzimmer meisterhaft reagiert hat, heißt das noch nicht, dass er Sie auf Befehl anschauen wird, wenn Sie in der Öffentlichkeit sind, wo Kinder vorbeirennen. Es kann auch sein, dass er eine Übung über mehrere Tage hinweg gut ausführt und dann einen schlechten Tag hat. Das ist normal. Es braucht Zeit, eine in jeder Situation verlässliche Reaktion zu schaffen. Das Erreichen Ihres Ziels wird unterstützt, wenn Sie in kleinen Einheiten über den Tag verteilt üben.

Und was jetzt?

Wie können Sie also das Fordern von Blickkontakt zur Lösung von Problemen unter Ihren Hunden einsetzen? Wie Sie in den noch folgenden Kapiteln sehen werden, werden Sie in Situationen, in denen die Spannung ansteigt oder ein Kampf auszubrechen droht, einen oder beide Hunde rufen können. Sobald ihre Aufmerksamkeit auf Sie gerichtet ist, können Sie ein anderes Verhalten fordern, wodurch Sie in der Lage sind, einen oder beide Hunde sicher wegzubringen (oder was auch immer in diesem Moment angemessen ist). Das alles wird mit Übung und Geduld einfacher werden und Ihre Hunde werden unabhängig von der Situationsintensität darauf reagieren.

Aufmerksamkeit in der Gruppe

Ob Sie nun zwei Hunde haben oder fünf – Sie haben die Möglichkeit, Ihren Hunden einen bestimmten Gruppenbefehl beizubringen, auf den hin sie damit aufhören sollen, was sie gerade tun und Sie anschauen. Wenn Sie nur zwei Hunde haben, könnten Sie einfach deren Namen rasch hintereinander sagen. Zum Beispiel könnte ich „Bodhi! Sierra!“ sagen. Oder Sie könnten, was Sie ziemlich sicher möchten, wenn Sie mehr als zwei Hunde haben, sich ein Wort aussuchen, das für die ganze Gruppe gilt. Sie könnten „Hunde!“ nehmen, „Hey Leute!“, „Alle!“ oder „Achtung Minions!“. Okay, das letztere vielleicht eher nicht, obwohl Sie damit in der Öffentlichkeit bestimmt ein paar amüsierte Blicke ernten würden. Aber Sie wissen, was ich meine. Wie bei jedem anderen Wortbefehl auch ist es egal, welches Wort tatsächlich gesagt wird, sondern es kommt darauf an, dass dieses mit der Aktion verbunden wird. Bleiben Sie konsequent bei dem von Ihnen einmal gewählten Signal.

Da Ihre Hunde ja bereits ein Verständnis für das Aufmerksamkeitssignal entwickelt haben, sollte dies nun leichter beizubringen sein als beim ersten Mal. Von mehreren eine Reaktion zu verlangen, während diese gerade gemeinsam mit etwas beschäftigt sind, macht es allerdings zu einer größeren Herausforderung. Machen Sie es leichter für alle und trainieren Sie Ihre Hunde dann, wenn sie nach viel Bewegung müde sind. Die Wahrscheinlichkeit ist so viel höher, dass Sie sie anschauen, als wenn Sie versuchten, ihre Aufmerksamkeit zu erlangen, während sie aufgedreht sind und vor Energie strotzend herumrennen.

Wiederholen Sie die Übungen, die Sie mit den Hunden einzeln durchgeführt haben, nur dieses Mal tun Sie dies mit mehreren Hunden und verwenden Ihr Gruppensignal. Zum Beispiel setzen Sie zwei Hunde vor sich hin, Ihnen zugewandt, und führen Sie die zuerst gelehrte Aufmerksamkeitsübung durch. Sollten Sie mehr als zwei Hunde haben, lassen Sie diese mit etwas Abstand voneinander Ihnen zugewandt in einer Reihe sitzen. Falls zwei der Hunde zum Kämpfen neigen, sollten diese an entgegengesetzten Enden der Reihe sitzen. Beginnen Sie mit der Übung. Wenn die Hunde Sie anschauen (und das sollten sie, da Sie diese Aufgabe mit den Hunden einzeln geübt und gefestigt haben), sagen Sie „Ja!" und geben jedem Hund – einem nach dem anderen – ein Leckerli. Vergessen Sie beim Leckerli-Geben nicht, dass jeder Hund geduldig warten soll, bis er an der Reihe ist. Strahlen Sie Ruhe mit Ihrer Lobstimme und Ihren Bewegungen aus, sodass auch die Hunde eher ruhig und am Platz bleiben.

Arbeiten Sie sich durch alle Übungen durch, die Sie auch für Einzelhunde absolviert haben. Falls einer Ihrer Hunde an irgendeinem Punkt nicht gut reagiert, gehen Sie noch einmal mit ihm alleine arbeiten. Sobald er wieder erfolgreich ist, arbeiten Sie ihn bei den anderen Hunden ein und beginnen immer mit nur zwei Hunden zugleich. Denken Sie daran: Das Endziel ist, egal ob Sie zwei oder fünf Hunde haben, dass Ihre Hunde aufhören, womit auch immer sie gerade beschäftigt sind und Sie anschauen, sobald Sie das Aufmerksamkeitssignal geben.

Selbstverständlich werden Sie wollen, dass Ihre Hunde auf den Aufmerksamkeitsbefehl nicht nur im Training reagieren, sondern auch im Alltag mit all seinen Ablenkungen. Genau wie Sie das Einzel-Aufmerksamkeitssignal auf den Prüfstand gestellt haben, richten Sie es so ein, dass Ihre Hunde in einfachen Situationen Erfolg haben und arbeiten sich vor zu den schwierigeren:

Zum Beispiel könnten Sie Ihr Gruppen-Aufmerksamkeitssignal in den folgenden Situationen einsetzen. Dabei beginnen Sie mit den leichteren und machen sich allmählich entspannt an die schwierigeren:

* Die Hunde haben sich nach einem Spaziergang hingelegt
* Die Hunde gehen im Haus herum

* Die Hunde schnüffeln am Boden nach Leckerli oder es gab eine Mahlzeit
* Die Hunde gehen von Ihnen weg und zu jemand anderem
* Sie sind ungestört im Garten
* Auf einem Spaziergang, die Hunde sehen in einiger Entfernung einen anderen Hund
* Auf einem Spaziergang, die Hunde sehen in naher Entfernung einen anderen Hund
* Während eines langsamen, ruhigen Spiels, das gerade etwas lebhafter zu werden beginnt

Sie müssen möglicherweise in jeder dieser Situationen mehrere Tage lang üben – eine Woche lang oder ein paar Wochen, das hängt von dem Schwierigkeitsgrad und den Reaktionen Ihrer Hunde ab. Verlangen Sie während dieser Zeit von Ihren Hunden keine Aufmerksamkeit in hochablenkenden Situationen, da Sie an dieser Stufe noch nicht angekommen sind. Hätte ich nicht darauf hingearbeitet, indem ich zunächst bei leichteren Szenarien Aufmerksamkeit verlangt hatte und den Schwierigkeitsgrad allmählich gesteigert hätte, so würde ich von Sierra nicht verlangen, mich anzuschauen, wenn sie ein Eichhörnchen entdeckt. Bitte vergessen Sie nicht: Wenn Sie irgendwann von Ihren Hunden etwas zu tun verlangen und diese nicht reagieren, gehen Sie zurück bis dahin, wo sie erfolgreich waren und bauen Sie von da an in kleineren Schritten auf.

Sobald Ihre Hunde einmal die Kunst des Aufmerksamkeit-Schenkens gemeistert haben, wenn dies von ihnen verlangt wird, werden Sie häufig einen weiteren Befehl folgen lassen, damit sie wissen, was sie als nächstes tun sollen. Die Fähigkeiten in den folgenden Kapiteln werden als Folgeübungen zur Aufmerksamkeit dienen, abgesehen davon, dass sie für sich allein schon nützliche Verhaltensweisen sind.

Rückruf

Unter einem erfolgreichen Rückruf versteht man, dass Ihr Hund reagiert, indem er zu Ihnen kommt, wenn Sie ihm ein Wortsignal wie „Komm!“ geben. Diese Reaktion sollte sofort erfolgen und nicht dann, wenn es Ihrem Hund in den Kram passt. Und er sollte nicht lethargisch in Ihre Richtung trotten, sondern sich flott und zielstrebig bewegen. Der Rückrufbefehl kann als Einzel – oder Gruppenbefehl bei Ihren Hunden eingesetzt werden, genauso kann ihm der Name eines bestimmten Hundes oder aber der Gruppenbefehl vorangehen. Zum Beispiel würden Sie sagen „Rocco, komm!“ oder „Hunde, kommt“, womit die Hunde wüssten, dass Sie entweder Rocco einzeln ansprechen oder dass alle gemeint sind.

Die Reihum-Rückruf-Challenge

Wenn Sie eine andere Person zur Verfügung haben, können Sie mit dem Rückruf eine Reihum-Challenge spielen. Üben Sie mit jedem Hund zunächst einzeln. Beginnen Sie damit, dass Sie so auseinanderstehen, dass Sie beide sich und Ihre Hunde gleichzeitig sehen können. Rufen Sie den Namen Ihres Hundes plus „Komm!“. Ihre Stimme sollte aufgeregt, glücklich und hoch klingen. Wenn Ihr Hund bei Ihnen angekommen ist, belohnen Sie ihn mit einem supertollen Leckerli und loben ihn. Dann verschränken Sie die Arme, schauen weg und ignorieren ihn. Nun ruft die andere Person. Während Ihr Hund zu ihr rennt, gehen Sie etwas weiter weg, sodass der Abstand zwischen Ihnen größer wird. Sobald die Person mit Belohnen fertig ist und Sie nicht mehr sehen kann, sollte sie die Arme verschränken, den Hund ignorieren und „Okay“ rufen, um Sie wissen zu lassen, dass Sie an der Reihe sind. Im weiteren Fortschritt bewegen Sie sich immer weiter voneinander weg. Nutzen Sie verfügbare Räume, sodass Sie am Ende in zwei verschiedenen Räumen sind, eine Person drinnen und eine im Garten und so weiter. Wenn Sie mit mehr als zwei Personen spielen, hören Sie auf, wenn Sie sich möglichst weit verteilt haben. Anstatt „Okay!“ als Fertig-Signal kann die Person auch den Namen eines anderen Hundes rufen, der als nächster dran ist.

Das macht die Sache für den Hund unvorhersehbar. Beenden Sie das Spiel immer in guter Stimmung, ehe Ihr Hund davon gelangweilt ist.

Sobald Sie das Spiel mit jedem Hund einzeln gespielt haben, spielen Sie es mit allen Hunden zusammen. Verwenden Sie Ihr Signal für den Gruppenrückruf, zum Beispiel „Hunde, kommt!". Belohnen Sie jeden Hund gesondert und sorgsam, sodass es keine Beißerei gibt, insbesondere wegen des hohen Erregungslevels. Falls ein Hund beim Rückruf hinterhertrödelt – vorausgesetzt, jeder Hund ist körperlich in der Lage, Sie zeitgleich zu erreichen – so machen Sie ein Aufhebens darum, diejenigen Hunde zu belohnen, die zuerst bei Ihnen waren; den Trödler belohnen Sie jedoch nicht. Vertrauen Sie mir: In Nullkommanichts wird dieser Hund in Blitzgeschwindigkeit zu Ihnen rasen! Im weiteren Fortschritt können Sie Ablenkungen ins Spiel einfügen. Achten Sie lediglich darauf, dass es den Hunden Spaß macht und gehen Sie kleinschrittig voran.

Das Wurf-Renn-Spiel

Hier habe ich ein Rückruf-Spiel, das Sie alleine spielen können. Beginnen Sie mit dem Training wie immer zu Hause, wo keine Ablenkung herrscht. Sie werden wieder zuerst mit jedem Hund einzeln trainieren. Nehmen Sie eine Handvoll Leckerlis. Werfen Sie eines davon mit einer tiefgehaltenen Hand flach auf den Boden, sodass der Krümel vielleicht drei Meter entfernt landet. Während Ihr Hund läuft, um das Leckerli zu holen, gehen Sie ein paar Schritte in die entgegengesetzte Richtung und bleiben dann stehen. Sofort, nachdem Ihr Hund mit dem Leckerli fertig ist, rufen Sie seinen Namen plus „Komm!". Ihre Stimme sollte hoch sein und Sie sollten fröhlich und aufgeregt klingen. Ihr Hund sollte auf Sie zurennen, besonders, da er jetzt weiß, dass Sie Leckerlis haben. Sobald er Sie erreicht, loben Sie ihn glücklich, aber anstatt dass Sie ihm ein Leckerli geben, werfen Sie eines auf dieselbe Weise wie zuvor, jedoch in eine andere Richtung. Der Trick dabei ist, dass Sie jedes Mal, wenn Sie ein Leckerli geworfen haben, in entgegengesetzter Richtung weggehen, solange Ihr Hund ihm hinterherläuft, und, wenn Sie sich positioniert haben, wieder „Komm" rufen. Hier ist die Abfolge der Ereignisse im Überblick:

1. Werfen Sie das Leckerli
2. Ihr Hund rennt zum Leckerli
3. Während der Hund zum Leckerli rennt, gehen Sie in entgegengesetzter Richtung weg
4. Sobald das Leckerli hinuntergeschluckt ist, sagen Sie den Namen Ihres Hundes, gefolgt von „Komm!"
5. Ihr Hund kommt zu Ihnen
6. Sie loben ihn
7. Sofort werfen Sie ein weiteres Leckerli in eine andere Richtung
8. Sie gehen in entgegengesetzter Richtung davon
9. Rufen Sie Ihren Hund beim Namen, gefolgt von „Komm!"
10. Widerholen Sie das Ganze

Der Grund, wieso Sie nach dem Werfen des Leckerlis weggehen, ist, mehr Abstand zwischen sich und Ihren Hund zu bringen und es für ihn unvorhersehbar zu machen, von wo aus Sie ihn rufen werden. Machen Sie es am Anfang leicht, indem Sie nicht zu weit weg gehen und arbeiten Sie sich voran, indem Sie ihn vom anderen Ende des Zimmers aus rufen und dann hinter einer Türe oder einem Möbelstück stehen und ihn rufen. Sie werden das Leckerli weiter weg werfen müssen, um Zeit dafür zu gewinnen, weiter weg gehen zu können. Haben Sie Ihren Spaß dabei! Ihr Hund wird dies für ein tolles Spiel halten und vermutlich begeistert reagieren.

Wenn Ihr Hund erfolgreich ist, erhöhen Sie den Schwierigkeitsgrad. Arbeiten Sie sich bis dahin vor, dass Sie ein Leckerli werfen und dann rasch in einen anderen Raum gehen, um Ihren Hund von dort aus zu rufen. Oh ja, Sie werden einiges an Bewegung bekommen! Falls Sie einen Garten haben, lassen Sie die Türe offen, während Sie dieses Spiel machen, sodass Sie üben können, ein Leckerli zu werfen, während Sie im Haus sind und dann in den Garten hinausflitzen können und Ihren Hund rufen – und umgekehrt.

Wie bei allen Trainingseinheiten steigern Sie den Schwierigkeitsgrad erst, wenn Ihr Hund den aktuellen Grad gemeistert hat. Falls er Probleme damit hat, gehen Sie zurück zu einer früheren Stufe und bauen in kleinen Schritten darauf auf. Natürlich können Sie nicht wissen, wann Ihr Hund das Leckerli gefressen hat, wenn Sie ihn außer Sichtweite rufen. Versuchen Sie, ihm genug Zeit zu geben, dass er das Leckerli verspeist haben kann, aber nicht genug, um zu Ihnen gelaufen zu kommen, ehe er das Wortsignal gehört hat. Und versuchen Sie, sich nicht in eine Ecke zu manövrieren, was durchaus vorkommen kann, ehe man das Spiel komplett verinnerlicht hat.

In den Alltag einbauen

Erst, wenn Sie das Wurf-Renn-Spiel viele Male geübt haben und jeder Hund unabhängig vom Schwierigkeitsgrad darin erfolgreich ist, sollten Sie versuchen, das Spiel in den Alltag zu übernehmen. In der Zwischenzeit nehmen Sie, falls es nötig ist, dass die Hunde bei Ihnen sein müssen, ein anderes Wort, um sie zu sich zu rufen oder gehen Sie einfach zu ihnen hin. Sie möchten ja bestimmt nicht, dass das magische Wort „Komm!“ seine Kraft verliert, indem es in Situationen verwendet wird, in denen es wahrscheinlich nicht erfolgreich sein wird. Übrigens: An diesem Punkt des Trainings arbeiten Sie noch immer mit jedem Hund einzeln, somit wäre es unfair, von Ihren Hunden zu erwarten, dass sie als Gruppe reagieren.

Genau wie Sie es auch bei der Aufmerksamkeitsübung getan haben, tragen Sie zum Erfolg bei, indem Sie in weniger schwierigen Situationen beginnen und sich an schwierigere heranarbeiten. Verstecken Sie heimlich Leckerlis in der Nähe, entweder im Kühlschrank oder auf einem Regal oder der Kochinsel.

Warten Sie, bis Ihr Hund alleine und nicht abgelenkt ist. Zum Beispiel, wenn er in der Nähe liegt, während die anderen Hunde im Garten sind. Sagen Sie seinen Namen plus „Komm!“. Wenn er zu Ihnen kommt, erzeugen Sie eine Sprachbrücke mit „Guuuuuuter Hund, was für ein guter Hund!“ und reden weiter, während Sie auf die Stelle zulaufen, wo Sie die Leckerlis versteckt haben. Das Schwätzen sollte aufhören, sobald sich das Leckerli im Maul Ihres Hundes befindet. Nochmals: Die Wortbrücke hilft Ihrem Hund, das, was er getan hat, mit der Belohnung zu verbinden. Wenn Sie diese Übung an verschiedenen Orten bei sich zuhause oder im Garten ausführen und darauf achten, die Leckerlis an einem nahegelegenen Ort zu verstecken, wird Ihr Hund bald glauben, dass Sie ein Magier sind, der einfach so aus dem Nichts Leckerlis herbeizaubern kann. Daher ist es für ihn von großem Interesse, zu kommen, wann auch immer Sie rufen!

Möglicherweise fragen Sie sich, was Sie tun sollen, wenn Sie einen Hund rufen und er nicht kommt. Oh, da habe ich einen raffinierten Tipp für Sie! Falls Ihr Hund beim ersten Mal, wo Sie ihn rufen, nicht reagiert, gehen Sie einfach dorthin, wo die Leckerlis versteckt sind, aber dieses Mal sollte Ihre Wortbrücke enttäuscht klingen: „Zu schade, das hättest du haben können!“. Dann zeigen Sie ihm das Leckerli, aber in diesem Fall, anders als bei positiven Wortbrücke, geben Sie ihm das Leckerli nicht. Verstauen Sie das Leckerli. Wenn Sie besonders fies sein möchten, könnten Sie sogar vorgeben, das Leckerli selbst zu essen. Der Ausdruck im Gesicht Ihres Hundes ist unbezahlbar, glauben Sie mir!

Sobald Ihr Hund diesen Schritt gemeistert hat, erhöhen Sie den Schwierigkeitsgrad, rufen ihn, wenn er ein kleines bisschen abgelenkt ist und arbeiten sich vor, indem Sie stärkere Ablenkungen hinzufügen. Falls möglich, setzen Sie eine andere Person zur Ablenkung ein, lassen Sie diese vorbeilaufen, dann vielleicht rennen oder andere aufregende Bewegungen vollführen. Falls Ihr Hund die Person anschaut, anstatt zu Ihnen zu kommen, sollte diese stillstehen und Sie anschauen. Rufen Sie Ihren Hund wieder. Er sollte zu Ihnen kommen. Dann starten Sie mit einer leichteren Übung und arbeiten sich voran. Sobald Ihr Hund beim Rückruf so richtig gut wird, können Sie die Person dastehen und ein hochgeschätztes Leckerli halten lassen. Während Ihr Hund zu ihr geht, rufen Sie seinen Namen und sagen Sie „Komm!". Falls er Sie ignoriert, sollte die Person mit verschränktem Armen stillstehen und zu Ihnen schauen. Hier rufen Sie Ihren Hund nochmals. Höchstwahrscheinlich wird er zu Ihnen kommen, da die Ablenkung wesentlich uninteressanter geworden ist. Wenn er bei Ihnen angekommen ist, belohnen Sie ihn. Nochmals, das Ziel ist, dass Ihr Hund sofort, wenn er das Wortsignal hört, zu Ihnen kommt. Aber da Sie den Schwierigkeitsgrad der Übung erhöht haben, halten wir es an dieser Stelle für akzeptabel, wenn er erst beim zweiten Mal kommt. Sobald Ihr Hund in diesem Spiel besser wird, sollten Sie von ihm erwarten, dass er beim ersten Rufen sofort reagiert.

Und jetzt die ganze Bande!

Nun, da Sie jeden Hund einzeln trainiert haben, ist es an der Zeit, die Gruppendynamik einzubauen. Sicher wird es Gelegenheiten geben, an denen Sie möchten, dass nur ein Hund kommt, aber auch solche, an denen Sie möchten, dass beide oder alle Ihre Hunde kommen, wenn sie gerufen werden. Erinnern Sie sich an das Signal, das Sie sich für alle Ihre Hunde ausgesucht haben? Nehmen wir einmal an, Sie benutzen „Hunde!". Jetzt kombinieren Sie dies mit dem Rückrufbefehl. Von nun an sagen Sie, wann immer Sie einen einzelnen Hund zu sich rufen möchten, dessen Namen, gefolgt von „Komm!", wie bei „Roxy, komm!". Wenn Sie möchten, dass alle Hunde zu Ihnen kommen, sagen Sie „Hunde, kommt!"

Sie müssen nicht zum Wurf-Renn-Spiel zurückgehen. All das Leckerli-Werfen könnte Streit unter Ihren Hunden auslösen, und, nebenbei bemerkt, müssten sie inzwischen so auf den Rückruf konditioniert sein, dass so etwas auch nicht nötig sein sollte. Üben Sie stattdessen im Alltag. Verstecken Sie einige Leckerli, ohne dass Ihre Hunde es mitbekommen. Warten Sie, bis diese nicht übermäßig abgelenkt sind, und sagen dann „Hunde, kommt!“. Wenn sie bei Ihnen ankommen, schlagen Sie eine fröhliche, aber ruhige Wortbrücke, während Sie zu den Leckerlis gehen und bis diese im Maul Ihrer Hunde sind. Verteilen Sie die Leckerlis in Ruhe, um durch Futterneid hervorgerufenen Spannungen zu verhindern.

Wie schon beim Reihum-Rückruf erwähnt: Das Schöne beim Trainieren des Rückrufs mit mehr als zwei Hunden ist – vorausgesetzt, alle Hunde sind körperlich in der Lage, Sie zeitgleich zu erreichen: Falls ein Hund entweder gar nicht oder zu langsam zu Ihnen kommt, können Sie einen gegen den anderen ausspielen, indem Sie ein großes Theater darum machen, den ersten bei sich zu loben und ihm Leckerlis zu geben. Den Hund, der herumbummelt und als letzter bei Ihnen ankommt, belohnen Sie nicht. Nochmals: Dieser Hund wird beim nächsten Mal losspurten, wenn Sie rufen!

Erhöhen Sie den Schwierigkeitsgrad mit wachsendem Erfolg. Rufen Sie Ihre Hunde als Gruppe, wenn Sie in einem anderen Raum und außer Sichtweite sind, vom Haus aus, wenn die Hunde im Garten sind, und umgekehrt. Üben Sie oft, steigern Sie das Ganze kleinschrittig und belohnen Sie Ihre Hunde jedes Mal, wenn diese zu Ihnen kommen. Behalten Sie stets den Erregungsgrad und die Körpersprache im Blick, damit es nicht zu Kämpfen aufgrund Übererregung kommt.

Der Rückruf ist ein unglaublich wichtiges Signal, das jeder Hund beherrschen sollte. Ein rechtzeitiger Rückruf kann bei einem Hund, der auf eine stark befahrene Straße oder auf einen gefährlichen Hund zurennt, buchstäblich zwischen Leben und Tod entscheiden. Mit vielen Trainingsbefehlen nutzt sich der Leckerli-Effekt schließlich ab, aber wenn Sie den Rückruf weiterhin belohnen, wird sich das sehr wohl lohnen. Setzen Sie hochgeschätzte Leckerlis ein, aber wechseln Sie ab, damit Ihre Hunde nicht wissen, welches sie erwarten können. Falls Ihre Hunde gerne Spiele spielen, setzen Sie auch das als Belohnung ein. Zum Beispiel könnten Sie ein Spielzeug hervorholen und ein paar Sekunden lang damit ein Zerrspiel spielen oder einen Ball oder ein Frisbee werfen, welche Sie versteckt hatten. In noch folgenden Kapiteln werden wir ausführen, wie man den Rückruf zur Minderung von Spannungen zwischen Ihren Hunden einsetzen kann und dabei jeder geschützt ist.

Geh auf den Platz

Sie fragen sich vielleicht, warum es wichtig sein soll, Ihren Hunden beizubringen, auf ihre Plätze zu gehen. Nun ja, denken Sie einmal an all die Dinge, die sie *nicht* tun können, wenn sie ruhig auf ihren Plätzen liegen. Sofort kommt mir da Miteinander-Kämpfen in den Sinn, ebenso wie Aktivitäten, die einen Kampf verursachen können, wie etwa einen Besucher an der Haustüre zu umzingeln. Im richtigen Moment den Befehl „Geh auf den Platz!" zu geben kann einen Kampf beenden, noch ehe dieser beginnt. Und wenn das Schlimmste passiert und eine Streiterei bereits am Laufen ist, kann es für Ihre Hunde eine sichere Möglichkeit bieten, sich zu beruhigen, wenn Sie sie auf ihre Plätze schicken. Achten Sie darauf, dass die Plätze Ihrer Hunde einen angemessenen Abstand voneinander haben.

„Geh auf den Platz" – heißt *Geh auf den Platz, leg dich hin und bleibe dort, bis du die Erlaubnis zum Aufstehen bekommst.* Der einfachste Weg, diese Fähigkeit zu lehren, ist über die Rückwärtsverkettung. Rückwärtsverkettung bedeutet, dass man mit dem fertigen Verhalten beginnt und sich seinen Weg rückwärts bis hin zum Startsignal bahnt. In diesem Fall ist das fertige Verhalten Ihr Hund, der auf seinem Platz liegt, bis er wieder aufstehen darf. Was kommt vor dem Liegenbleiben? Sich hinlegen. Was kommt vor dem Hinlegen? Auf seinem Platz stehen. Und davor kommt das Gehen auf den Platz. Sie brauchen sich keine Sorgen zu machen, wenn das für Sie verwirrend klingt. Das ist höchstwahrscheinlich einfach nicht die Art, wie Sie es gewohnt sind, ein Verhalten anzutrainieren. Wenn ich gleich jeden Schritt einzeln erkläre, werden Sie feststellen, dass es leichter ist, als Sie geglaubt haben. Sie werden – wie immer – die Fähigkeit jedem Hund einzeln beibringen, ehe Sie von allen erwarten, in Gegenwart der anderen zu folgen.

Einem einzelnen Hund „Geh auf den Platz!" beibringen

Wenn Ihr Hund auf seinen Platz gehen und dort bleiben soll, muss er „Platz" und „Bleib" bereits beherrschen. Falls er beide Fähigkeiten bereits kennt, prima! Falls nicht, nehmen Sie sich die Zeit, ihm diese Signale zuerst beizubringen. Sie können diese sogar am Platz Ihres Hundes üben, was dem Ziel unserer Übung zusätzlich dienlich sein wird. Machen Sie mit den folgenden Schritten nicht weiter, ehe Ihr Hund Platz-Bleib beherrscht und dies auch hält, wenn Sie durch den Raum gehen. Erst wenn Sie soweit sind, lesen Sie weiter.

Haben Sie Leckerlis griffbereit, aber verstecken Sie diese vor Ihrem Hund – entweder in einer Hüfttasche, einer Hand hinter dem Rücken oder auf einem Regal oder einer Arbeitsplatte in der Nähe. Da Ihr Hund Platz-Bleib schon kennt, fangen wir mit ein paar Wiederholungen an, um ihm zu helfen, sich die Abfolge dieses Verhaltensmusters zu verinnerlichen. Beginnen Sie damit, dass Ihr Hund auf seinem Platz liegt. Stellen Sie sich nun vor seinen Platz und schauen ihn an. Geben Sie das Handzeichen für „Bleib" und gehen Sie einen Schritt zurück. Angenommen, er ist am Platz geblieben, gehen Sie zu ihm und belohnen Sie ihn. Denken Sie daran, dass Sie das Leckerli auf den Boden zwischen seine Pfote legen. Wiederholen Sie die Übung. Dieses Mal gehen Sie einen Schritt weiter weg. Vergrößern Sie den Abstand jedes Mal ein wenig mehr. Falls Ihr Hund irgendwann aufzustehen beginnt, gehen Sie schnell zu ihm zurück und fordern Sie ihn wieder auf, sich hinzulegen und zu bleiben. Belohnen Sie ihn nicht (zur Erinnerung: das würde ihn nur lehren, dass man fürs Aufstehen belohnt wird), doch fangen Sie wieder bei dem Abstand an, an dem es zuletzt geklappt hat. Falls nötig, vergrößern Sie den Abstand in kleineren Schritten. Falls die Übung länger als erwartet gedauert hat, können Sie an dieser Stelle aufhören und die Sitzung mit einem Erfolgsgefühl beenden. Wenn Sie die Übung beenden, geben Sie das Freigabesignal.

Nach einigen erfolgreichen Wiederholungen der Am-Platz-Liegenbleiben-Übung wird es Zeit für den nächsten Schritt. Ihr Hund steht etwa dreißig Zentimeter von seinem Platz entfernt und Sie machen eine wischende Armbewegung in Richtung seines Platzes. Dabei sagen Sie „Auf den Platz". Falls Ihr Hund nicht auf seinen Platz geht, müssen Sie vielleicht ein paar Mal ein Leckerli auf den Platz werfen, um ihm den Grundgedanken zu verdeutlichen. Falls er nur auf seinem Platz sitzt oder dort steht und Sie anschaut, anstatt sich hinzulegen, bleiben Sie ruhig stehen, schauen auf den Platz herab und warten Sie. Seien Sie still. Machen Sie keine Handbewegungen mehr oder geben weitere Anweisungen. Viele Hunde, denen man diese Zeit gewährt, es selbst herauszufinden, werden sich hinlegen, da sie ja schon unzählige Male für das Am-Platz-Liegenblieben belohnt worden sind. Warten Sie zwanzig bis dreißig Sekunden. Sollte sich Ihr Hund in dieser Zeit immer noch nicht hinlegen, nehmen Sie ein Leckerli, um ihn in Position zu locken und belohnen Sie ihn, obwohl Sie etwas nachhelfen mussten. Wiederholen Sie die Abfolge des An-den-Platz-Gehens und Sich-Hinlegens unter Locken noch ein paar Mal. Sie versuchen so, dieses motorische Verhaltensmuster in Ihrem Hund zu verankern, sodass er sich automatisch hinlegt und liegenbleibt, wenn er zu seinem Platz kommt. Halten Sie Ausschau nach dem Licht, das Ihrem Hund aufgehen wird – daran sehen Sie, dass er es verstanden hat. Sobald dies der Fall ist und nach einigen erfolgreichen Wiederholungen ist es an der Zeit, zum nächsten Schritt zu gehen – und zwar wortwörtlich.

Stellen Sie sich mit Ihrem Hund etwas weiter weg von seinem Platz. Fordern Sie ihn auf, auf seinen Platz zu gehen, indem Sie Wortsignal und Armbewegung einsetzen. Wenn Sie das Verhaltensmuster mit ihm oft genug geübt haben, sollte er das tun, was Sie von ihm verlangen. Sollte dies nicht der Fall sein, gehen Sie wie immer zurück bis zu dem Schritt, als er es noch geschafft hat und machen Sie von da an kleinschrittiger weiter.

Der nächste Schritt ist es, allmählich den Anfangsabstand vom Platz des Hundes zu vergrößern, so lange, bis Sie Ihren Hund vom anderen Ende des Raums an seinen Platz schicken können. Erwarten Sie nicht, diese Stufe in einer einzigen Sitzung zu erreichen. Sie tun besser daran, wenn Sie viele kurze Sitzungen anstatt einer langen durchführen. Von Kindern erwarten wir nicht, dass Sie alles in einer Unterrichtsstunde lernen, und Sie sollten auch von Ihrem Hund nicht erwarten, dass er eine komplizierte Fähigkeit so schnell erlernt. Geduld und Konsistenz sind hier der Schlüssel zum Erfolg.

Alternativer Ansatz

Eine ganz andere Art, diese Fähigkeiten zu trainieren ist die Technik des Formens. (Sollten Sie das überlesen haben: Das Thema wurde in Kapitel 10 behandelt.)

Mit dieser Methode verketten Sie nicht rückwärts. Stattdessen setzen Sie sich einfach in die Nähe des Hundeplatzes und warten, dass Ihr Hund einen Blick darauf wirft. Falls Ihr Hund nach ein oder zwei Minuten nicht einmal so etwas Ähnliches wie einen Blick darauf geworfen hat, bleiben Sie sitzen und werfen Sie ein paar Mal ein Leckerli auf den Platz, hören auf und warten. Die Wahrscheinlichkeit ist hoch, dass er nun einen Blick auf seinen Platz wirft oder sogar hingehen wird. Wenn er dies tut, clicken Sie oder nutzen den Wortmarker „Ja!", und werfen Sie ihm ein Leckerli zu. Nachdem Sie geclickt und ein Leckerli gegeben haben, ignorieren Sie Ihren Hund wieder. Er wird bald zu verstehen beginnen, mit welchem Verhalten er den Click und das Leckerli verdient und es wiederholen. Clicken Sie für dasselbe Verhalten fünf bis acht Mal, ehe Sie zum nächsten Schritt weitergehen.

Sagen wir einmal, Sie hätten für einen Schritt Richtung Hundeplatz sechs Mal geclickt. Ihr Hund kann diesen Schritt wiederholen und Sie daraufhin anschauen, als wolle er sagen: *Und?* An diesem Punkt clicken Sie nicht. Warten Sie. Ihr Hund wird etwas anderes ausprobieren, um Sie zum Clicken zu bewegen, und das wird sehr wahrscheinlich ein weiterer Schritt in Richtung seines Platzes sein. Wenn er das tut, clicken Sie! Wenn Sie so weitermachen, werden Sie am Ende einen Hund haben, der versteht, dass zu seinem Platz zu gehen, sich hinzulegen und dort zu bleiben ihm einen Click einbringt. Genau wie bei der zuvor genannten Methode sollten Sie nicht erwarten, dies alles in einer Sitzung zu schaffen. Bauen Sie kurze Einheiten hier und da über den Tag verteilt ein. Wenn Sie sich die Trainingsmethode „Auf deinen Platz“ in Aktion anschauen wollen, suchen Sie im Internet nach der Streamingvariante von „Train your dog: The Positive, Gentle Method!“.

Und jetzt alle zusammen

Wenn Sie jedem Ihrer Hunde einzeln beigebracht haben, auf ihre Plätze zu gehen, ist es an der Zeit, sie in Gegenwart der anderen üben zu lassen. Falls Sie mehr als zwei Hunde haben, beginnen Sie mit zweien und nehmen immer einen dazu. Ehe Sie *irgendwelche* Hunde gemeinsam in ein Zimmer bringen, üben Sie trotzdem ganz kurz mit jedem einzeln. Wenn Sie jeden drei Mal rasch die Übung absolvieren lassen, erhöht das deutlich die Chancen, dass die Hunde Ihrer Aufforderung, dies gemeinsam zu machen, auch folgen werden, weil die Übung bei den einzelnen Hunden noch frisch präsent ist.

Selbst wenn die Plätze Ihrer Hunde normalerweise in Abständen zueinander aufgestellt sein werden, sollten Sie die Plätze für diese Übung – vorausgesetzt, sie streiten vermutlich nicht miteinander – nur bis zu einem Meter weit auseinanderstellen. Halten Sie Ihre Leckerlis in einer Hüfttasche bereit. Stehen Sie mit Ihren Hunden neben sich etwa einen halben bis einen Meter von deren Plätzen entfernt – jeder steht auf der Seite, die seinem Platz am nächsten ist – und geben Sie das Handzeichen. Dabei sagen Sie „Auf den Platz!“. Ihre Hunde sollten auf ihre Plätze gehen und sich hinlegen. Belohnen Sie sie, indem Sie jedem Hund ein Leckerli zwischen seine Vorderbeine werfen und ihn loben. Falls Ihre Treffsicherheit unterirdisch ist, eilen Sie einfach zu den Plätzen hin und legen ein Leckerli zwischen die Beine eines Hundes, ehe Sie zum Nächsten weitergehen. Wenn Sie fertig sind, warten Sie ein paar Sekunden und erteilen dann das Freigabesignal. Natürlich ist es möglich, dass einer Ihrer Hunde nicht auf seinen Platz geht, wenn es von ihm verlangt wird. Sollte dies passieren, ignorieren Sie ihn und belohnen diejenigen, die gefolgt haben. Die Wahrscheinlichkeit ist groß, dass beim nächsten Mal alle das Verlangte tun. Falls ein Hund durchgängig keinen Erfolg hat, arbeiten Sie mit ihm zunächst noch einmal alleine, ehe Sie es wieder mit beiden (bzw. allen) Hunden zusammen versuchen.

Nun ist es an der Zeit, den Schwierigkeitsgrad zu erhöhen. Anstatt sich immer weiter und weiter von den Plätzen zu entfernen, fangen Sie damit an, die Plätze weiter voneinander weg zu bewegen, in Richtung dahin, wo diese sonst normalerweise auch stehen. Das finale Ziel ist, dass Sie zwischen den Plätzen Ihrer Hunde stehen und jeden auf seinen Platz schicken können, wo sie sich hinlegen und warten, bis sie aufstehen dürfen. Auch hier der Hinweis, dass dies in einer Trainingssitzung nicht zu schaffen sein wird. Halten Sie Ihre Sitzungen stets kurz und hören Sie auf, wenn es gut läuft, sodass Ihre Hunde (und Sie!) nicht frustriert werden.

Die nächsten Schritte

Wenn Ihre Hunde nun aus einiger Entfernung, wenn Sie neben ihnen stehen, auf ihre Plätze gehen, ist das zwar lobenswert, allerdings werden Alltagssituationen ihrer gewohnten Trainingsübung später kaum ähnlich sehen. Üben Sie das Auf-den-Platz-Schicken von verschiedenen Stellen aus, anstatt direkt neben den Plätzen stehend anzufangen. Schicken Sie die Hunde auch aus dem Gehen heraus auf ihre Plätze, anstatt dass Sie stillstehen, wenn Sie Ihr Signal geben. Wenn Ihre Hunde dies geschafft haben, erhöhen Sie den Schwierigkeitsgrad, indem Sie Ablenkungen hinzunehmen, zum Beispiel, indem jemand anderes vorbeiläuft, während Sie das Wortsignal geben. Diese Person kann es schließlich schwieriger machen, indem sie schneller geht oder rennt, wenn Sie das Signal geben. Der Gedanke dahinter ist wie immer, die Ablenkungen so allmählich zu verstärken, dass Ihre Hunde die Aufgabe noch meistern können.

Beachten Sie, dass in allen vorhergehenden Szenarien die Hunde zwar etwas abgelenkt gewesen sein mögen, ehe sie den „Auf den Platz“-Befehl bekommen haben, jedoch nicht in einer emotional aufgeladenen Situation waren. Im Alltag erwarten wir von ihnen, dass sie folgen, selbst wenn gerade ein Kampf stattgefunden hat und die Erregungslevel noch hoch sind oder wenn sich gerade Spannung aufbaut. Um darauf hinzuarbeiten, üben Sie das Signal „Auf den Platz!“ dann, wenn Sie sehen, dass Ihre Hunde gespielt und gerade damit aufgehört haben. Schließlich können Sie sie mitten im Spiel mit dem Aufmerksamkeitsbefehl unterbrechen, dem Sie direkt das Signal für “Auf den Platz“ folgen lassen. Obwohl Spielen nicht dasselbe wie Kämpfen ist, ist es dennoch physiologisch erregend. Eine andere Möglichkeit, wie Sie bewusst Erregung aufbauen können, wäre noch, dass Sie herumrennen und sich von Ihren Hunden jagen lassen oder umgekehrt, und sie dann direkt auf ihre Plätze schicken. Machen Sie ein Spiel daraus. Die Stimmung sollte leicht und lustig sein. Das Beste daran ist, dass Sie diese Fähigkeit dadurch effektiv auf den Prüfstand stellen und Ihre Hunde später dann gehorchen werden, wenn es am nötigsten ist.

Lass es!

„Lass es" sollte für Ihre Hunde bedeuten: *Das, worauf du gerade zugehen wolltest? Denk nicht mal dran!* „Lass es" ist eine äußerst wichtige Fähigkeit im Leben, die Sie Ihren Hunden beibringen sollten. Damit lassen sich Kämpfe in vielen Situationen verhindern, wie zum Beispiel dann, wenn aus Versehen Lebensmittel hinunterfallen oder wenn einer Ihrer Hunde sich einem anderen annähert und Sie schon vorher wissen, dass dies wahrscheinlich nicht gut enden wird. In einer Vielzahl von Alltagssituationen ist das Signal ebenfalls nützlich. Sagen wir einmal, Sie gehen mit Ihrem Hund spazieren und treffen ein noch dampfendes Häufchen von einem anderen Hund. Alles, was Sie tun müssen, ist „Lass es" zu sagen, um Ihrem Hund zu signalisieren, dass es Ihnen lieber ist, er würde an dem stinkenden Zeug nicht schnüffeln. „Lass es" kann sogar für Dinge wie einem auf der Arbeitsplatte vergessenen Sandwich verwendet werden, an dem Ihr Hund riechen will.

Nachfolgend bekommen Sie eine Schritt-für-Schritt-Anleitung, wie Sie „Lass es" lehren können. Trainieren Sie jeden Hund einzeln und versichern Sie sich, dass er die Fähigkeit beherrscht, ehe Sie dieses Verhalten von allen gemeinsam einzufordern versuchen.

1. In der Frühphase nehmen Sie nicht die besten Ihrer Leckerlis. Entscheiden Sie sich für etwas, für das sich Ihr Hund zwar interessieren wird, aber bei dem er nicht direkt zu sabbern beginnt. Nehmen Sie am Anfang ein Leckerli in Ihre Faust, die Finger nach oben. Ein weiteres Leckerli halten Sie hinter Ihrem Rücken. Während Ihr Hund Sie anschaut, strecken Sie die Faust mit den geschlossenen Fingern nach oben aus, den Arm gestreckt, Ellbogen fest, so dass sich Ihre Hand auf gleicher Höhe mit der Nase Ihres Hundes befindet. Ihre Faust sollte fest geschlossen sein und praktisch die Nase Ihres Hundes berühren, sodass er das Ganze leicht im Sitzen untersuchen kann. Die meisten Hunde werden schnüffeln oder versuchen, an das Leckerli zu kommen, indem Sie die Hand ablecken oder ins Maul nehmen. *Bewegen Sie weder Ihre Hand noch Ihren Arm.* Es besteht kein Grund zu sprechen. Warten Sie geduldig bis zu dem Augenblick, in dem Ihr Hund

aufgibt und zurückweicht. Dies mag ein paar Sekunden oder gar eine Minute dauern, aber es wird irgendwann passieren. In dem Moment, in dem Ihr Hund seinen Kopf auch nur ein winziges bisschen von Ihrer Hand weg bewegt, sagen Sie „Ja!“ und belohnen ihn dann mit einem Leckerli aus der anderen Hand. Das ist besser, als einfach die Faust zu öffnen und ihm dieses Leckerli zu geben. Sie möchten ihm ja nicht beibringen, dass er, wenn Sie ihm mitteilen, er möge etwas in Ruhe lassen, dieses Etwas dann haben darf, wenn er gehorcht hat. Übrigens werden manche Hunde Sie anschauen, nachdem Sie von dem Leckerli weg sind. Blickkontakt herzustellen ist vollkommen in Ordnung, obwohl es nicht verlangt wird.

Wenn Sie die Übung oft genug wiederholt haben, sodass Sie vorhersehen können, dass Ihr Hund beinahe sofort zurückgeht, zeigen Sie ihm die Hand wie eben auch schon und sagen „Lass es!“. Wenn Ihr Hund zurückweicht, sagen Sie „Ja!“ und belohnen ihn aus der anderen Hand. Sie verbinden damit das Wortsignal mit dem Verhalten, sodass Ihr Hund beim Hören des Signals zurückgehen wird. Allerdings heißt das nicht, dass Ihr Hund es so versteht, dass dies auch für andere Situationen gilt, beispielsweise für Sachen, die auf den Boden gefallen sind. Wir müssen ihm dabei helfen, das Verhalten zu generalisieren.

2. Wie üblich werden wir den Schwierigkeitsgrad allmählich erhöhen. Daher besteht Schritt zwei daraus, Ihrem Hund beizubringen, dass er Dinge auf dem Tisch in Ruhe lassen soll. Nehmen Sie einen niedrigen Tisch wie einen Couch – oder Beistelltisch. Lassen Sie Ihren Hund sich etwa einen Meter entfernt hinsetzen. Stehen Sie zwischen Hund und Tisch, wobei Sie so seitwärts stehen, dass Ihre dominante Hand dem Tisch am nächsten ist – wenn Sie Rechtshänder sind, sollte Ihr Körper so gedreht sein, dass Ihre rechte Hand dem Tisch am nächsten ist und Ihr Hund sich zu Ihrer Linken befindet. Legen Sie das Leckerli auf den Tisch, ein paar Zentimeter von der Tischkante entfernt. Halten Sie Ihre Hand in der Nähe bereit, falls Ihr Hund sich auf das Leckerli stürzen möchte.

Sagen Sie „Lass es“. Sollte Ihr Hund sitzen bleiben, loben Sie ihn und bieten Sie ihm ein Leckerli aus der Hand hinter Ihrem Rücken an. Falls er hervorprescht oder sonst eine Bewegung gen Leckerli macht, während dieses noch auf dem Tisch ist, sagen Sie „ah-ah“ und legen schnell Ihre Hand darüber oder schnappen es weg. Setzen Sie Ihren Hund wieder an die vorige Stelle und versuchen Sie es noch einmal. Falls Ihr Hund ernsthaft mit seiner Selbstkontrolle zu kämpfen hat, können Sie ihn mit dem Handzeichen für „Bleib" unterstützen. Sie können auch mit Ihrem Körper jegliche Vorwärtsbewegung abblocken. Wenn Ihr Hund es dann geschafft hat, erhöhen Sie den Schwierigkeitsgrad allmählich, indem Sie ihn immer näher und näher an den Tisch heransetzen. Sie können auch das Leckerli näher an die Tischkante legen, aber machen Sie nicht beides gleichzeitig schwieriger.

3. Nachdem Ihr Hund das Liegenlassen auf dem Tisch geschafft hat, ist der nächste Schritt, ihn dazu zu bringen, ein Leckerli auf dem Boden liegen zu lassen. Gehen Sie ebenso vor wie bei der Tisch-Übung. Nur dieses Mal hocken oder knien Sie sich neben das Leckerli, sodass Sie es nötigenfalls schnell wegschnappen können. Sollten Sie nicht in der Lage sein, zu knien oder in die Hocke zu gehen, dann stellen Sie Ihren Fuß darauf, wenn Ihr Hund danach schnappen möchte. Anfangs setzen Sie Ihren Hund etwa einen Meter entfernt davon hin. Legen Sie das Leckerli auf den Boden und sagen Sie „Lass es". Sollte er ohne jegliche Bewegung in Richtung des verlockenden Krümels sitzen bleiben, belohnen Sie ihn mit einem Leckerli von hinter Ihrem Rücken. Erhöhen Sie den Schwierigkeitsgrad allmählich, indem Sie das Leckerli jedes Mal etwas näher zu Ihrem Hund hinlegen. Schließlich sollte er in der Lage sein, das Leckerli in Ruhe zu lassen, selbst dann, wenn es direkt vor seiner Nase liegt. Während dieser Übung kann es sein, dass Ihr Hund sich lieber hinlegt als sitzen zu bleiben. Das ist vollkommen in Ordnung, solange er nicht nach dem Leckerli schnappt. Üben Sie diesen Teil an verschiedenen Stellen in Ihrem Zuhause und mit verschiedenen Leckerlis, wobei Sie mit eher wenig geschätzten anfangen und sich allmählich zu höher geschätzten vorarbeiten. Sorgen Sie dafür, dass das Belohnungs-Leckerli mindestens gleichwertig mit demjenigen ist, das Ihr Hund in Ruhe lassen soll.

4. Wenn Sie dann absolut sicher sind, dass Ihr Hund die vorhergehenden Schritte beherrscht, ist es Zeit für die größte Herausforderung: Leckerlis auf den Boden fallen zu lassen. Beginnen Sie mit Leckerlis, die weniger hoch im Kurs stehen und arbeiten Sie sich allmählich an höherwertige Leckerlis heran. Anstatt einfach vorbeizugehen und ein Leckerli fallen zu lassen, beginnen Sie damit, eines aus nur etwa dreißig Zentimetern Höhe auf den Boden fallen zu lassen. Falls Ihr Hund sich darauf stürzt, stellen Sie Ihren Fuß darauf und befehlen Sie ihm, sich wieder hinzusetzen. Verwen-

den Sie zu Beginn das Handzeichen, falls nötig. Wenn er das geschafft hat, erhöhen Sie den Schwierigkeitsgrad jedes Mal ein wenig, indem Sie das Fressen aus immer größerer Höhe hinunterfallen lassen. Die anderen Variablen sind die Entfernung des Leckerlis von Ihrem Hund, die Schmackhaftigkeit des Leckerlis und ob Ihr Hund sitzt oder steht. Stehen erleichtert es ihm, zum Fressen zu eilen, daher sollte man dies erst dann ausprobieren, wenn er es mindestens fünf bis acht Mal im Sitzen geschafft hat, das Leckerli in Ruhe zu lassen.

Beachten Sie, dass jeder Schritt dieses Trainings viele Sitzungen über ein paar Tage oder gar Wochen hinweg benötigen kann. Das ist vollkommen in Ordnung! Der häufigste Fehler ist es, die Dinge zu sehr beschleunigen zu wollen. Sollte es Ihrem Hund an irgendeiner Stelle gelingen, das Leckerli zu schnappen, das Sie hingelegt oder fallen gelassen haben, so ist das kein Weltuntergang. Das Schlimmste, was bei dieser Art von Training passieren kann, ist nur, dass Ihr Hund ein extra Leckerli bekommt. Dennoch sollten Sie Ihr Bestes geben, das zu verhindern, denn Sie wollen Ihrem Hund ja nicht beibringen, dass „Lass es" stattdessen „Beeil dich und hol's dir" heißen soll.

Sobald Ihr Hund fallengelassene Leckerli in Ruhe lassen kann, ist es an der Zeit, die Trainingssituation alltagsähnlichen Situationen anzupassen. Lassen Sie zufällig beim Gehen ein Leckerli fallen. Sobald Ihr Hund sich darauf zubewegt, befehlen Sie ihm, dies in Ruhe zu lassen. Nutzen Sie Ihren Körper, um ihn abzuwehren, falls nötig. Wenn er das geschafft hat, belohnen Sie ihn mit einem Leckerli, das Sie in der Nähe versteckt haben oder laufen Sie mit ihm zum Kühlschrank. Setzen Sie Ihre Wortbrücke für Lob ein, bis er das Leckerli im Maul hat. Natürlich wird Ihr Hund im Alltag nicht jedes Mal eine Belohnung bekommen, wenn er etwas in Ruhe lässt, aber zu diesem Zeitpunkt ist es hilfreich, das Verhalten jedes Mal zu verstärken. Falls Ihr Hund dazu neigt, sich um andere Dinge zu streiten, die auf den Boden gefallen sind – zum Beispiel Servietten oder Papiertücher – so üben Sie mit diesen Dingen ebenso.

„Lass es!" für mehrere Hunde

Nachdem jeder Ihrer Hunde zuverlässig Sachen auf Befehl in Ruhe lässt, selbst, wenn diese versehentlich fallengelassen wurden, ist es an der Zeit, mit mehr als einem Hund auf einmal zu arbeiten. Wie immer, wenn man mit mehreren

Hunden übt, kann man die Erfolgswahrscheinlichkeit erhöhen, indem man am besten mit einem leichteren Schritt beginnt und darauf bis zu schwierigeren aufbaut. Nehmen Sie auch immer nur jeweils einen Hund hinzu. Gehen wir einmal davon aus, dass Sie jetzt mit zwei Hunden arbeiten. Fangen Sie damit an, dass beide Hunde in einigem Abstand von einem auf einen niedrigen Tisch gelegten Leckerli entfernt sitzen, welches von der Kante entfernt liegt. Sagen Sie ihnen, sie sollen es in Ruhe lassen. Wenn Sie sie belohnen, geben Sie jedem Hund ein Leckerli von hinter Ihrem Rücken oder einem Versteck in Reichweite. Arbeiten Sie sich durch jeden Schritt durch, wie Sie es auch mit dem einzelnen Hund getan haben. Beachten Sie, dass Sie, obwohl Sie mit mehr als einem Hund arbeiten, dennoch nur ein verlockendes Leckerli auf den Tisch oder den Boden legen. Dies gleicht eher einer möglichen problemverursachenden Situation aus dem Alltag. Verwenden Sie zuerst sehr niedrigwertige Leckerlis und arbeiten Sie sich zu schmackhafteren hoch. Nehmen Sie sich Zeit und vergessen Sie nicht, dass Sie beim Auftreten von Problemen stets wieder einen Schritt zurückgehen und von dort aus den Schwierigkeitsgrad allmählich erhöhen können.

Sobald Ihre Hunde gemeinsam bombensicher darin sind, sogar heruntergefallene Dinge konsequent liegen zu lassen, beginnen Sie damit, sehr wenig geschätzte Dinge im Zufallsprinzip fallen zu lassen, wobei Sie sich zu hochwertigen Dingen hocharbeiten. Vergessen Sie nicht, „Lass es!“ zu sagen und nötigenfalls Ihren Fuß zum Draufstellen und Ihren Körper zum Abschotten einzusetzen. Wechseln Sie sowohl das, was Ihnen herunterfällt, als auch die Stelle zu Hause ab, wo Sie dieses scheinbar zufällige Fallenlassen üben. Falls Ihnen oft Essen vom Küchentisch fällt, dann üben Sie dort. Sofern Ihre Hunde dazu neigen, um ein bestimmtes Spielzeug zu streiten, arbeiten Sie sich bis dahin heran, dass sie dieses in Ruhe lassen, wenn es hinunterfällt. Unterstützen Sie Ihre Hunde beim Generalisieren des „Lass es“-Signals auch in anderen Situationen außerhalb von zuhause.

Üben Sie "Lass es", wenn Sie sehen, wie ein Hund zum anderen hingeht, auch wenn es nicht so aussieht, als würden sie gleich zu kämpfen anfangen. Tatsächlich ist das alles, was dahintersteckt: Zuerst sollen Ihre Hunde in unaufgeregten Situationen auf „Lass es“ reagieren, sodass sie am Ende auch dann erfolgreich sein können, wenn Erregung mit im Spiel ist. Sie können das noch steigern, indem Sie von einem Hund „Lass es!“ fordern, während Sie zu einem anderen hingehen und die Aufgeregtheit etwas stärker ist als etwa in einer Spielpause. Letztendlich werden Sie in der Lage sein, „Lass es“ zu nutzen, um einen Hund daran zu hindern, zum anderen zu gehen, während sich ein Konflikt zusammenbraut. Vergessen Sie nicht, es geht nur darum, Ihre Hunde so lange zu konditionieren, bis das Signal so verankert ist, dass ihr Körper automatisch reagieren wird, sobald sie es hören. Üben Sie dies oft und in verschiedenen Situationen. Wenn Ihre Hunde ihre Sache gut machen, behalten Sie gelegentliche und zufällige Spontan-Übungen bei, um das Verhalten zu bewahren.

Bodhi und Sierra, nachdem sie „Lass es!" gehört haben. Sie wissen, dass sie belohnt werden, wenn sie mich anschauen, anstatt sich auf die Leckerlis auf dem Tisch zu stürzen.

23

Targeting

Man kann Hunden beibringen, mit einem bestimmten Teil ihres Körpers, etwa mit der Nase oder der Pfote, eine Sache oder eine Person zu berühren. Diese Fähigkeit nennt man *Targeting*. Für unsere Zwecke werden Ihre Hunde lernen, auf den Wortbefehl „Touch!“ hin mit der Nase Ihren Handrücken zu berühren. Obwohl das ein seltsames Verhalten sein mag, das wir trainieren wollen, so bietet es doch viele Anwendungsmöglichkeiten. Zum Beispiel kann es auf einem Spaziergang als Alternative zu Verhalten wie „Ich stürze mich auf einen anderen Hund“ dienen. Es kann auch dazu dienen, dass Ihre Hunde während potenziell angsteinflößender Situationen ruhig und fokussiert sind und dass sie in Stresssituationen kognitiv beschäftigt sind.

Gefühle vs. Nachdenken

Falls Sie sich je in einem Zustand extremen Ärgers befunden haben, dann wissen Sie, dass es nahezu unmöglich ist, in diesem Zustand einen klaren Gedanken fassen zu können. Wenn Sie auf Ihrer Terrasse sitzen und versuchen, ein Kreuzworträtsel zu lösen, aber immer noch wegen eines Streits mit Ihrer besseren Hälfte innerlich kochen, haben Sie gute Chancen, dass „67 waagerecht“ ungelöst bleibt. Eine ähnliche Dynamik tritt bei Angst auf. Falls Sie jemand sind, der Angst vor Spinnen hat und ich würde Sie mit demselben Kreuzworträtsel in einem Schrank voller Spinnen einsperren, wird Ihr Verstand sehr wahrscheinlich keine Worte außer „Hol mich hier raus!“ hervorbringen, und das wahrscheinlich mit ein paar Flüchen garniert. Es ist für *alle* Tiere – Menschen eingeschlossen – während des Erlebens starker Emotionen wie Ärger oder Angst sehr schwierig, klar zu denken. Wenn sich nun ein Hund in einem Zustand höchster Erregung befindet, ist er physiologisch bedingt nicht in der Lage, angemessen auf Wortsignale zu reagieren. Genauso wenig könnten Sie in dem Moment, wo Sie auf der Autobahn auf ein anderes Fahrzeug auffahren, eine Frage verständlich beantworten. Das Einzige, was hilft, wenn Ihr Hund die emotionale Schwelle überschritten hat, ist, ihn von der Sache wegzubringen, die ihn verärgert oder verängstigt hat.

Bei leichter bis mittlerer Erregung sollte Ihr Hund allerdings fähig sein, sich auf Ihre Forderungen zu konzentrieren und diesen Folge zu leisten. Genau hier kann Targeting helfen. Indem Sie von ihm verlangen, Ihre Hand zu berühren, wenn etwas in der Nähe ist, was ihm Stress verursacht, leiten Sie seine Aufmerksamkeit um, er bleibt ihm Denk-Modus und die zunehmende Spannung wird umgeleitet. Mit Targeting bleibt Ihr Hund konzentriert und hat etwas Konstruktives zu tun. Ganz besonders, wenn Sie etwa mit zwei Hunden spazieren gehen, von denen der eine seine Erregung aufgrund vorbeigehender Hunde auf den anderen ableitet, wird dies besonders nützlich sein.

Das Trainieren von „Touch"

Arbeiten Sie im Haus mit einem einzelnen Hund. Lassen Sie Ihren Hund so sitzen, dass Sie auf Armeslänge Entfernung zu ihm stehen und Sie sich anschauen. Falls er noch kein „Sitz" kann, kann er stattdessen auch stehen bleiben. Halten Sie einige Leckerlis hinter Ihrem Rücken. Strecken Sie die leere Hand aus, Handfläche nach unten, verbunden mit einer kleinen Bewegung in Richtung Ihres Hundes. Stoppen Sie etwa fünf Zentimeter unterhalb und etwas seitlich seiner Nase. Halten Sie die Hand ganz ruhig und warten Sie ab. Dank des investigativen Hundeinstinkts werden die meisten Hunde sofort an der ihnen hingehaltenen Hand schnüffeln. Falls Ihr Hund dies nicht tut, reiben Sie Ihren Handrücken mit einem stark riechenden Leckerli ein und probieren Sie es noch einmal. Genau in dem Moment, in dem die Nase Ihres Hundes Ihre Hand berührt, sagen Sie „Ja!" und belohnen ihn mit Lob und einem Leckerli aus der anderen Hand.

Angela streckt ihre Hand zum Touch aus.

Sollte Ihr Hund Ihre Hand nicht berühren, kann das folgende Ursache haben:

Problem	Lösung
Sie haben die Übung direkt nach der Aufmerksamkeits-Übung gemacht, sodass Ihr Hund denkt, er soll Ihre Hand ignorieren und stattdessen Blickkontakt herstellen.	Hören Sie auf, warten ein wenig und versuchen es noch einmal, ohne vorher etwas anderes geübt zu haben.
Ihr Hund fürchtet sich vor Händen, die auf ihn zukommen.	Setzen Sie sich mit Ihrem Hund auf den Boden. Wenn Sie Ihre Hand ausstrecken, bewegen Sie diese langsam und bleiben Sie in Bodennähe.

Tipp: Versuchen Sie nicht, Ihren Hunden „Touch" beizubringen, nachdem sie grade gefressen haben oder wenn sie übermüdet sind. Wenn Sie üben, solange sie wach und nicht abgelenkt sind, werden Sie ihnen mehr Erfolgschancen geben.

Spencer berührt ihren Handrücken.

Spencer wird mit einem Leckerli aus der Hand hinter Angelas Rücken belohnt.

Wieder ist der Ablauf folgender: Die Hand wird gezeigt, der Hund berührt mit der Nase die Hand, Sie sagen „Ja!“, belohnen und loben. Sobald Ihr Hund das Leckerli gefressen hat, starten Sie sofort mit der nächsten Wiederholung. Sollte Ihr Hund irgendwann innehalten und auf Ihre Hand starren, sich jedoch nicht bewegen, um diese zu berühren, nehmen Sie die Hand hinter Ihren Rücken und zeigen sie ihm nochmals, etwas näher an seiner Nase. Oder Sie können heimlich tun: Fassen Sie in Ihre Tasche, als ob Sie nach etwas suchen würden und holen Sie die Hand dann wieder hervor. Die meisten Hunde nehmen an, dass nun etwas Interessantes in der Hand wäre, und werden diese berühren. Sobald Ihr Hund es schafft, Ihre Hand jedes Mal, wenn sie ihm gezeigt wird, zu berühren, halten Sie die Hand in verschiedenen Positionen, über, unter und seitlich der Nase Ihres Hundes, sodass er sich ein wenig mehr zu ihr hin bewegen muss, um sie zu berühren. Falls Ihr Hund dazu neigt, sich vor Bewegungen über seinem Kopf zu fürchten, lassen Sie die Berührungen oberhalb seines Kopfes weg. Belohnen Sie ihn nach jeder erfolgreichen Berührung.

Sobald Ihr Hund die ihm gebotene Hand mindestens fünf Mal hintereinander sofort berührt hat, fügen Sie das Worsignal „Touch“ hinzu, wenn Sie ihm die Hand hinhalten. In dem Moment, in dem die Nase Ihres Hundes Ihre Hand berührt, belohnen und loben Sie ihn.

In Bewegung

Als Nächstes üben Sie mit Ihrem Hund das Berühren Ihrer Hand, wenn Sie nebeneinander hergehen. Arbeiten Sie im Haus oder auf einem eingezäunten Grundstück, auf dem Ihr Hund nicht angeleint ist. Zu Beginn steht Ihr Hund neben Ihnen, auf der Seite, an der er normalerweise mit Ihnen spazieren geht. Halten Sie Ihre Hände in Brust – oder Hüfthöhe, wie es für Sie bequem ist. Halten Sie in der von Ihrem Hund entfernten Hand Leckerlis und strecken Sie Ihre leere Hand flach aus, mit dem Handrücken zu Ihrem Hund. Sagen Sie „Touch“. Wenn er folgt, nehmen Sie mit der Targeting-Hand ein Leckerli aus der anderen Hand und belohnen ihn damit. Versuchen Sie, während dieser Abfolge ruhig weiterzugehen. Anfangs mag sich das seltsam anfühlen, doch mit zunehmender Übung wird es immer einfacher. Erinnern Sie sich noch daran, wie schwierig es anfangs mit dem Autofahren war? Diese Bewegungskombination jetzt wird bald ebenso automatisch ablaufen.

Wenn Sie schließlich damit anfangen, den Hand-Touch in der Nähe eines stressverursachenden Triggers (wie Ihr anderer Hund oder unbekannte Hunde) anzuwenden, werden Sie sehr wahrscheinlich sehen, dass der Druck, den Ihr

Spencer fokussiert und berührt die ausgestreckte Hand, die Leckerlis werden dabei außer Reichweite gehalten.

Hund mit der Schnauze ausübt, während er Leckerlis bekommt, zunimmt, weil er aufgeregter ist. Daher ist besser, wenn Sie beim Belohnen ein Leckerli zwischen die Finger der geöffneten Hand stecken und diese mit der Handfläche zum Hund in einer Rückwärtsbewegung direkt zum Hundemaul führen, als dass Sie das Leckerli zwischen zwei Fingern halten und darauf warten, dass er es sich schnappt.

Die Belohnungsmethode mit der flachen, nach hinten gehaltenen Hand.

Sobald Sie und Ihr Hund mit der Targeting-Übung im Gehen gut zurechtkommen, ist es an der Zeit, ihn anzuleinen. Obwohl es merkwürdig scheinen mag, mit Ihrem angeleinten Hund im Haus zu üben – denn einer der Vorteile des Targetings ist, dass Sie es letztendlich draußen nutzen wollen – so ist es am besten, diese Situation so gut wie möglich nachzuahmen. Entscheiden Sie sich für eine Seite, an der Ihr Hund gehen soll. Falls Sie zwei streitende Hunde haben, lehren Sie einen, auf Ihrer rechten Seite und den anderen, zu Ihrer linken Seite zu gehen. Um es ganz klar zu machen: Nehmen wir einmal an, ich bin Rechtshänder und gehe normalerweise mit meinem Hund an meiner linken Seite (falls Sie Linkshänder sind und üblicherweise Ihren Hund rechts laufen haben, vertauschen Sie diese Anweisungen). Schlingen Sie die Schlaufe einer kurzen Leine um die vier Finger Ihrer rechten Hand, sodass diese über Ihrer Handfläche liegt, und machen Sie eine Faust. Die Leckerlis müssen ebenfalls in dieser Hand gehalten werden. Eine kurze Leine ist hier einfacher, weil man dann kein überflüssiges Leinenstück zusätzlich aufrollen und halten muss.

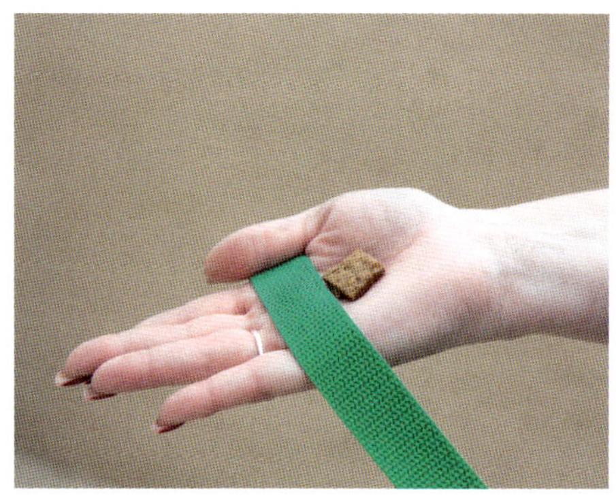

Die Leine sollte vor Ihrem Körper zu Ihrem Hund an Ihrer Linken laufen. Bieten Sie ihm Ihre linke Hand an und verlangen Sie von ihm, diese zu berühren. Dann belohnen Sie ihn auch mit dieser Hand, indem Sie ein Leckerli aus Ihrer rechten Hand nehmen und ihm dieses mit der flachen Hand zuschieben, wie zu-

vor beschrieben. Falls dies ungelenk scheint, machen Sie sich keine Sorgen. Mit zunehmender Übung wird es leichter werden.

Üben Sie das Hand-Targeting sowohl ohne Leine als auch angeleint in verschiedenen Zimmern des Hauses. Als nächstes üben Sie ohne Leine im Garten (vorausgesetzt, Ihr Garten ist eingezäunt), dann ohne Leine und letztendlich auf Spaziergängen in der Nachbarschaft (natürlich angeleint!) zu Zeiten, an denen Sie voraussichtlich kaum Leuten oder Hunden begegnen werden. Wie immer fügen Sie allmählich Ablenkungen hinzu, bis Ihr Hund schließlich selbst in höchst ablenkungsstarken Situationen erfolgreich ist.

Touch-Kombination

Im Kapitel über Aufmerksamkeit haben Sie Ihrem Hund beigebracht, dass sein Name das Signal dafür ist, Blickkontakt zu Ihnen herzustellen. Sobald Ihr Hund sowohl Aufmerksamkeit als auch Touch beherrscht, üben Sie diese beiden Dinge in Kombination. Rufen Sie Ihren Hund beim Namen. Wenn er Sie anschaut, zeigen Sie ihm Ihre Hand und verlangen Sie „Touch“. Dies üben Sie zuerst im Stehen und danach beim gemeinsamen Spaziergang. Beginnen Sie im Haus und üben Sie dann während ruhiger Spaziergänge. Steigern Sie dies allmählich so weit, bis Sie auf belebteren Straßen trainieren.

In Alltagssituationen mag das Aufmerksamkeitssignal nicht immer nötig sein, ehe Sie ein „Touch“ verlangen, doch am besten übt man diese beiden Fähigkeiten sowohl gemeinsam als auch einzeln. In stark ablenkenden Situationen wird es Ihnen helfen, Ihren Hund auf sich zu konzentrieren (anstatt sich zum Beispiel auf einen anderen Hund zu fixieren), wenn Sie Aufmerksamkeit und Touch von ihm abfragen können.

Diese Fähigkeiten sind auch immer dann nützlich, wenn Sie Ihren Hund ruhig und sicher aus einer möglicherweise gefährlichen Situation nehmen oder an einen Wegrand gehen müssen, um andere vorbeigehen zu lassen. Und denken Sie daran, Sie können Hand-Targeting auch auf Spaziergängen mit Ihrem Hund einsetzen, wenn diese rseine Spannung aus der Begegnung mit fremden Hunden gegen Ihre anderen, eigenen Hunde umlenkt. Beginnen Sie mit dem Targeting möglichst schon, ehe Ihr Hund auch nur den unbekannten Hund gesehen hat und unbedingt, ehe Sie an ihm vorbeigehen. Sobald Sie am anderen Hund vorbei sind, darf das Targeting aufhören.

Teil Vier
Problemlösung

24

Zeit zum Spielen

Das Spiel ist für Hunde etwas Natürliches. Welpen beginnen im Alter von drei Wochen miteinander zu spielen, und diese Beschäftigung setzt sich bis ins Erwachsenenalter fort. Außer der Tatsache, dass es purer Spaß ist, bietet Spielen auch Vorteile in Form von Bewegung, mentaler Stimulation und Festigung von Sozialkontakten. Es ist außerdem eine großartige Möglichkeit, um Stress und Spannungen abzubauen und aufgestaute Energie loszuwerden. Das alte Sprichwort „Ein müder Hund ist ein guter Hund" trifft, was Verhalten angeht, auf jeden Fall zu, und Spielen ist ein nützlicher Faktor, der dazu beitragen kann. Also, was könnte dabei schiefgehen? Unglücklicherweise jede Menge! All die tempogeladenen Vergnügungen werden begleitet von physiologischen Veränderungen: Herzschlag und Atmung beschleunigen sich, Adrenalin wird durch den Körper gejagt. Der Hund wird immer erregter und erregter.… und genau da liegt das Problem. Nur zu leicht kippt Übererregung in Aggression um. Vielleicht hatten Sie das Problem ja bereits zu Hause. Falls Sie mehr als zwei Hunde haben, passiert das vielleicht nur, wenn zwei bestimmte Hunde zusammen spielen oder wenn ein Hund einen anderen bewacht oder verteidigt. Aber selbst bei nur zwei Hunden kann aus einem Spiel etwas Ernsteres werden.

Sicherheitsfaktoren

Es gibt eine Sorte Spiel, die ich gerne als „Das Abhänge-Spiel" bezeichne. Dabei liegen Hunde auf ihren Rücken nebeneinander, sich hin und her wälzend, und schnappen nacheinander, als wären sie zu faul, um aufzustehen und es richtig zu machen. Das ist niedlich, und besser noch, es ist ungefährlich. Ich mache mir nie Gedanken um das Abhänge-Spiel. Dann gibt es da noch das eher charakteristische Spiel im Stehen, wobei die Mäuler vergnügt offenstehen, die Körper sich wie lose, weiche Nudeln bewegen, und die Hunde Spaß zu haben scheinen. Das ist wunderbar! Bei einer intensiveren Art des Spiels stehen die Hunde auf ihren Hinterbeinen und schnappen mit den Mäulern nacheinander, wobei sie die Zähne zeigen. Das senkrechte Wrestling mit weit geöffneten Kiefern mag erschreckend aussehen, im Zusammenhang mit einem Spiel jedoch kann es absolut in Ordnung sein. Hunde, die zusammenleben, verstehen die Körpersprache des anderen im Allgemeinen gut und wissen genau, mit wie viel Penetranz und Unausstehlichkeit sie noch durchkommen. Generell gilt aber: je stärker die Haltung bei einem Spiel in die Senkrechte geht, desto genauer sollte es beobachtet werden, insbesondere, wenn Hunde beteiligt sind, von denen man weiß, dass sie kämpfen.

Erinnern Sie sich an dieses Bild vom Buchcover? Bodhi und Sierra waren tatsächlich mitten in einem Spiel! Obwohl die weit aufgesperrten Kiefer angsteinflößend wirken mögen, war keinerlei Aggression im Spiel.

Ein weiterer Faktor, der die Sicherheit im Spiel beeinflusst, ist die Geschwindigkeit. Spielen hat die Tendenz, von ruhig zu lebhaft zu beschleunigen. Das ist prima, aber manchmal erreicht es eine irrsinnige Geschwindigkeit, bei der die Handlung gefährlich intensiv werden kann. Je schneller Hunde herumrennen und je schneller die Interaktionen zwischen ihnen ablaufen, desto gefährlicher kann es werden. Viele Hunde legen von selbst Spielpausen ein, sodass die Dinge nicht außer Kontrolle geraten. Falls beispielsweise ein Hund im Spiel überwältigt zu werden droht, kann es sein, dass er plötzlich dringend Wasser trinken möchte und sich damit erfolgreich eine Auszeit von den Geschehnissen verschafft. Alternativ könnte er sich auch hinlegen oder Beschwichtigungssignale einsetzen, um den anderen Hund dazu zu bringen, die Intensität des Spiels herunterzuschrauben oder eine Pause einzulegen. Vielleicht erinnern Sie sich noch an meine Geschichte von Soko und Mojo, wie sie zusammen spielten, und dass Soko plötzlich ein Jucken verspürte, wenn sie das Spiel zeitweise unterbrochen haben wollte. Außer einem solchen Jucken können Hunde auch plötzlich etwas Interessantes auf dem Boden entdecken, obwohl da in Wirklichkeit gar nichts ist. Am Boden schnüffeln ist noch eine weitere Möglichkeit, wie ein Hund versuchen kann, eine Auszeit zu bekommen und seinen Spielkameraden zu beruhigen.

Ist das im Spiel OK?

Hunde geben beim Spielen Laute von sich, genau wie Kinder es tun. Dies wird unglücklicherweise von Besitzern oft missverstanden, insbesondere, wenn der Laut ein Knurren ist. Ich hatte schon Besitzer, die mir erzählt haben, dass ihr Hund aggressiv sei. Nur, um dann herauszufinden, dass der Hund knurrt, wenn sie Zerrspiele mit ihm spielen. Das ist ein normales Verhalten! Sicher knurren Hunde auch beim Zeigen aggressiven Verhaltens, aber Knurren ist für viele Hunde ein normaler Bestandteil des Spielens. Die Hunde selbst haben keine Schwierigkeiten damit, ein spielerisches Knurren von einem ernsthaften zu unterscheiden. Wenn ich mit Sierra im Park spazierengehe, treffen wir manchmal auch andere Hunde. Wenn es sich um einen Hund handelt, bei dem mir wohl dabei ist, wenn Sierra ihn begrüßt, beschnüffeln sich die Hunde und überprüfen sich gegenseitig. Dieser anfänglichen Begrüßung lässt Sierra manchmal eine Spielaufforderung folgen. Jedenfalls ist ihre Einladung oftmals von einem Knurren begleitet, welches, während es von dem anderen Hund richtig als „Los, lasst uns spielen!“ interpretiert wird, die Besitzer in Stress versetzen kann, sodass diese ihren Hund schnell wegziehen. Im Zusammenhang mit Spielen ist Knurren also prima. Bellen ist prima. Japsen ist prima. Achten Sie nur auf die Stimmlage. Wenn Sie mitbekommen, dass ein Bellen oder Knurren sich von seiner normalen Tonhöhe in tiefere Register begibt, passen Sie auf, denn dies kann ein Signal dafür sein, dass aus einer heiteren Lage eine ernste wird. Natürlich müssen alle Lautäußerungen auch im Zusammenhang mit der sie begleitenden Körpersprache betrachtet werden.

Es gibt noch weitere Aspekte der Körpersprache, die während eines Spiels vorkommen können und die in anderem Zusammenhang Anlass zu Sorge geben würden. Zum Beispiel kann man das von einem Hund praktizierte Legen des Kinns über den Kopf oder die Schulter des anderen als Dominanzgeste interpretieren. Der unterdrückte Hund könnte sich verteidigen und ein Kampf könnte ausbrechen. Jedenfalls wenden Hunde diesen Teil der Körpersprache gelegentlich auch beim Spielen an, insbesondere mit Hunden, mit denen sie vertraut sind.

Wie schon zuvor erwähnt, nennt man es „Einfrieren", wenn der Körper des Hundes stocksteif wird, das Maul sich schließt und der Hund konzentriert und angespannt wirkt. Dieser Hund ist dabei, die Situation einzuschätzen, um zu entscheiden, ob er kämpft, flieht oder, nachdem er entschieden hat, dass alles in Ordnung ist, mit dem weitermacht, was er zuvor getan hat. Ein Einfrieren kann manchmal der Vorbote eines Kampfes sein. Doch obwohl es auch im Spiel vorkommen kann, beobachtet man sehr kurzes Einfrieren gelegentlich bei Spielrunden, ohne damit verbundene Aggression.

Ein anderes kontextspezifisches Verhalten ist das Beißen. Während des Spielens sind weites Maulaufreißen und sehr sanfte, verhaltene Bisse durchaus nichts Ungewöhnliches. Allerdings kommt es darauf an, wo die Kiefer platziert werden – wenn ein Hund den anderen um den Nacken greift, sei es im Alltag oder während eines Kampfes, so gibt dies Anlass zu ernster Sorge. Jedoch "beißen" Hunde beim Spielen oft nicht nur in den Nacken, sondern einer zieht den anderen möglicherweise am Nackenfell auf den Boden hinunter! Zartes Zufassen mit den Zähnen, also „weiches" Beißen in Schultern, Beine oder anderswohin ist beim Spielen ebenso üblich. Oft kann man beim Spielen Verhalten beobachten, bei dem ein Hund über dem anderen steht oder auf ihm sitzt, genauso wie Anrempeln mit der Hüfte oder Aufreiten, welches in anderem Zusammenhang zum Problem werden könnte. Falls Sie sich nicht sicher sind, ob Sie sich Gedanken machen müssen, beobachten Sie die Hunde; solange sie sich ganz klar nichts daraus machen, solange stellt es auch kein Problem dar!

Es kann ausgesprochen hilfreich sein, wenn Sie Ihre Hunde beim Spielen filmen und dies danach in Zeitlupe anschauen. Das menschliche Auge ist nicht fähig, jede einzelne Interaktion während des Spiels zu registrieren, insbesondere, da diese Millisekunden der Körpersprache fließend ineinander übergehen. Wenn Sie das Filmmaterial in Zeitlupe anschauen, ermöglicht Ihnen das, viele Dinge wahrzunehmen, die Ihnen entgangen sind und mehr über die Gewohnheiten und das Verhalten eines jeden Hundes beim Spielen zu erfahren.

Viele Hundebesitzer glauben an die sogenannte 50:50-Regel, wie Forscher sie nennen, was bedeutet, dass bei zwei spielenden Hunden beide Beteiligten ziemlich genau gleich oft „gewinnen" müssen; mit anderen Worten, sie sollten sich abwechseln durchsetzen können. Die jüngere Forschung[1)] hat diese Annahme aber als falsch widerlegt. Eine über zehn Jahre angelegte Studie von Camille Ward und Barbara Smuts hat gezeigt, dass das Spiel unter sehr jungen Wurfgeschwistern recht ausgeglichen war, sich dies aber mit dem Heranwachsen der Welpen änderte. Also machen Sie sich keine Sorgen, wenn ein Hund den anderen öfter zu jagen oder einer öfter als der andere auf dem Rücken zu liegen scheint. Natürlich sollte es schon ein *gewisses* Geben und Nehmen sein, denn es ist ein Unterschied, ob einer im Spiel Dominanz zeigt oder generell ein absoluter Tyrann ist.

Interessanterweise spiegelt das Spiel oft die Dominanzstruktur unter zusammenlebenden Hunden wider, daher stellen Sie vielleicht fest, dass derjenige Ihrer Hunde, der in den meisten Situationen üblicherweise der dominantere ist, auch beim Spielen dominiert. Solange es keinem der Hunde etwas auszumachen scheint, ist dies völlig in Ordnung.

Cooper und Hudson spielen rau, aber sie verstehen sich und respektieren die Signale des anderen.

Einschreiten

Gehen wir davon aus, Sie beobachten Ihre Hunde beim gemeinsamen Spiel. Sie beobachten sorgfältig Geschwindigkeit, Lautäußerungen, und wie steil ihre Körper aufgestellt werden. Die Hunde scheinen selbst keine Spielpausen einzulegen und Sie sind nicht ganz sicher, ob Sie sich Sorgen machen sollten oder nicht. Sollen Sie eingreifen – oder warten? Nur weil das Spiel gröber wird, heißt das nicht notwendigerweise, dass es Probleme gibt. Solange die Mäuler offen sind und die Körper wie gekochte Nudeln, spielen Ihre Hunde vielleicht nur auf grobe Weise. Falls ein Hund den anderen jedoch andauernd zu überwältigen scheint und Sie haben kein gutes Gefühl dabei, gehen Sie ruhig hinzu und halten diesen Hund kurzzeitig davon ab, zum anderen Hund zu gelangen (tun Sie dies nicht, wenn Sie einen Hund haben, der beim Angefasstwerden zum Beißen neigt). Beobachten Sie, was der andere Hund tut. Falls er weggeht, als wolle er sagen „Wow, danke!", wissen Sie, dass es ihm zu viel gewesen ist. Falls er neckend vor dem anderen Hund hin und her springt, und ihn so zum Spielen animieren möchte, oder zu ihm zurückrennt, dann erlauben Sie, dass weitergespielt wird.

Aber was ist, wenn Sie ein Spiel unterbrechen *müssen*? Mitten im Geschehen einzugreifen könnte Verletzungen verursachen und könnte die Spannung zwischen den Hunden sogar verstärken. Ehe es noch weiter geht, verlangen Sie eine kurze Auszeit, indem Sie selbst eine gefahrlose Spielpause einfordern. Das geht ganz einfach: Mit fröhlicher Stimme rufen Sie Ihre Hunde, um deren Aufmerksamkeit zu wecken. Dann geben Sie das Rückruf-Signal. Sie sehen, Ihr Training macht sich bereits bezahlt! Sie können entweder eine kurze Kuschelrunde machen, ruhig zum Leckerlivorrat gehen oder sie mit irgendetwas anderem beschäftigen, das ruhig ist und die Hunde belohnt. Wie lange die Pause dauern sollte, hängt von Ihren Hunden selbst ab und wie aufgedreht diese waren. Doch es geht hier um eine oder zwei Minuten, keine halbe Stunde. Es geht darum, nicht die Spielrunde zu unterbrechen, sondern die Hunde soweit zu beruhigen, dass sie ihre Aktion selbst sicher wieder aufnehmen können. Sobald Sie sie losgelassen haben, liegt es an den Hunden, ob sie weiterspielen möchten, aber wenn sie es tun, tun sie dies mit einem niedrigeren Erregungslevel.

Falls das Spiel Ihrer Hunde manchmal brutal wird, schauen Sie nochmals im Kapitel 14 *Wenn die Fetzen fliegen: Einen Kampf unterbrechen* nach. Wie immer fügen Sie dies Ihrem Profil hinzu, falls nötig.

1 E . B. Bauer. 2007. Cooperation and competition during dyadic play in domestic dogs, Canis familiaris. Animal Behaviour 73:489–499; C. Ward, Et. Bauer, B. Smuts. 2008. Partner preferences and asymmetries in social play among domestic dog, Canis lupus familiaris, littermates. Animal Behaviour 76:1187–1199.]

Streichel-Eifersucht

Wenn es unter Hunden zuhause Rivalitäten gibt, ist auftretende Eifersucht bezüglich der Zuneigung des Besitzers nichts Ungewöhnliches. Ein Hund könnte in der Nähe seines Besitzers stehen und den anderen Hund durch Anstarren oder Knurren wegjagen. Er könnte seitlich quer vor der Person stehen, um einem anderen Hund den Weg zu versperren oder ihn mit der Hüfte wegzuschubsen. Falls diesen Warnungen keine Beachtung geschenkt wird, könnte ein Kampf darum entstehen, wer gestreichelt wird, Zuwendung bekommt oder auch nur das bloße Privileg haben darf, in der Nähe des ach so wertvollen Menschen sein zu dürfen. Erinnern Sie sich an die Geschichte, wie Bodhi und Sierra wenige Zentimeter von meinem Gesicht entfernt gekämpft haben, während ich auf der Couch geschlafen habe? Ich bin in der glücklichen Lage, berichten zu können, dass es bei mir zu Hause keine solch heftigen Probleme mehr gibt, wie wir sie am Anfang hatten. Aber wir haben immer noch niedrigschwellige Eifersuchtsprobleme, was den Zugang zu mir oder meinem Mann anbelangt. Gleich werde ich Ihnen erklären, wie ich damit umgehe. Aber zuerst nehmen Sie sich einen Moment Zeit, um darüber nachzudenken, inwiefern sich Rivalität in Bezug auf Aufmerksamkeit und Zuneigung bei Ihnen zu Hause zeigt. Vielleicht kommt ein anderer Hund näher, wenn Sie am Küchentisch sitzen oder auf dem Sofa liegen und einen Ihrer Hunde streicheln. Derjenige in Ihrer Nähe warnt den anderen mit einem Knurren und hochgezogener Lefze. Je nach Temperament des sich nähernden Hundes kann das Ganze so ausgehen, dass dieser Hund weggeht, oder, falls er nicht nachgibt, könnte es zu einer heftigen Auseinandersetzung kommen. Unabhängig von der Art der Dramen, die sich zwischen Ihren Hunden abspielen mögen, sollte eine der folgenden Techniken Ihnen dabei helfen, diese zu lösen oder zumindest zu managen. Falls Sie eine solide Basisarbeit durch Führung und Training geschaffen haben, sollten Sie in der Lage sein, diese Lösungen anzuwenden.

Freundlich bitten

An einem normalen Tag bei mir zu Hause wird jede Menge gestreichelt! Was soll ich sagen? Meine Hunde saugen Zuneigung nur so auf und genau so mag ich es. Es gibt nur wenige Dinge, die ich mehr genießen kann, als meine Hunde sanft zu streicheln, leise mit ihnen zu sprechen und sie einfach nur zu lieben. Eines ihrer Lieblingsdinge, wie bei so vielen Hunden, ist es, auf dem Rücken zu liegen und sich den Bauch kraulen zu lassen. Anfangs bestand das Problem darin, dass immer dann, wenn ich Sierra am Bauch kraulte, Bodhi hinzukam, und auch gestreichelt werden wollte. Nun ist Bodhi, wie Sie sich vielleicht erinnern, ein Elch im Körper eines Hundes, bar jeglichen Gefühls für körperliche Grenzen. Er ist also alles andere als ein zartes Pflänzchen. Wenn Sierra dalag, kam Bodhi oft dazu und, da er ebenfalls Zuneigung wollte, drängte er sich nicht einfach nur mit der Nase dazwischen, sondern trat auf sie drauf. Sie können sich vorstellen, wie das endete. Sagen wir – Sierra war nicht begeistert. Und wenn ich nichts dagegen unternommen hätte, wären Streicheleinheiten heute wohl immer noch spannungsgeladene Situationen.

Meine Lösung bestand darin, mit Bodhi ein Alternativverhalten zu trainieren. Ich brachte ihm bei, dass, wenn ich Sierra streichelte und er ebenfalls Zuneigung wollte, seine Aufgabe – anstatt sie plattzuwalzen – darin bestand, herzukommen, sich auf meine andere Seite zu legen und zu warten. Dies brachte mich in eine wirkungsvolle Position zwischen die Hunde und hinderte sie daran, miteinander zu interagieren. Wenn ich Sierra heute am Bauch kraule und Bodhi mitmachen möchte, kommt er angerannt und legt sich direkt neben mich. Ganz von fing er an, sich dann auf seinen Rücken zu rollen, um es mir leichter zu machen, seinen Bauch zu erreichen. Kluger Junge! Dann kann ich beiden gleichzeitig meine Zuneigung schenken oder mit Sierras Bauch aufhören, falls ich das möchte, und meine Aufmerksamkeit ganz Bodhi zuwenden. Und falls Bodhi hier und da seine Manieren vergisst und Sierra nach ihm beißt, dann lasse ich sie machen. Es ist nichts Verkehrtes daran, wenn ich ihr erlaube, Bodhi daran zu erinnern, dass Drängeln unhöflich ist.

Sollte es bei Ihnen zu Hause Streichel-Eifersucht geben, trainieren Sie mit Ihren Hunden eine ähnliche Strategie. Da Sie ihnen bereits beigebracht haben, sich hinzulegen, sollte es nicht schwer sein, dies auch von einem sich nähernden Hund zu verlangen. Falls nötig, können Sie den Befehl „Bleib“ hinzufügen. Die

Belohnung für das ruhige Liegenbleiben ist in diesem Fall kein Leckerli, sondern das Gestreicheltwerden. Ihr Hund wird schnell lernen, ruhig liegen zu bleiben und auf das zu warten, was er haben möchte. Vielleicht klingt diese Technik zwar für Sie vielversprechend, aber Sie können sich noch nicht vorstellen, dass Ihre Hunde die Selbstdisziplin aufbringen werden, das so durchzuführen. Vielleicht ist einer Ihrer Hunde noch schlimmer als Bodhi mit seiner Drängelei oder die Situation bei Ihnen zu Hause ist intensiver. In diesem Fall beginnen Sie damit, den drängelnden Hund an einem Möbelbein oder anderen schweren Objekt anzubinden. Halten Sie Leckerlis in der Nähe bereit. Fordern Sie von dem nicht angebundenen Hund, sich in der Nähe hinzulegen. Dann fordern Sie den drängelnden Hund auf, sich hinzulegen. Streicheln Sie den nichtangebundenen Hund. Während Sie streicheln, werfen Sie dem drängelnden Hund immer wieder Leckerlis zu, solange er liegen bleibt. Sie schlagen so zwei Fliegen mit einer Klappe: Sie bringen dem drängelnden Hund bei, dass in der Nähe liegenbleiben, während Sie den anderen Hund streicheln, nicht nur in Ordnung ist, sondern auch noch belohnt wird. Und Sie zeigen dem Hund, der gestreichelt wird, dass es in Ordnung ist, wenn der andere Hund in der Nähe ist. Mit der Zeit, wenn Ihr drängelnder Hund gelernt hat, ruhig dazuliegen, während Sie den anderen Hund streicheln, ersetzen Sie die Leckerli-Belohnung durch Streicheln. Wenn Sie das Gefühl haben, dass es gefahrlos möglich ist, üben Sie ohne Festbinden.

Bewachst du es, verlierst du es

Wenn ein Hund seinen Besitzer bewacht und der andere Hund zurückweicht, wird der Bewacher automatisch für sein Verhalten belohnt. Warum also sollte er es jemals einstellen, wenn es so gut funktioniert? Aber was wäre, wenn die wertvolle Ressource stattdessen verschwinden würde, sobald er sie zu bewachen versucht? Um es in einen menschlichen Kontext zu bringen: Stellen Sie sich vor, Sie lieben Pizza. Natürlich möchten Sie nicht, dass irgendjemand in die Nähe Ihres höchsteigenen leckeren Stück Genusses kommt. Wenn sich also jemand nähert, sagen Sie ihm, er soll abhauen. Aber wie wäre es, wenn jedes Mal, wenn Sie jemanden wegjagen, die Pizza verschwände? Wie oft würden Sie noch etwas sagen, wenn sich jemand näherte? In kürzester Zeit würden Sie lernen, dass, auch wenn jemand in der Nähe wäre, es am besten ist, Ihre Pizza still zu genießen, um diese für sich haben zu können.

Und so können Sie dieses Prinzip bei Ihren Hunden anwenden: Genau in dem Moment, wenn Ihr Hund mit seinem „Sie gehört mir!“-Gehabe anfängt, sagen Sie mit leiser Stimme „Zu schade“, stehen sofort auf und gehen weg. Es ist unnötig, Ihren Hund zurechtzuweisen oder streng mit ihm zu sprechen. „Zu schade" ist bloß ein Wortmarker, der Ihrem Hund deutlich macht, dass dies der exakte Moment war, in dem er das getan hat, was zum Verlust der wertvollen Ressource – nämlich Ihnen – führte. Falls Ihr Hund Ihnen folgen sollte, ignorieren Sie ihn. Sie verschaffen ihm so eine effektive Auszeit und brauchen ihn nicht länger als eine oder zwei Minuten zu ignorieren. Während Sie ihn ignorieren, sprechen Sie weder mit ihm oder schauen ihn an noch interagieren Sie mit ihm!

Sollte es aufgrund der Gegebenheiten zuhause oder um der Bequemlichkeit willen nötig sein, können Sie Ihren Hund stattdessen auch in Ihrer Nähe an das Bein der Couch anbinden (sofern er bereits ans Anbinden gewöhnt ist). Streicheln Sie Ihren Hund, wie Sie es sonst auch tun würden. Wenn der andere Hund herkommt und der angebundene Hund Bewachungsverhalten zeigt, wird er Ihnen nicht nachkommen können, wenn Sie weggehen. Sie könnten auch ans andere Ende der Couch außerhalb seiner Reichweite rutschen und dem anderen Hund Ihre Aufmerksamkeit schenken. Stellen Sie sich vor, wie überrascht der Bewacher sein wird!

Die „was du bewachst, verlierst du"-Technik bietet eine klare, einfache Lektion für Hunde und ist sehr effizient. Überlegen Sie sich Situationen, in denen einer Ihrer Hunde Sie oder ein anders Familienmitglied bewacht und machen Sie einen Plan. Wählen Sie ein Markerwort, das von allen verwendet wird und stellen Sie sicher, dass es genau in dem Moment zur Anwendung kommt, wenn Ihr Hund damit beginnt, Bewachungsverhalten zu zeigen. Vergewissern Sie sich, dass jeder weiß, dass er sofort nach dem Sagen dieses Markerwortes aufstehen und weggehen muss. Planen Sie im Voraus, wohin jeder gehen wird und für wie lange. Wenn alle in der Familie am selben Strang ziehen, wird Ihr Hund sehr viel schneller lernen. Wie bei allen Verhaltensmodifikationen ist auch hier Konsistenz der Schlüssel zum Erfolg.

Nehmen Sie sich jetzt einen Moment Zeit, um auf Ihr Profil zurückzukommen. Falls Sie es noch nicht getan haben, beschreiben Sie in der ersten Spalte, wie Streichel-Eifersucht oder das Bewachen von Familienmitgliedern sich bei Ihnen zu Hause äußert. Dann fügen Sie in der Lösungsspalte einen detaillierten Plan hinzu, wie Sie das Problem angehen.

26

Ressourcenbewachung

Im Reich der Hunde macht Besitztum neunzig Prozent des Gesetzes aus. Und das Gesetz ist sehr einfach: *Ich habe es, also gehört es mir.* Wie ernst ein Hund das Beschützen von etwas nimmt und wie weit er gehen würde, um es zu verteidigen, hängt vom wahrgenommenen Wert der Ressource ab. Viele Leute glauben, dass immer ein Hund das „Alphatier" in der Gruppe wäre und vorrangig Zugang zu allen Ressourcen hätte. Aber wie zuvor bereits besprochen, ist dieses Dominanzmodell falsch und veraltet. Auch wenn es einen Hund bei Ihnen zuhause geben mag, der normalerweise die Ansagen macht, so werden Sie sich wundern, wenn Sie feststellen, welcher Hund in bestimmten Situationen ein Bewachungsverhalten an den Tag legt. Vielleicht bewacht ein Hund regelmäßig Kauknochen vor dem anderen, aber wenn es um Spielzeug geht, kommt sich der andere Hund stärker vor und verteidigt dieses. Es ist nicht ungewöhnlich, dass die Machtverhältnisse sich je nach Situation verschieben.

Zu den typischen Dingen, die von Hunden bewacht werden, gehören Kauknochen, Lebensmittel und Spielzeug. Aber mir sind auch schon einige ungewöhnliche Situationen untergekommen. Da war der Beagle, der schmutzige Taschentücher aus dem Mülleimer klaute und diese dann bewachte, der Dalmatiner, der seine hündischen Mitbewohner nicht einmal in die Nähe des Wassernapfes kommen ließ und mein Favorit – der Dackel, der Staubmäuse bewachte. Nicht zu vergessen Sierra bizarres Bewachen der Bananenreste in Bodhis Maul. Na, fühlt es sich jetzt normaler an, was Ihre Hunde bewachen? Werfen wir einmal einen Blick auf die typischen Dinge, die Hunde voreinander verteidigen und überlegen uns, wie wir die Situation handhaben können.

Fressen

Hunde und Wölfe teilen miteinander die DNA und viele genetisch bedingte Verhaltensweisen. Fressen bedeutet für einen wildlebenden Caniden wortwörtlich Leben oder Tod, also ist es sinnvoll, dieses vor anderen Artgenossen, die es ebenso begehren, zu bewachen. Dieses Verhalten ist zwar biologisch gesehen bei domestizierten Tieren nicht mehr nötig – aber erklären Sie das mal Hunden! Fressen ist unter Hunden eins der am häufigsten bewachten Dinge im Haus.

Hunde, die frei gefüttert werden, also jederzeit Futter zu Ihrer Verfügung haben, bewachen ihr Futter selten. Warum sollten Sie auch? Es ist reichlich und immer verfügbar, daher verliert es an Wert. Dasselbe Prinzip steckt dahinter, wenn Sie in einem Schokoladenladen arbeiten würden. Sie mögen die süßen Köstlichkeiten vergöttern, aber nach einer Weile würden sie ihren Reiz verlieren, weil Sie jederzeit so viel davon haben könnten, wie Sie wollen. Jetzt denken Sie vielleicht *Aha! Also wenn ich das Futter immer zur Verfügung stelle, wird das Kämpfen ein Ende nehmen!* Stopp! Moment. Das mag stimmen – aber erinnern Sie sich? Im Interesse eines guten Führungsstils und effizienten Überwachens der Gesundheit Ihrer Hunde (ausgelassene Mahlzeiten können ein Frühwarnzeichen für mögliche Krankheiten sein) ist es immer noch die bessere Entscheidung, regelmäßige Mahlzeiten zu geben – bei erwachsenen Hunde normalerweise zwei Mal am Tag.

Die einfachste und bequemste Art, mit beim Fressen streitenden Hunden zurechtzukommen, ist durch Management. Trennen kann man mittels Stellgittern, Gattern, Füttern drin/draußen oder in separaten Räumen. Falls der Ihnen zur Verfügung stehende Platz begrenzt ist, könnten Sie jeden Hund in einer anderen Raumecke an etwas Stabilem festbinden. Egal, für welche Variante Sie sich entscheiden: versuchen Sie stets, das Maß der Aufregung im Zaum zu halten, solange Sie die Mahlzeiten vorbereiten.

Natürlich könnten Sie versuchen, Ihre Hunde so zu trainieren, dass sie beim Fressen nicht miteinander streiten – aber wozu? Diese Art der Ressourcenbewachung läuft so instinktiv ab, dass das Abtrainieren eine echte Herausforderung wäre. Beachten Sie übrigens, dass es nicht dasselbe ist, wenn ein Hund Essbares vor seinem Besitzer bewacht – das ist ein ganz anderes Problem und dazu noch eines, dem man mit Techniken zur Verhaltensmodifikation begegnen sollte. Hier sprechen wir dagegen von einem Hund, der Fressen vor anderen Hunden bewacht. Natürlich können Sie sich zwischen Ihre Hunde hinstellen, solange diese fressen, Ihre Körpersprache einsetzen und Korrekturansagen machen, um sie dazu zu bringen, an ihrem eigenen Platz zu bleiben – oder Sie könnten ein langes Trainingsprogramm zur Verhaltensmodifikation anwenden. Aber was passiert, wenn Sie durch einen Telefonanruf oder ein Klopfen an der Türe abgelenkt werden und nicht da sind, um Ihre Hunde zu überwachen? Bei diesem bestimmten Problem ist es einfacher und im besten Interesse aller, ein solides Management anstatt Training einzuführen. Separieren Sie Ihre Hunde für fünf bis zehn Minuten, solange sie fressen, dann nehmen Sie die Näpfe hoch, reinigen diese und stellen Sie weg. Erst dann sollten Sie Ihren Hunden erlauben, wieder zusammen zu sein.

Knochen und andere Kaugegenstände

Sollten sich Ihre Hunde um Kaubares zanken, trennen Sie sie genauso, wie Sie es zur Fressenszeit tun. Falls sie normalerweise nicht um Kauartikel streiten, ist das großartig. Aber behalten Sie im Hinterkopf: Je werthaltiger die Ressource, desto höher die Wahrscheinlichkeit für ein Problem. Immer, wenn Sie eine neue Sorte an Kaugegenständen oder Knochen mit nach Hause bringen, bleiben Sie dabei und beobachten Ihre Hunde die ersten paar Male beim Genießen. Und sehen Sie davon ab, Ihren Hunden Schweineohren zu geben. Nicht nur, dass diese ungesund sind, aber ich habe schon mehr Kämpfe um Schweineohren gesehen als wegen irgendeines anderen Kaugegenstandes.

Um von Anfang an Probleme beim Austeilen von Kaugegenständen zu vermeiden, legen Sie Ihre Hunde an ihren Plätzen ab oder an zwei Stellen, an denen sie weit weg voneinander liegen. Verteilen Sie Leckereien. Sollte ein Hund aufzustehen beginnen, erinnern Sie ihn daran, sich hinzulegen und zu bleiben. Falls ein Hund während der Kauparty aufsteht, ohne Ihnen Beachtung zu schenken und auf den anderen Hund zuzugehen beginnt– sagen wir, er wäre mit seinem Knochen fertig und möchte nun den eines anderen – sagen Sie „ah-ah" und setzen Ihren Körper ein, um ihn zu blocken. „Schieben" Sie ihn zu seiner Ausgangsposition zurück. Diese Routine sollte irgendwann zur Gewohnheit werden, wobei Ihren Hunden klar sein muss, dass sie auf ihren Plätzen zu liegen haben, bis das Freigabesignal von Ihnen kommt.

Falls nun trotz all Ihrer Mühe ein Hund zu einem anderen gelangt und diesen wegjagt, so mag es verlockend sein, ihn auszuschimpfen. Tun Sie es nicht! Jener Hund sagt dem anderen höflich, dass er wegbleiben soll. Angenommen, der andere Hund schenkt der Warnung Beachtung – dann war es eine wirkungsvolle Kommunikation und das Problem ist gelöst. Falls Sie eingreifen, riskieren Sie beim nächsten Mal, wenn Sie Sachen ausgeben, noch mehr Spannung. (Natürlich greifen Sie ein, ehe ein Kampf ausbricht, falls der Hund nicht weggeht). Ich habe von Besitzern gehört, die einem Hund eine wertgeschätzte Sache wegnehmen und diese dem anderen Hund geben – was noch schlimmer ist. Dieser unangebrachte Versuch lehrt die Hunde, dass Teilen nur noch mehr Stress verursacht. Es könnte das Bewachungsverhalten noch verstärken, da der Hund nun weiß, dass er Gefahr läuft, seinen wertvollen Besitz zu verlieren, sobald der Besitzer auftaucht. Oder dieses Vorgehen schafft sogar ein Bewachungsproblem vor dem Besitzer. In einer Situation, in der ein Hund den anderen wegjagt, die Warnung aber missachtet wird oder in der Ihre Hunde Anzeichen für einen Kampf zeigen, setzen Sie stattdessen Management ein, wie es im Kapitel für Mahlzeiten beschrieben ist.

Meins!

Heruntergefallenes

Selbst wenn Sie ein gutes Management haben und Ihre Hunde sorgfältig beobachten, sobald sie Fressen oder Knochen bekommen, dann existiert noch ein anderes Szenario, bei dem Kämpfe auftreten können: Beim versehentlichen Fallenlassen von Lebensmitteln. Aus Sicht Ihres Hundes regnet es plötzlich Fressen vom Himmel und bleibt in Reichweite liegen. Yippie! Unglücklicherweise wird sich in diesem klassischen Szenario üblicherweise nicht nur ein Hund auf das Ding stürzen und das Ergebnis ist wahrscheinlich ein Kampf. In typischen Situationen kommt es vor, dass jemand aus Versehen einen Hundekeks oder ein

Leckerli fallen lässt, es fällt Essen von der Anrichte oder ein Kind oder Baby lässt Lebensmittel auf den Boden fallen. Hunde bewegen sich so schnell, dass es, wenn Sie keinen Plan und kein Grundlagentraining haben, wahrscheinlich damit enden wird, dass Sie Ihre Hunde trennen müssen, weil diese sich über den leckere Beute in die Wolle bekommen.

Am besten bereiten Sie sich auf diese Situationen vor, indem Sie Ihren Hunden „Lass es" beibringen. Sollten Sie diese Fähigkeit noch nicht trainiert haben, schlagen Sie in Kapitel 22 nach. Nehmen Sie sich Zeit, jeden Hund einzeln zu trainieren, bis jeder auf Ihren Wortbefehl „Lass es" in verschiedenen Situationen zuverlässig reagiert. Erst dann sollten Sie mit beiden Hunden gemeinsam arbeiten. Wenn Sie den Anweisungen folgen und oft üben, werden Ihre Hunde dahin kommen, dass Sie, sollte ein Stückchen vom Essen oder ein anderer wertvoller Gegenstand plötzlich fallengelassen werden, das Wortsignal effizient zur Vermeidung eines Streits einsetzen können. Sollte während einer Babymahlzeit oder während des Familienessens öfter Essen auf den Boden fallen, dann bringen Sie die Hunde in der Zeit woanders unter.

Spielsachen

Wenn Sie Spielzeug für Ihre Hunde mit nach Hause bringen, dann ist dies eine liebevolle, gutgemeinte Geste. Wem gefällt es nicht, wenn er zusehen kann, wie seine Hunde zusammen spielerisches Tauziehen veranstalten oder fröhlich hinter einem Ball herjagen? Ich sage Ihnen, wem: Den Besitzern von Hunden, die darum streiten! Falls Ihre Hunde um Spielsachen streiten, haben Sie zwei Möglichkeiten: Sie nehmen alle Spielzeuge weg (aber wer will das schon?) oder Sie müssen diese alle und ständig unter Kontrolle behalten. Bei einem Zerrspielzeug mag das bedeuten, es in einer Schublade aufzubewahren und nur hervorzuholen, um mit jedem Hund einzeln zu spielen. Sie sollten das Zerrspielzeug natürlich sonst zu keiner Zeit herumliegen lassen. Bälle und andere Dinge, die von Hunden gejagt werden, stellen ein eigenes Thema dar, zu dem Sie hier weiterlesen:

Kampf um Bälle

Wenn mehrere Hunde ein und demselben Ball hinterherjagen und zu etwa derselben Zeit ankommen, kann es zu einer Beißerei oder sogar einem Kampf kommen. Um derartige Situationen zu vermeiden, sollten Sie tun, was ich in einem früheren Kapitel schon angedeutet habe und nun genauer erklären werde: Soko war eine ballbesessene Deutsche Schäferhündin und Mojo ein Deutscher Schäferhund – Rottweiler-Malamute-Wolf-Mix (die Rassen tun hier nichts zur Sache, ich weiß). Soko wog etwa 40 und Mojo um die 55 Kilogramm. Glücklicherweise vertrugen sie sich im Normalfall gut. Aber jedes Mal, wenn der Ball auftauchte, hieß es aufpassen! Ich warf den Ball, Soko rannte hinterher… und Mojo hinter ihr her. Er dachte anscheinend, es sei die Krönung des felligen Vergnügens, sie am Kragen zu packen und auf den Boden zu ringen, um sie so am Erreichen des Balls zu hindern. Soko schätzte das nicht, genau wie ich. Und deshalb brachte ich Mojo bei, dass es seine Aufgabe war, zu mir zu kommen, wenn ich den Ball warf.

Ich begann, ihm das ohne Sokos Anwesenheit beizubringen. Mojo war dabei an einer zwei Meter langen Leine, die ihn darin hinderte, dem Ball hinterherzujagen. Ich warf den Ball flach über den Boden und nicht weit weg, um ihn nicht übermäßig zu erregen. Wie vorhergesehen, bewegte er sich, bis die Leine zu Ende war. Ich rief ihn sofort nach erfolgtem Ruck zu mir. Wenn er folgte – was nicht gerade eine Herausforderung darstellte, da er ja praktisch schon da war – , gab ich ihm sofort eine leckere Belohnung. Er begriff schnell und verband den Ballwurf damit, dass ich ihn rief. Bald beobachtete er, wie der Ball flog, machte ein oder zwei Schritte und kam dann aber sofort zu mir, anstatt zu versuchen, hinterherzujagen. Allmählich erhöhte ich den Schwierigkeitsgrad, indem ich den Ball weiter weg und schneller warf, während er immer noch angeleint war. Das Wortsignal setzte ich auch dann noch weiter ein, als ich wusste, dass er es schon erwartete und vorwegnahm, weil ich die Übung immer schwieriger gestaltete.

Dann tauschte ich die Leine gegen eine lange Schleppleine und wiederholte die Übung, bis ich sicher war, dass Mojo seine Sache gut machte. Als ich schließlich ganz ohne Leine mit ihm übte, begann ich wieder mit kurzen, leichten Würfen und dem Wortsignal, um es ihm wieder ins Gedächtnis zu rufen. Er lernte schnell: Egal, wie aufregend der Ball war, es war immer das Beste, zu mir zu kommen, wenn er geworfen wurde – besonders angesichts der Tatsache, dass ich auch noch meine Arme verschränkte, wegschaute und ihn über eine halbe Minute lang komplett ignorierte, wenn er doch lieber dem Ball hinterherrannte, anstatt zu mir zu kommen. Manchmal verließ ich unsere Spielwiese sogar ganz und ging zurück ins Haus. Falls Sie sich nun fragen, ob Mojo nicht trotzdem belohnt wurde, weil Balljagen an sich schon Spaß macht, also selbstbelohnend ist: Ja, das wurde er, aber es wurde überschattet von der Tatsache, dass er entweder meine Aufmerksamkeit verlor, wie eben schon erwähnt, oder das Spiel zu Ende war. Sobald er das Training hinter sich hatte, brachte ich Soko mit in die Situation. Mojo lief ein paar Schritte hinter ihr her, während sie den Ball jagte, und kam dann aber stattdessen zu mir gerannt. Problem gelöst! Falls Sie in einer ähnlichen Situation sein sollten, trainieren Sie den Hund, der eher dazu neigt, das Ballspiel zu ruinieren, anstatt zu Ihnen zu kommen.

Das Training Schritt für Schritt:

1. Werfen Sie den Ball mit einer flachen Handbewegung, halten Sie ein Leckerli in Reichweite und Ihren Hund an der Leine Der Wurf sollte der unaufgeregteste aller Zeiten sein – praktisch lässt man den Ball fallen, sodass er ein kurzes Stück entfernt landet. Rufen Sie Ihren Hund sofort zu sich und belohnen ihn mit einem Leckerli. Sollte seine Aufmerksamkeit weiterhin dem Ball gehören, überlegen Sie, ob entweder Ihre Leckerli nicht genug geschätzt werden oder ob Sie ihn nicht fröhlich genug rufen. Sollte er auf seinen Namen überhaupt nicht reagieren, egal was Sie tun, blättern Sie zurück zum Kapitel über Aufmerksamkeit und helfen ihm dabei, diese Fähigkeit zu erarbeiten. Sobald Ihr Hund beinahe immer sofort kommt, nachdem der Ball geworfen wurde, machen Sie mit Schritt zwei weiter.
2. Sie halten Ihren Hund immer noch an der Leine. Dabei erhöhen Sie den Schwierigkeitsgrad, indem Sie den Ball weiter weg werfen. Sie können auch den Aufregungsgrad erhöhen, indem Sie höher werfen. Rufen Sie wieder Ihren Hund zu sich und belohnen ihn mit einem Leckerli fürs Folgen, auch, wenn er nur aus ein paar Metern Entfernung gekommen ist. Sobald er seine Sache gut macht, gehen Sie dazu über, eine längere Leine oder Schleppleine zu verwenden. Machen Sie mit Schritt drei weiter, sobald Ihr Hund nach jedem Wurf zu Ihnen gekommen ist.
3. Machen Sie die Leine ab. Sie verlangen nun von Ihrem Hund, sich in Selbstbeherrschung zu üben, daher gehen Sie wieder zu leichteren Würfen und Wortsignal zurück. Wenn er es schafft, gehen Sie zu höheren und weiteren Würfen über. Falls er lieber den Ball jagt, als zu Ihnen zu kommen, ignorieren Sie ihn oder sagen „zu Schade!“ und beenden das Spiel. Wenn er dann verlässlich zu Ihnen kommt und sich jedes Mal, wenn Sie den Ball geworfen haben, sein Leckerli abholt, machen Sie mit Schritt vier weiter.
4. Sie haben beide Hunde bei sich, lassen aber den Hund, mit dem Sie geübt haben, angeleint. Werfen Sie den Ball. Der freie Hund läuft dem Ball hinterher, Sie rufen den angeleinten Hund sofort zu sich und belohnen ihn mit einem Leckerli. Obwohl Sie ein vorbereitendes Training absolviert haben, werden Sie feststellen, dass die höhere Aufregung (neben der Rivalität um den Ball) diesen Schritt zu einer größeren Herausforderung werden lässt. Das ist in Ordnung. Falls sich herausstellt, dass dies für Ihre Hunde

zu schwierig ist, fangen Sie mit nur kleineren, weniger aufregenden Würfen an. Sobald der angeleinte Hund ruhig für Leckerlis zu Ihnen kommt, anstatt dem anderen Hund nachzujagen, machen Sie die Leine ab und üben Sie, wobei Sie wie in Schritt drei reagieren, falls er nicht folgt.

5. Irgendwann werden Sie Ihren Hund nicht mehr jedes Mal belohnen müssen. Tatsächlich sollten Sie das auch nicht. Fangen Sie stattdessen damit an, ihn nur noch gelegentlich dafür zu bestärken, dass er zu Ihnen gekommen ist. Dieser Plan des zufälligen oder variablen Verstärkens, wie schon in Kapitel 15 beschrieben, wird das Verhalten festigen.

Sie haben es geschafft! Diese Ideen sollten Ihnen dabei helfen, Ihre Mahlzeiten, Kauknochenzeiten und Spielzeiten für alle erfreulicher zu gestalten. Notieren Sie sich einige Lösungen in Ihrem Profil, falls nötig.

27

Warum der Ort so wichtig ist

In der Welt des Immobiliengeschäfts kann der Hauptfaktor dafür, was Eigentum so wertvoll macht, in drei Worten zusammengefasst werden: Lage, Lage und nochmals Lage. Dasselbe gilt genauso für andere Schauplätze. Jedes Mal, wenn Sie einen Ticketkontrolleur in einem Häuschen sehen oder eine Securityperson, die vor einem abgesperrten VIP-Bereich steht, dann kontrolliert diese Person den Zutritt zu einem begehrten Ort. Keiner kommt vorbei, ohne eine Gebühr zu zahlen oder eine Erlaubnis zu haben. Bei Hunden ist es nicht ungewöhnlich, dass einer versucht, den Zugang zu einem bestimmten Platz zu kontrollieren. Sei es, weil der Bereich an sich als wertvoll wahrgenommen wird, wie es beim Sofa der Fall ist, oder weil sich an diesem Platz etwas Wertvolles befindet, wie etwa der Besitzer. An Engstellen wie einem Flur oder Hundeklappen können Bewachungsprobleme sogar noch intensiver werden.

Flure

Wie Sie sich denken können, ist in meinem Haus Sierra diejenige, die bestimmte Orte bewacht. Manchmal, wenn ich in meinem Arbeitszimmer am Computer sitze, legt sie sich quer in die Tür, um Bodhi am Durchgehen zu hindern. Diese Art der Hindernisbildung ist eine typische Bewachungstaktik für Hunde, egal, ob der Zugang in einen Raum führt oder woanders hin wie etwa in den Garten. Der Hund könnte nicht nur quer im Weg stehen oder liegen, und dem anderen den Zugang verwehren, sondern es können auch begleitende Verhaltensweisen wie Kopfsenken und Starren oder auch Losstürzen und Schnappen nach dem anderen Hund dabei sein.

Ist es akzeptabel, wenn ein Hund einen Platz vor dem anderen bewacht? Falls es sich dabei um seinen eigenen Platz handelt und er diesen in dem Moment gerade besetzt hat, dann ja. Aber der Rest des Hauses gehört Ihnen und steht nicht im Eigentum der Hunde! Nebenbei bemerkt: Wenn Sie Platzbewachung weiterhin zulassen, wird dies nur zu Spannungen führen. In manchen Fällen wird sich der Hund, der abgesperrt ist, wehren, und versuchen, sich seinen Weg mit Gewalt zu nehmen. Die Situation könnte in einem Kampf enden, falls der erste

Hund nicht nachgibt. Wenn ein Hund quer in einer Tür liegt, ist die einfachste Lösung, ihn zu sich zu rufen. Das Problem wurde leicht und schnell gelöst, indem sich der Hund nicht mehr an diesem Platz befindet. Auch dies ist ein weiterer Moment, an dem sich Ihr Rückruf-Training auszahlt, denn Sie brauchen den Hund nicht wegzuziehen, zu maßregeln oder zu bestrafen. Stattdessen können Sie das Problem sanft und effizient lösen. Sollte der Hund sich nicht bewegen, wenn Sie ihn rufen, schlurfen Sie einfach mit den Füßen, während Sie in seinen Bereich hinein gehen. Er wird verstehen, dass Sie den Platz beanspruchen, aufstehen und gehen. Merke: Probieren Sie es nicht mit der Schlurf-Technik, wenn Ihr Hund auch vor Ihnen Orte bewacht oder möglicherweise beißen wird! Ist dies der Fall, sollten Sie einen Verhaltensexperten zu Rate ziehen.

Hundeklappen

Es haben sich schon Hundebesitzer bei mir beklagt, dass einer ihrer Hunde durch die Hundeklappe gehen, sich dann umdrehen und den anderen Hund nicht hinauslassen würde. Oder der eine den anderen nicht mehr hineinließe, nachdem er zurück ins Haus gekommen ist. Diese Art von Verhalten ist inakzeptabel. Falls Sie dieses Problem zu Hause haben, lautet die Lösung, den Hund zu sich zu rufen, um ihn damit wirksam von seinem Posten abzuberufen. Etwas schwieriger wird es, wenn ein Hund dem anderen nach draußen folgen möchte, aber auch dann können Sie den bewachenden Hund immer noch zu sich rufen. Glücklicherweise scheint ein solches Verhalten, wie so viele Probleme unter Hunden, fast ausschließlich dann aufzutreten, wenn die Besitzer zu Hause sind. Sind ihre Menschen fort, scheinen Hunde klarzukommen – es gibt immer einen Hund, der nachgibt und geduldig darauf wartet, dass er durchdarf. In dem unwahrscheinlichen Fall, dass Ihre Hunde dieses Problem haben, wenn niemand zu Hause ist und ein Kampf die Folge ist, müssen die Hunde voneinander getrennt werden, wenn Sie sie alleine lassen.

Der Wert der Routine

Wir haben zwar keine Hundeklappenprobleme bei mir zu Hause, dafür aber eine interessante Dynamik zur Abendessenszeit. Ich füttere ein vorbereitetes Rohfutter, das ich auf zwei Mahlzeiten am Tag verteile. Die erste wird in Hundenäpfen serviert, die zweite in Kongs gestopft, die ich einfriere. Später am Tag sind die Hunde glücklich mit dem Aushöhlen ihrer Abendessen-Kongs beschäftigt und ich habe eine halbe Stunde Ruhe und Frieden. Weil die Hunde zunächst um Futter gestritten hatten, als wir Bodhi frisch zu uns genommen hatten, bekommt er seine erste Mahlzeit drinnen und Sierra frisst draußen. Beim Abendessen bekommt Sierra ihren gefrorenen Kong drinnen und Bodhi frisst draußen. Diese Routine hat sich so eingeschliffen, dass Sierra, wenn ich am Gefrierschrank stehe und die Kongs ausgebe, direkt zu ihrem Platz auf dem Teppich geht, während Bodhi pflichtschuldig mit seinem nach draußen trottet. Trotzdem kann es Spannungen geben, sobald Bodhi mit seinem Kong fertig ist (er ist fast immer zuerst fertig – ich könnte schwören, er inhaliert sein Fressen) und wieder hereinkommen möchte. Sierra, die sich sorgt, er könnte versuchen, ihre aktuelle Mahlzeit zu stehlen, schaut ihn gleichzeitig böse an, stürzt sich auf ihn und schnappt nach ihm. Bodhi, der weiß, dass das kommt, bellt stattdessen einmal von draußen vor der Hundeklappe, um mich wissen zu lassen, dass er gerne wieder hereinkommen möchte, ohne zum Opfer der Beißkönigin zu werden. Da ich das weiß, stelle ich beim Geben des Kongs sicher, dass sie weit genug von der Hundeklappe entfernt liegt, damit Bodhi, wenn er möchte, gefahrlos hereinkommen kann. Dann folgt er mir dahin, wo ich hingehe und macht dabei einen weiten Bogen um Sierra. Ich sorge dafür, dass ich die Kongs, sofort nachdem beide Hunde damit fertig sind, einsammle und saubermache, sowohl aus hygienischen Gründen als auch deshalb, weil auch die leeren Behältnisse möglicherweise einen Kampf provozieren könnten. Mit dieser Geschichte aus unserem Alltag möchte ich Ihnen zeigen, wie man ein Problem dieser Art managen kann. Es kann nicht mit Training oder Verhaltensanpassung gelöst werden, sondern nur durch die Einführung einfacher Routinen, die das Bewachen verhindern.

Könige der Couch

Eine andere häufig vorkommende Art der Ortsbewachung ist es, wenn sich ein Hund einem anderen Hund nähert, der sich gemütlich auf der Couch oder einem anderen höherliegenden Möbelstück eingerollt hat. In der Hundewelt gilt: Höhe gleich Status. Man kombiniere dies mit einem Bewachungsproblem und schon hat man das Rezept für Ärger. Falls Ihr Hund seinen erhabenen königlichen Platz bewacht, so ist die Lösung einfach: Sie sagen ihm, er soll von dem Möbelstück runterkommen. Im Anschluss daran können Sie beide Hunde auf ihre Plätze schicken, wo sie sich hinlegen und bleiben sollen. Sollte diese Art der Bewachung oft vorkommen, überlegen Sie sich, ob Sie Ihren Hunden überhaupt erlauben möchten, auf Sitzmöbel zu gehen. Es gibt keinen Grund, dass sie dort sein müssten, und wenn der Zugang wegfällt, wird Reibung vermieden.

Falls Sie Ihren Hunden den Aufenthalt auf Sitzmöbeln zu bestimmten Zeiten gestatten möchten – nehmen wir an, jemand ist mit dem einem Hund spazieren und Sie möchten sich mit dem anderen auf die Couch legen – dann trainieren Sie mit Ihren Hunden, dass diese nur dann auf Möbel dürfen, wenn eine bestimmte Decke dort liegt. In unserem Haus machen wir das so – allerdings nicht wegen Bewachungsproblemen, sondern weil wir die Couch nicht gerne mit Bergen von Hundehaaren teilen möchten. Es funktioniert wunderbar.

Seine Majestät wünscht nicht, entthront zu werden!

Übrigens, falls Ihr Hund auf Ihre Ansage, vom Möbelstück herunterzugehen, nicht reagiert, kann es sein, dass er ganz einfach nicht versteht, was Sie möchten. Um ihm „Runter“ beizubringen, beginnen Sie so: Nur Sie, ein Hund, und einige Leckerlis. Machen Sie eine wischende Bewegung mit ausgestrecktem Arm, um Ihren Hund zu ermuntern, auf die Couch hochzuspringen. Belohnen Sie ihn mit einem Leckerli aus der anderen Hand. Nun machen Sie die Gegenbewegung, dass er heruntergehen soll, und belohnen ihn. Nach einigen Wiederholungen, kurz bevor Sie die Armbewegung zum Hochspringen auf die Couch machen, sagen Sie „hoch!“ Die Abfolge ist die: Wortbefehl, Handzeichen (in diesem Fall mit dem ganzen Arm), belohnen. Wenn Sie möchten, dass er herunterspringt, sagen Sie „runter!“, gefolgt von dem Handzeichen und belohnen ihn, wenn er folgt. Schließlich sollten Sie in der Lage sein, entweder nur das Wortsignal zu benutzen, nur das Handzeichen oder beide zusammen.

Während dieser Trainingsperiode, wenn Ihr Hund die Bedeutung von „runter“ noch nicht versteht und das Bewachen der Couch ein Problem ist, machen Sie ihn an eine Hausleine – eine kurze Leine mit abgeschnittener Schlaufe. So können Sie nötigenfalls das Ende der Leine packen und ihm den Rücken zudrehen. Dann gehen Sie weg und Ihr Hund folgt Ihnen, während Sie „runter!“ sagen. Dies ist bei weitem besser, als Ihren Hund am Halsband herunterzuziehen, denn das kann dazu führen, dass er Sie zwickt. Auch dies ist wieder nur eine vorübergehende Maßnahme, bis Ihr Hund das Training vollständig absolviert hat.

Überlegen Sie, welche Orte Ihre Hunde bewachen. Falls Sie Platzbewachungs-Probleme haben, fügen Sie diese Ihrem Profil hinzu. Nehmen Sie dieses Kapitel als Anleitung und notieren Sie sich einen Plan, wie Sie den Problemen begegnen können und wie Sie mit dem Training weitermachen möchten.

Ein Neuer im Revier

Meine Mutter hat mir einmal erzählt, dass ich mit meinen drei Jahren meinen Bruder nach der Geburt angeschaut und anklagend gefragt hätte: „*Müssen* wir ihn mit nach Hause nehmen?" Ich erinnere mich nicht mehr an den Vorfall, aber ich bin sicher, dass meine Motivation die Eifersucht bezüglich der Zuneigung meiner Eltern gewesen ist. Könnten manche Hunde sprechen, würden sie zweifellos ähnliche Fragen zu einem neuen Hund stellen: „*Müssen* wir ihn behalten?" Die Existenz von Eifersucht bei Hunden ist Thema vieler Verhaltensstudien, aber eigentlich sind wirklich keine nötig – man frage nur einen beliebigen Hundebesitzer.

Betrachten Sie die Dinge einmal aus der Sicht des Hundes: Als Einzelhund kann er entspannt fressen, wohlwissend, dass ihm keine anderen Hunde das Futter stehlen werden. Kauknochen sind nur für ihn ganz alleine. Und diese wunderbaren Bauch-Kraul-Sessions? Er kann sich entspannen, darin baden, wohlwissend, dass er der Augapfel seines Besitzers ist. Aber dann… *Wer ist dieser Neuankömmling? Warum kommt er in die Nähe meines Fressens? Hey, geh weg von dem Knochen! Und warte mal eine Hundeminute, das ist* meine *Mama. Hau ab!*" Unglücklicherweise verursachen Territorialverhalten und Eifersucht wegen geschätzter Ressourcen oft Kämpfe zwischen einem bereits im Haus wohnenden Hund und einem Neuankömmling.

Ein wenig Prävention

Falls Sie den neuen Hund noch nicht zu sich nach Hause geholt haben, befolgen Sie diese Präventions-Tipps:

1. Ehe sich die Hunde überhaupt begegnen, nutzen Sie die „Lappenwisch-Technik". Nehmen Sie einen Lappen und wischen diesen um das Hinterteil Ihres Hundes, wo die Hauptduftdrüsen sitzen. Dann wischen Sie mit demselben Lappen um die Schultern und das Hinterteil des neuen Hundes. Schließlich wischen Sie mit dem Lappen um das Hinterteil des neuen Hundes und dann um Schultern und Hinterteil Ihres Hundes. Wenn die

Hunde sich vorgestellt werden, sollte der bekannte Geruch helfen, beruhigendere Gefühle zu erzeugen, anstatt einen Alarm „fremder Hund“ auszulösen. *Ah, du riechst wie ich! Du musst in Ordnung sein.*

2. Wenn Sie den Hunden ein erstes Zusammentreffen erlauben, tun Sie dies auf neutralem Terrain. Das könnte bedeuten, dass ein Freund den neuen Hund in einen nahegelegenen Park bringt und Sie schließen sich mit Ihrem Hundebewohner an. Gehen Sie mit den Hunden parallel und mit Distanz nebeneinander und nähern Sie sich allmählich an, solange keiner der Hunde Anzeichen von Aggression zeigt. (Die Nebeneinandergehtechnik wird detailliert in dem folgenden Kapitel *Da geht's lang* beschrieben). Wenn sich die erste Aufregung gelegt hat, lassen Sie die Leinen locker und gehen dicht beieinander. Schließlich, wenn alles gut geht, erlauben Sie den Hunden, sich zu beschnüffeln, aber nur für etwa drei Sekunden. Dann gehen Sie weiter und lassen Sie die Hunde sich ab und zu wieder kurz beschnüffeln.
3. Ehe Sie den neuen Hund zu sich nach Hause bringen, packen Sie alle Hundeschüsseln, Spielzeuge, Kauknochen und sonstigen wertvollen Dinge weg. Falls Sie einen von Straße oder Hof aus zugänglichen Garten haben, gehen Sie mit den Hunden zuerst in den Garten. Sobald Sie sehen, dass sie gut miteinander zurechtkommen und ruhig sind, können Sie sie ins Haus lassen. Egal ob Sie einen Garten haben oder die Hunde direkt ins Haus bringen müssen: Bringen Sie den neuen Hund zuerst hinein und überwachen Sie ihn, damit er nichts zerstört oder eine Urinmarke setzt. Der Grund dafür, den neuen Hund zuerst hineinzubringen, ist: Wenn Sie den bereits wohnhaften Hund zuerst hineinbringen, könnte er territoriales Verhalten an den Tag legen und dem anderen nicht erlauben, hereinzukommen. Im besten Fall wurde vorher ein Babygatter oder andere Barriere aufgebaut, um die Hunde zu trennen, sodass sie sich sehen und beschnüffeln können, aber nur begrenzten Zugang zueinander haben, bis Sie absolut sicher sind, dass sie miteinander klarkommen. Falls Sie kein Gatter zur Verfügung haben, halten Sie beide Hunde an ganz lockeren Leinen, bis Sie sich von der Sicherheit überzeugt haben.

Ins Familienrudel integrieren

Nehmen wir einmal an, Sie hätten den neuen Hund bereits nach Hause gebracht. Wie integrieren Sie ihn ins Familienrudel, ohne dass ein Krieg ausbricht? Zunächst einmal ist ein ordentliches Management ein absolutes Muss. Das heißt:

Jedes Mal, wenn die Hunde zusammen sind, müssen Sie oder jemand anderes zum Überwachen da sein. Falls die Hunde potenziell wertvolle Dinge wie Kauknochen bekommen, werden sie durch Babygatter oder Boxen getrennt oder müssen sich an unterschiedlichen Orten befinden. Auch Mahlzeiten müssen sorgfältig gemanagt werden. Wenn die Hunde gut miteinander auskommen, braucht all dies nicht ewig so weiterzugehen, aber seien Sie am Anfang und so lange wie nötig lieber übervorsichtig.

Sie können zwar nicht entscheiden, welcher Hund dem anderen gegenüber der dominante sein wird, aber sorgen Sie dafür, dass der bereits vorhandene Hund sich durch den Neuankömmling nicht abgewertet oder ersetzt vorkommt. Schenken Sie dem ersten Hund reichlich Aufmerksamkeit und verbringen Sie die Zeit so mit ihm, wie Sie es bisher getan haben. Gleichzeitig bringen Sie den Hunden bei, dass das Zusammensein Gutes bedeutet. Gehen Sie mit ihnen gemeinsam spazieren oder wandern. Spielen Sie Ball im Garten, so lange dies keine Kämpfe hervorruft. Fahren Sie mit dem Auto zu tollen Orten (nötigenfalls mit den Hunden in getrennten Hundeboxen). Was auch immer Ihren Hunden Spaß macht, erlauben Sie ihnen, diese Dinge gemeinsam zu tun.

Möglicherweise stellen Sie fest, dass der neue Hund körperlich aufdringlich ist. Wenn Sie zum Beispiel den ansässigen Hund streicheln, will der neue Hund sich einmischen, schiebt seine Schnauze in Ihre Hand oder schubst den anderen Hund aus dem Weg. In diesem Fall blättern Sie zurück zum Kapitel *Streichel-Eifersucht* zwecks Auffrischung, wie Sie dieses häufig auftretende Problem handhaben können. Genauso kann Spielzeit noch Probleme zwischen einem neuen und einem etablierten Hund bereiten. Manchmal brauchen Hunde eine Eingewöhnungszeit, um sich an den Spielstil des jeweils anderen zu gewöhnen. Das schließt auch mit ein, zu lernen, was akzeptabel ist und was nicht. Erlauben Sie den Hunden, ungehindert miteinander zu interagieren. Aber wenn Sie das Gefühl haben, dass sich das Ganze aufheizt, stoppen Sie das Spiel und lassen sie eine Pause einlegen. Vergessen Sie nicht, dass unkontrollierte Erregung leicht in Aggression überschwappt. Sollten Sie mehr als zwei Hunde haben, erlauben Sie anfangs immer nur zwei Hunden gleichzeitig zusammen zu spielen, um Situationen zu vermeiden, in denen sich einige Hunde zusammenschließen. Lesen Sie außerdem im Kapitel *Zeit zum Spielen* nach.

Möglicherweise haben Sie schon einmal jemand über streitende Hunde sagen hören „Das sollen die unter sich ausmachen!“. Umgekehrt glauben andere, dass man schon bei den ersten Anzeichen von Ärger eingreifen sollte. Die Wahrheit liegt irgendwo dazwischen. Hunde müssen ohne äußeren Einfluss miteinander kommunizieren dürfen. Sollte Bodhi zum Beispiel irgendwie vergessen, von Sierra ganz weg zu bleiben, wenn sie einen Knochen hat, dann hebt sie eine Lefze und knurrt ihn an. Ich erlaube ihr das, weil sie ja Recht damit hat, ihn zu warnen. Bodhi beachtet die Warnung und ein Kampf ist abgewendet. Falls ich eingreifen und sie für die Warnung an ihn ausschimpfen würde, wäre es möglich, dass sie ihn im weiteren Verlauf ohne Vorwarnung beißen würde. Letzten Endes hätte ich ihr ihr Frühwarnsystem genommen, wenn ich ihr beibringen würde, dass Bodhi anzuknurren böse ist. Was bliebe ihr übrig, als nach ihm zu schnappen – ohne Vorwarnung?

Wenn Sie die Versuche eines Hundes, dem anderen beizubringen, welches Verhalten in Ordnung ist und welches nicht, ständig unterbinden, kann dies Probleme mit sich bringen, weil Ihre Hunde ja schließlich so akzeptable Interaktionen und Grenzen festlegen. Aber es ist ein Riesenunterschied, ob Sie Ihren Hunden erlauben, in Stellung zu gehen, zu knurren und anderweitig miteinander zu kommunizieren, oder ob Sie eine direkte Rauferei zulassen, bei der wahrscheinlich einer verletzt wird. Ich wünschte, es gäbe eine wissenschaftliche Formel, mit der Hundebesitzer definitiv wüssten, wann sie eingreifen sollen und wann abwarten, aber die gibt es leider nicht. Hilfreich bei diesen Grauzonen kann die Beobachtung durch einen Hundeverhaltensprofi sein.

Und zu guter Letzt: Geben Sie den „Neuer im Revier"-Problemen etwas Zeit, sich von selbst zu erledigen. Anfangs, als wir Bodhi zu uns geholt hatten, kämpften er und Sierra die ersten zehn Tage lang miteinander, obwohl die beiden sich im Tierheim prächtig verstanden hatten (Sie erinnern sich: wir hatten Sierra zur Probe dorthin mitgebracht). Spielzeit wurde zur Schlacht-Zeit und es mangelte auch nicht an anderen Problemen zwischen den beiden. Ich möchte nicht behaupten, dass es heute nie Spannungen zwischen ihnen gäbe, aber sie sind Kumpels, die normalerweise gut miteinander auskommen. Sierra brauchte nur einige Zeit, um sich daran zu gewöhnen, dass wir noch einen anderen Hund – den aufdringlichen Elch– zu Hause hatten. Wenn Sie natürlich dem Ganzen reichlich Zeit gegeben haben, sich aber nichts bessert oder die Hunde sich gegenseitig verletzen, dann ziehen Sie einen Experten zu Rate. Wenn aus Schlimm am Schlimmsten wird, kann das Kapitel *Im schlimmsten Fall* eine Hilfe sein.

Aber bleiben Sie dran. Die meisten Hunde passen sich irgendwann an, wenn sie Zeit und Unterstützung bekommen. Falls Sie ein Problem zwischen einem neuen Hund und Ihrem ansässigen Hund haben, legen Sie zu diesem Zeitpunkt Regeln, Grenzen und Lösungen in Ihrem Profil fest.

Halbstarke und Golden Oldies

Eine traurige Tatsache im Leben ist die, dass unsere Hunde altern. Diese munteren, energiegeladenen Fellbälle mit ihren strahlenden Augen verwandeln sich vom Welpen zum Heranwachsenden, zum Erwachsenen und schließlich zu älteren Mitbewohnern. Genau wie beim Menschen können die Kräfte von Körper und/oder Geist nachlassen, wenn sie altern. Häufig scheint es, als verlöre ein alter Hund das Interesse an den Dingen, die ihn sonst glücklich gemacht haben. Wenn es einen Zauberstab gäbe, der Hunde jung, glücklich und gesund erhalten könnte, so würden wir Hundebesitzer diesen sicher kaufen. Aber abgesehen davon glauben viele, dass ein guter Weg, einem alten Hund dabei zu helfen, seine Lebenslust wiederzufinden – insbesondere, wenn er der einzige Hund im Haus ist – ihm einen neuen Hausbewohner in Form eines Welpen vorzustellen.

„Lass mich, damit ich mein Spielzeug in Ruhe genießen kann!“

Fellbedeckte Raketengeschosse

Oft hat das Einbringen jugendlicher Energie den gewünschten Effekt auf einen älteren Hund. Der Senior, der seine Tage dösend in der Sonne gelegen hat, beginnt plötzlich wieder zu spielen, zeigt Interesse an einem anderen Hund und bekommt sein lebhaftes Glitzern in den Augen zurück. Ein wundervoller Anblick! Aber manchmal bewirkt es auch genau das Gegenteil, wenn man ein solch lebhaftes Fellbündel ins Haus holt. Manche Hunde möchten, genau wie ältere Menschen auch, einfach nicht von einem Jüngeren belästigt werden. Sie möchten ihre goldenen Jahre in Ruhe und Frieden zu Ende leben. Und wer könnte ihnen das verdenken? Unglücklicherweise sind Welpen und junge Hunde nicht gerade der Inbegriff von Ruhe. Ein älterer Hund wird oft zur Zielscheibe, auf die ein jüngerer seinen ungezügelten Enthusiasmus fokussiert. Der kleine Wilde macht sich über ihn lustig, bellt ihn an und zwickt sogar an seinem neu gefundenen Freund, um ihn zum Spielen zu animieren und um Aufmerksamkeit zu bekommen. Möglicherweise versucht der ältere Hund, den Welpen zu warnen, zieht die Lefze hoch, starrt ihn an oder knurrt. Manche Welpen reagieren sensibel und weichen zurück, aber viele tun das eben nicht – und da kann der Ärger losgehen. Wenn der ältere Hund krank ist oder Schmerzen hat, kann die Situation noch problematischer werden.

Nervige Teenager

In manchen Fällen ist der jüngere Hund gar nicht neu im Haus, sondern schon seit seiner Welpenzeit da und hat jetzt das Erwachsenenalter erreicht. Nun ist der Teenager gewachsen, und zwar nicht von der Größe her, sondern auch vom Selbstbewusstsein.

Obwohl er sich zuvor dem älteren Hund in statusbezogenen Situationen wie zum Beispiel beim Zugang zu wertvollen Ressourcen wie Fressen, Kauknochen, Spielzeuge oder menschliche Aufmerksamkeit gebeugt hat, beginnt er jetzt Verhaltensweisen zu zeigen, mit denen er testet, wie weit er gehen kann, um sich durchzusetzen. Ob er damit Erfolg hat, hängt hauptsächlich von den Reaktionen des älteren Hundes ab. Wenn der ältere Hund schwach oder bei schlechter Gesundheit ist, ist es möglich, dass der jüngere der Top Dog wird. Falls der ältere Hund immer noch einen starken Willen besitzt und sich durchsetzen kann oder falls er gewillt ist, den Jüngeren in seinem neuen Status zu akzeptieren, kann der Frieden erhalten bleiben. Doch sollte der ältere Hund versuchen, sich durchzusetzen, und der jüngere das nicht versteht und seine Hinweise nicht ernst nehmen, könnte Ärger die Folge sein.

Hündische Banditen

In gravierenden Fällen, in denen der jüngere Hund den älteren tatsächlich verletzt und wenn man sich dafür entschieden hat, beide Hunde zu behalten, dann ist Management in Form einer dauerhaften Trennung die beste Option. Was meinen Sie: Wenn Sie achtzig oder neunzig Jahre alt wären und jemand brächte einen messerschwingenden Halbstarken zu Ihnen nach Hause, der Sie immer wieder mit der Absicht, Sie zu verletzen oder gar umzubringen attackieren würde – was wäre Ihnen am liebsten? Würden Sie wollen, dass diese Person dauerhaft weit, weit weg von Ihnen wäre? Oder würden Sie sie lieber um sich herumhaben, aber unter Überwachung? Wenn der Rowdy bereits Anstalten zum Angreifen gemacht hätte – wären Sie dann nicht auch dann noch ständig gestresst durch seine Anwesenheit, wenn er dauernd von einem Dritten überwacht würde? Auch wenn der ältere Hund vielleicht nicht tödlich verletzt werden würde – vergessen Sie nicht, dass chronischer Stress jede Menge Schaden bei Hunden anrichten kann, und zwar physisch, emotional und psychisch. Sollte es sich also um eine solch gravierende Situation handeln, dann tun Sie dem älteren Hund einen Gefallen und lassen Sie ihn und den jüngeren Hund, der im Schaden zufügen will, dauerhaft getrennt.

Koexistenz ermöglichen

Sollten Sie sich in der Situation befinden, dass Sie einen jungen Hund nach Hause gebracht haben, aber die Dinge sich nicht so entwickeln, wie Sie es sich vorgestellt haben, dann geben Sie die Hoffnung nicht auf. Es gibt noch Wege, wie Sie Training und Management einsetzen können, um den Hunden zu einer friedlichen Koexistenz zu verhelfen – und hoffentlich dazu, sich irgendwann gegenseitig zu akzeptieren und sich auf ein respektvolles Verhältnis zu einigen.

Bei der Konstellation alter Hund-junger Hund werden Sie überwiegend den jüngeren Hund managen. Schließlich ist er derjenige, der den Senior andauernd bedrängt. Das heißt nicht, dass Sie die Hunde zu jeder Zeit trennen müssen, außer, es herrscht echte Aggression zwischen ihnen. In diesem Fall empfehle ich, einen Verhaltensexperten hinzuzuziehen. Auf alle Fälle sollten Sie mindestens folgendes tun:

1. Immer dann, wenn Sie die Hunde nicht überwachen können, trennen Sie sie voneinander.
2. Erlauben Sie den Hunden, zusammen zu sein, wenn Sie anwesend sind. Aber immer dann, wenn Sie bemerken, dass der ältere Hund genervt zu werden beginnt, verordnen Sie dem Welpen eine Pause. Dies kann man erreichen, indem man ihn in sein Körbchen schickt oder ihn zum Ballspielen oder Spazierengehen mit nach draußen nimmt. Die beiden letzten Alternativen dienen jeweils einem doppelten Zweck: Sie bieten all der wilden Welpenenergie ein Ventil zum Dampfablassen und verschaffen dem älteren Hund zugleich eine Pause.
3. Planen Sie täglich regelmäßige Pausenzeiten ein, während derer die Hunde voneinander getrennt sind. Dies kann bedeuten, dass man einen oder beide Hunde in Hundeboxen sperrt, einen in den Garten und einen im Haus lässt oder sie in verschiedenen Zimmern separiert. Geben Sie dem Welpen einen Kauknochen oder ein Futterspielzeug, auf das er sich konzentrieren kann. Das wird ihn nicht nur beschäftigen und einen Teil seiner Energien abschöpfen, sondern es schafft auch eine positive Verknüpfung mit der Tatsache, von dem anderen Hund getrennt zu sein. Falls Ihr älterer Hund Kauknochen oder Futterspielzeug auch gerne mag, geben Sie es ihm. Sie können in dieser Zeit auch beruhigende Musik laufen lassen. Der Gedanke dahinter ist der, tagsüber eine kleine Oase der Ruhe und Gelassenheit zu schaffen, in der jeder Hund für sich entspannt.
4. Sollten Ihre Hunde gerne miteinander spielen, schaffen Sie Pausen im Geschehen. Auch wenn die Hunde selbst keine Pause einlegen, so kippt, wie zuvor schon erwähnt, Spiel viel zu leicht in Aggression um, wenn die Erregung steigt. Sollten Sie sich nicht sicher sein, ob Ihr älterer Hund weiterspielen möchte, halten Sie den Welpen für einen Moment fest. Beobachten Sie, ob der ältere Hund zurückkommt und weitermachen möchte oder sich bildlich gesehen die Stirn abwischt, „Uff, danke!“ sagt und weggeht.
5. Sorgen Sie dafür, dass Ihr Welpe täglich jede Menge Bewegung, Spielzeit mit Ihnen, Futterspielzeug und geistige Auslastung in Form von Training bekommt, damit die Welpenenergie in positive Richtungen kanalisiert wird anstatt vollständig auf Ihren anderen Hund gerichtet zu sein. Auch mit dem Welpen in die Hundeschule zu gehen oder ihn mit Outdooraktivitäten zu beschäftigen kann hilfreich sein.
6. Sofern Sie die Aufgaben aus dem Trainings-Teil dieses Buchs geübt haben, können Sie diese Fähigkeiten jetzt zum Einsatz bringen. Zu Zeiten, an denen Ihr Welpe ein echter Quälgeist ist, können Sie ihm das Signal geben, auf seinen Platz zu gehen, was ihm effektiv die Möglichkeit nimmt, den

anderen Hund zu nerven. Nun ist das ruhige Liegen auf seinem Platz für einen aufgedrehten Welpen schwierig. Somit kann das Antrainieren eines aktiveren Alternativverhaltens ebenfalls eine gute Lösung darstellen. Zum Beispiel könnten Sie Ihrem Welpen beibringen, jedes Mal, wenn er den älteren Hund sieht, ein Spielzeug zu bringen. Das hilft nicht nur dabei, ihn beschäftigt zu halten, sondern hindert ihn effektiv daran, mit seiner Schnauze am anderen Hund kauen oder knabbern zu können.

7. Vergessen Sie nicht, Ihrem älteren Hund jede Menge Aufmerksamkeit zu schenken! Zu leicht übergeht man bei der Anstrengung, die zum Bändigen eines Welpen oder heranwachsenden Hundes nötig ist, den „einfacheren“ Hund. Ihr älterer Hund wird es zu schätzen wissen, wenn er weiß, dass er bei Ihnen zu Hause und in Ihrem Herzen noch immer einen wichtigen Platz einnimmt.

Wenn Sie den Vorschlägen in diesem Kapitel gefolgt sind, sind Sie hoffentlich in der Lage, das Leben für beide – Ihren Halbstarken und den Golden Oldie – gerecht und angenehm zu gestalten. Und wie immer: Falls nötig, fügen Sie dies Ihrem Profil hinzu.

Wer ist da an der Tür?

Für jede Situation gilt: Je höher die Erregung, desto größer die Wahrscheinlichkeit, dass Ihre Hunde loskämpfen. Es gibt allerdings eine Situation, die bei Hunden generell dazu führt, dass sie ihren kleinen Hundeverstand verlieren: Wenn jemand an die Haustüre kommt. In meinem Haus ist derjenige an der Tür oft mein Ehemann, der von der Arbeit nach Hause kommt. Ich freue mich natürlich, ihn zu sehen, aber die Hunde führen sich auf, als wäre er monatelang weg gewesen! Sierra, unsere Königin, glaubte, es sei ganz natürlich, dass sie die erste sein müsste, die ihn begrüßt. Vor Jahren führte das zu Problemen. Beide Hunde eilten zu ihm hin, und dann drehte sich Sierra, die sich zwischen Bodhi und meinen Mann bugsiert hatte, um und biss nach Bodhi. Bodhi wich entweder zurück oder es kam zum Kampf. Es musste etwas getan werden. Ich entschied mich, Sierra zu erlauben, dass sie innerhalb der Grenzen einer organisierten Routine die Erste beim Begrüßen sein durfte. Bodhi, der meine Zuneigung sehr zu schätzen weiß, brachte ich bei, zu mir zu kommen und einige Momente der Zuneigung nur für sich allein zu genießen, während mein Mann Sierra begrüßte.

Das erklärte ich Bodhi, indem ich ihn genau in dem Moment zu mir rief, als Sierra zu meinem Mann rannte. Der Ablauf war so: Mein Mann kam durch die Türe, Sierra rannte zu ihm und dann rannte Bodhi zu mir. Sobald Sierra mit ihrer Begrüßung fertig war und der erste Ausbruch an Aufregung etwas abgeebbt war, ließ ich Bodhi gehen, um Hallo zu sagen. Aber was, wenn Sierra noch immer da stand? Das würde nichts bringen! Also brachte ich Sierra bei, dass es ihr Job war, sobald sie mit dem Begrüßen meines Mannes fertig war, zu mir zu kommen. Das war ziemlich leicht zu bewerkstelligen, da meine beiden Hunde den Rückruf gut beherrschen. Da sich das Muster immer und immer wieder wiederholte, lernte Sierra irgendwann vorherzusehen, dass nach ihrer Begrüßung meines Mannes mein Rückruf kam und fing so an, jedes Mal automatisch zu mir zu kommen, wenn sie mit Begrüßen fertig war. Ebenso kam Bodhi, weil er die Abfolge gelernt hatte, ganz automatisch zu mir, sobald Sierra zum Begrüßen losrannte. Das mag alles ein wenig kompliziert klingen, aber in der Praxis ist es das überhaupt nicht.

Hier nochmals die Kurzform:

1. Mann kommt durch die Tür
2. Sierra rennt, um ihn zu begrüßen
3. Bodhi rennt zu mir, um Zuneigung zu bekommen
4. Sierra beendet die Begrüßung und rennt zu mir
5. Bodhi rennt zu meinem Mann

Mein felliges kleines Empfangskomitee benimmt sich nun deutlich besser. Klar, ich bin immer erst als Dritte mit Begrüßen an der Reihe, aber das macht mir nichts aus. Nebenbei bemerkt: Wenn ich als Erste Hallo sagen will, dann tue ich das. Als Führungskraft hat man Privilegien! Vielleicht denken Sie jetzt: *Aber was passiert, wenn Sie in einem anderen Raum oder gar nicht zu Hause sind, wenn Ihr Mann hereinkommt?* Inzwischen brauche ich nicht mehr anwesend zu sein, weil das Muster bereits fest verwurzelt ist. Sollte ich nicht da sein, um Bodhi zu streicheln, geht er trotzdem von meinem Mann weg, wenn dieser das Haus betritt. Tatsächlich rennt er dahin, von wo aus ich ihn immer zu mir rufe, damit er wartet, bis er dran ist. Wenn Sierra fertig ist, dann geht sie dorthin, und Bodhi geht zu meinem Mann. Es ist alles nur eine Sache der Schaffung von Mustern.

Paketbote & Co.

Ehe wir ein Begrüßungsritual für Ihr Zuhause schaffen, müssen wir überlegen, wer an der Tür sein könnte. Es ist ein großer Unterschied zwischen einem Fahrer, der ein Paket an die Tür bringt, und einem Besucher, der das Haus betreten wird. Bei mir zu Hause kommt der Paketbote an mehreren Tagen in der Woche. Pakete werden draußen gelassen, damit ist das Öffnen der Türe kein Thema. Aber unabhängig davon, wo im Haus ich mich aufhalte, macht mir ein Ausbruch plötzlichen Gebells unmissverständlich klar, dass da jemand draußen an der Tür ist. Das anfängliche Alarmbellen stört mich nicht, denn ich will ja wissen, wenn jemand draußen ist. Was ich aber nicht möchte, sind Hunde, die endlos weiterbellen, während sie verzweifelt auf die Couch springen, um zu sehen, wer draußen ist, um die beste Position rangeln und womöglich zu streiten anfangen. Um das Ganze ruhig ablaufen zu lassen, hab ich mir das magische Wort „Postkekse!“

ausgedacht. Nein, ich habe keine Schachteln mit niedlichen kleinen Keksen in Form von Postautos und Briefträgern. Ich habe meine Hunde lediglich durch Wiederholung so konditioniert, dass wir alle, wenn sie das Wort hören, in die Küche rennen, wo sie sich hinsetzen und Kekse bekommen. Wenn wir fertig sind, ist der Fahrer weg und der Frieden in meinem Haushalt gewahrt worden.

Falls Sie Lieferanten oder Serviceleute haben, die regelmäßig unangekündigt vorbeikommen, denken Sie sich einen Satz aus und konditionieren Ihre Hunde, indem Sie die Worte mit fröhlicher Stimme sagen und dann dahin rennen, wo die Leckerlis aufbewahrt werden. Lassen Sie Ihre Hunde sitzen und reichen jedem ruhig ein Leckerli. Beachten Sie bitte den Unterschied zu dem Satz, den Sie zuvor eingeführt hatten, so etwas wie „Würstchen!". Das war dazu gedacht, Spannung abzubauen, ehe es zu einem Kampf kommt, und das beinhaltet nur die superleckersten aller Leckerlis. Falls Sie lieber eine managementbasierte Lösung haben möchten, so können Sie einen Ablageplatz für Lieferungen festlegen, der abseits Ihrer Türe oder außerhalb der Hörweite Ihrer Hunde liegt. Oder, sofern es eher ein visuelles Problem ist, schließen Sie die Fensterläden.

Sollte diese Art von Erregung für gewöhnlich zu Kämpfen führen, überlegen Sie sich, Ihre Hunde während Ihrer Abwesenheit voneinander zu trennen.

Ein einfacher Plan für entspannte Begrüßungen

Nun kümmern wir uns darum, was zu tun ist, wenn tatsächlich jemand Ihr Heim betritt. Ihre Hunde werden lernen, dass niemand zu ihnen gehen wird, solange sie nicht sitzen. Um die Dinge für jedermann leichter zu machen, nutzen Sie während des Trainingsprozesses ein Gatter, um Ihre Hunde daran zu hindern, zu den Besuchern hinzurennen. Lassen Sie eine Freundin die Rolle des Besuchers spielen. In den frühen Trainingsstadien lassen Sie Ihre »Besucherin« ein wenig Zeit in Ihrem Haus verbringen, ehe die Übung beginnt, sodass die »Ankunft« weniger aufregend für Ihre Hunde wird. Wenn sie eine Weile im Haus gewesen ist, bitten Sie sie, nach draußen zu gehen und an der Tür zu klingeln oder zu klopfen, so ,wie es Ihre Gäste normalerweise tun. Öffnen Sie die Tür und begrüßen Sie sie genauso, wie Sie es tun würden, wenn sie ein tatsächlicher Gast wäre. Ihre Hunde werden höchstwahrscheinlich bellen und hinter dem Gitter hochspringen, weil sie es kaum erwarten können, wieder Hallo zu sagen. Weisen Sie sie an, sich hinzusetzen. Wenn sie sitzen, sollte Ihr falscher Besucher anfangen, auf sie zuzugehen. Aber jedes Mal, wenn ein Hund aufsteht, sollte sie stehen bleiben und sich seitlich wegdrehen, ihre Arme verschränken und sie ignorieren. Falls nötig, erinnern Sie Ihre Hunde daran, sich hinzusetzen. Dann kann die

Besucherin wieder weiter in Richtung der Hunde gehen – solange diese sitzen bleiben. Wenn sie sie erreicht und die Hunde aufspringen, sollte sie einen Schritt zurückgehen, die Arme verschränken und Körper und Gesicht wieder wegdrehen. Ihre Hunde sollen sich von selbst wieder hinsetzen. Falls sie dies nicht tun, erinnern Sie sie daran. Solange sie sitzenbleiben, kann das Begrüßen weitergehen. Jedes Mal, wenn ein Hund aufsteht, sollte das Begrüßen stoppen.

Falls Ihre Hunde bei Ankömmlingen so überaus aufgeregt sind, dass es Ihnen unmöglich erscheint, sie zum Sitzen zu bringen, verlangen Sie anfangs nur, dass alle vier Pfoten auf dem Boden bleiben müssen. Anders gesagt: Es ist akzeptabel, wenn die Hunde stehen, aber sie dürfen nicht springen. Selbst dies wird immer schwieriger, je näher die Person kommt, aber wenn sie stoppt und die Hunde jedes Mal ignoriert, wenn einer springt und jedes Mal dann weiter geht, wenn alle vier Pfoten auf dem Boden sind, werden die Hunde schnell lernen, sich angemessen zu benehmen, um das zu bekommen, wass sie möchten. Sobald das Vier-Pfoten-auf-dem-Boden Verhalten eine eingeschliffene Routine wird, können Sie einen Schritt weitergehen und stattdessen ein Sitz verlangen.

Egal ob Sie anfangs vier Pfoten auf dem Boden oder Sitz verlangen: arbeiten Sie sich weiter nach vorn und stellen Sie Situationen aus dem echten Leben nach, in denen Ihre Besucher an der Tür klingeln, ohne davor bei Ihnen im Haus gewesen zu sein. Üben Sie mit verschiedenen Leuten, die als Besucher fungieren und beginnen Sie mit denjenigen, die Ihre Hunde nur so einigermaßen mögen. Erst dann arbeiten Sie sich vor zu denjenigen, bei denen sie vor Freude komplett überschnappen. Das Schöne an diesem Plan ist, dass er einfach ist und Ihren Hunden beibringt, wie sie bekommen, was sie möchten, indem sie ihre Aufregung im Zaum halten. Es beschert auch Ihnen eine deutlich angenehmere Erfahrung, wenn Besucher vorbeikommen. Ich empfehle Ihnen dringend, auch den nachfolgenden, stärker strukturierten Trainingsplan für Begrüßungssituationen durchzulesen, aber vielleicht denken Sie, dass der gerade beschriebene für Sie schon ausreicht. Falls dem so ist, lassen Sie Ihr Trenngatter vorerst stehen. Achten Sie darauf, dass alle Besucher in Ihren Trainingsplan eingeweiht sind und ihn verstanden haben, ehe Sie ihnen erlauben, Ihren Hunden Hallo zu sagen. Irgendwann wird es dann so weit sein, dass Sie das Gatter auch wieder abbauen können

Begrüßung mit „Auf den Platz"

Vielleicht hätten Sie gerne noch etwas mehr Kontrolle über die Situation, anstatt Ihre Hunde bei Begrüßungen einfach nur sitzen zu lassen. Der folgende Plan benötigt ein bisschen Training, ist aber sehr effektiv und macht nebenbei bemerkt auch großen Eindruck! Er fußt auf dem bereits trainierten Verhalten „Auf den Platz". Falls Sie dieses Verhalten noch nicht trainiert haben, gehen Sie zurück zu Kapitel 21. Sobald Ihre Hunde diese Fähigkeit erlernt haben, beginnen Sie damit, die Decken oder Körbchen, auf die Sie die Hunde schicken werden, nur ein paar Zentimeter von der Haustür entfernt hinzulegen. Am Schluss werden Sie die Plätze stückchenweise wieder weiter weg bewegen, aber für den Anfang machen Sie es leicht, indem Sie sie in der Nähe lassen. Üben Sie, indem Sie Ihre Hunde auf ihre Plätze in der Nähe der Tür schicken und achten Sie darauf, dass sie verlässlich hingehen, sich hinlegen und bleiben. Genau wie mit allem anderen trainieren Sie auch hier zuerst einen Hund alleine und dann üben dann so lange, bis sie dieses Verhalten gemeinsam beherrschen.

Im nächsten Schritt werden wir das einführen, was man als *Umgebungssignal* bezeichnet. Ein Umgebungssignal ist irgendein Reiz aus der Umgebung, der Ihren Hund dazu bringt, ein Verhalten auszuführen. Der Hund zeigt also ein bestimmtes Verhalten nicht auf *Ihr* Signal hin, sondern auf einen bestimmten Reiz aus der Umgebung hin. In diesem Fall ist das Umgebungssignal die Türklingel. Wenn Besucher bei Ihnen normalerweise klopfen anstatt zu klingeln, ersetzen Sie im folgenden Text „Türklingel" einfach gedanklich durch „Klopfen". Üben Sie das Folgende mit jedem Hund einzeln: Sie stehen mit dem Hund in der Nähe der Tür, seine Decke liegt ein kleines Stück weiter weg. Sie öffnen von drinnen die Tür, fassen nach draußen und klingeln. (Falls Ihr Hund dazu neigt, aus der Haustür zu stürzen, sobald sie geöffnet wird, machen Sie sicherheitshalber ein Gatter davor.) Sagen Sie sofort nach dem Klingeln „Auf den Platz". Durch Wiederholung wird Ihr Hund vorherzusehen lernen, dass ihm jedes Mal, wenn es klingelt, als Nächstes gesagt wird, er solle auf seinen Platz gehen. Irgendwann werden Sie Ihr Wortsignal gar nicht mehr geben müssen. Dank des magischen Umgebungssignals wird das Türklingeln an sich zum Signal werden und Ihr Hund wird auf seinem Platz rennen, sobald er es vernimmt. Sobald jeder Hund einzeln dieses Verhalten beherrscht, üben Sie mit beiden gleichzeitig so lange, bis alle auf ihre Plätze gehen, wenn es an der Tür klingelt. Dann machen Sie es schwieriger und klingeln, wenn Ihre Hunde sich gerade in anderen Teilen des Hauses befinden, sodass „Auf den Platz" sich verfestigt – unabhängig davon, wo die Hunde gerade sind, wenn sie die Klingel hören. Sobald das klappt, beginnen Sie damit, die Decken allmählich weiter von der Tür weg zu legen – so lange, bis sie sich wieder an ihren üblichen Plätzen befinden. Nehmen Sie sich Zeit, diesen Schritt zu trainieren, und üben Sie oft.

Wir nehmen nun an, dass Ihre Hunde jedes Mal, wenn es an der Tür klingelt, auf ihre Plätze rennen, sich hinlegen und bleiben. Großartig! Der nächste Schritt ist, ihnen zu erlauben, die Gäste in ordentlicher Manier zu begrüßen. Lassen Sie eine Freundin, die vorher schon im Haus war, nach draußen gehen und an der Tür klingeln, bis drei zählen und zurück nach drinnen gehen. Natürlich werden Ihre Besucher sich im echten Leben nicht selbst hereinlassen. Aber die Übung auf diese Weise zu absolvieren ist am Anfang leichter, weil Sie selbst damit beschäftigt sein werden, Ihre Hunde zu trainieren. Ihr falscher Besucher sollte sich langsam bewegen und nichts sagen. Wenn Ihre Hunde die Klingel hören, sollten sie auf ihre Plätze gehen.

Wenn Sie die Aufmerksamkeitsübungen aus Kapitel 19 trainiert haben, sollten Ihre Hunde einzeln auf ihren Namen hören. Wenn Ihre Hunde auf ihren Plätzen sind, beginnen Sie mit demjenigen Hund, der normalerweise immer als erster an der Tür ist. Sagen Sie seinen Namen und entlassen Sie ihn mit Ihrem Freigabesignal. Es ist nicht nötig, extra ein Signal wie „geh Hallo sagen“ zu trainieren, denn das, was Ihr Hund am meisten möchte, ist zum Besucher hinzugehen und Hallo zu sagen – glauben Sie mir, er wird es tun! Sie sollten gleichzeitig Ihre anderen Hunde daran erinnern, dass sie warten müssen, bis sie an der Reihe sind, indem Sie das Handzeichen für „Bleib“ verwenden. Entlassen Sie einen Hund nach dem anderen. Arbeiten Sie weiter daran, Ihre Hunde auf ihren Plätzen zu halten, während Sie hingehen und den Besucher einlassen – erst dann geben Sie jedem Hund einzeln die Erlaubnis, begrüßen zu gehen. Mit der Zeit erhöhen Sie den Schwierigkeitsgrad allmählich, indem Sie Ihrem Besucher gestatten, zu sprechen und sich mehr zu bewegen, wie es bei einem echten Gast der Fall ist.

Ihre Hunde sind jetzt bereit für die letzte Trainingsstufe. Dabei schafft man eine Situation, die dem echten Leben noch stärker nahekommt. Lassen Sie eine Freundin oder ein Familienmitglied ans Haus kommen und an der Tür klingeln. Aufgrund des gut gefestigten Umgebungssignals sollten Ihre Hunde nun automatisch zu ihren Plätzen rennen. Sollten sie dies nicht tun, geben Sie das Wortsignal, um sie zu erinnern. Sobald sie an ihrem Platz sind, gehen Sie und lassen die Person hinein. Da der Grad der Aufregung höher sein wird als bei Ihrer Übung mit dem „falschen Gast“, kann es sein, dass Sie Ihre Hunde daran erinnern müssen, weiter liegenzubleiben. Falls irgendeiner der Hunde das „Bleib!“ missachtet und zum Besucher hinrennt, bitten Sie die Person, nach draußen zu gehen und die Tür zu schließen. Ihr Hund hat soeben gelernt, dass Hinrennen ohne Erlaubnis zur Folge hat, dass die wertvolle Ressource – der Besucher – verschwindet. Wiederholen Sie dies, bis alle Ihre Hunde gehorchen. Arbeiten Sie sich langsam durch, bis Sie mit tatsächlichen Besuchern üben können.

Hier eine Zusammenfassung der Trainingsabfolge – gehen Sie erst zum nächsten Schritt über, wenn Ihre Hunde den aktuellen beherrschen.

1. Beginnen Sie mit der Hundedecke in der Nähe der Tür. Sie stehen mit Ihrem Hund an der Tür.
2. Schicken Sie ihn auf seinen Platz, wo er sich hinlegen und bleiben soll.
3. Üben Sie die vorhergehenden Schritte mit mehr als einem Hund gleichzeitig und so lange, bis Sie es mit allen Hunden gemeinsam können.
4. Üben Sie mit jedem Hund einzeln, öffnen die Tür, fassen nach draußen und klingeln. Dann schicken Sie den Hund auf seinen Platz.
5. Üben Sie den vorhergehenden Schritt und nehmen Sie immer einen Hund mehr dazu, bis Sie es mit allen Hunden gemeinsam können.
6. Zusätzlich zu der Übung, wenn die Hunde neben Ihnen an der Tür stehen, klingeln Sie, wenn die Hunde sich in anderen Bereichen des Hauses aufhalten. Sobald sie angerannt kommen und nicht automatisch an ihre Plätze gehen, geben Sie das Wortsignal. Fangen Sie auch damit an, die Decken allmählich weiter weg von der Tür zu bringen, bis diese an den üblichen Stellen liegen.
7. Lassen Sie einen Freund, nachdem er eine Weile im Haus gewesen ist, nach draußen gehen, klingeln und sich nach drei Sekunden selbst einlassen. Ihre Hunde sollten auf ihre Plätze rennen, sobald sie die Klingel hören. Einer nach dem anderen bekommt von Ihnen die Erlaubnis, zu gehen und zu begrüßen.
8. Erhöhen Sie allmählich den Schwierigkeitsgrad dieser Übung, indem Sie Ihren Besucher lebhafter werden lassen.
9. Lassen Sie einen Freund vorbeikommen und klingeln. Ihre Hunde sollten auf ihre Plätze gehen, sich hinlegen und bleiben. Der aktuelle Besucher darf so lebhaft sein, wie er möchte. Ihre Hunde sollten auf ihren Plätzen bleiben, bis sie einer nach dem anderen von Ihnen zum Begrüßen losgelassen werden.

Möglicherweise können Sie sich gar nicht vorstellen, dass Ihre Hunde sich so benehmen werden. Vielleicht klingen diese Trainingsübungen für Sie furchtbar schwierig oder gar unmöglich. Aber ich kann Ihnen versichern, dass sie nicht halb so schlimm sind, wie Sie vielleicht denken, sofern Sie regelmäßig üben und die Schwierigkeit allmählich in kleinen Schritten erhöhen. Zeit und Aufwand sind es wert, um Ihren Hunden anständige Selbstkontrolle und Manieren beizubringen. Diese eleganten Lösungen für problematisches Begrüßungsverhalten werden nicht nur Ihre Hunde sehr viel ruhiger machen und Kämpfe verhindern, sondern haben den zusätzlichen Pluspunkt, Ihre Besucher enorm zu beeindrucken.

31

Wie kommen wir zusammen?

All die Techniken aus den vorhergehenden Kapiteln basierten auf der Annahme, dass Ihre Hunde im selben Raum zusammen sein können, dass sie zumindest die meiste Zeit miteinander zurechtkommen und dass sie nur sporadisch miteinander streiten. Aber was, wenn Ihre Hunde einfach den Anblick des anderen nicht ertragen können? Manchmal ist das von Anfang an der Fall, zum Beispiel, wenn ein neuer Hund ins Haus gebracht wird. Oder, was manchmal passiert: Hunde, die bisher gut miteinander ausgekommen sind, hatten einen ernsthaften Kampf und möchten sich von da an schon beim bloßen Anblick gegenseitig attackieren. Wie können Sie mit Ihren Hunden arbeiten, wenn diese nicht einmal im gleichen Raum sein können? Kurz gesagt: Das können Sie nicht. Aber was Sie tun können, ist, ihnen zunächst mittels klassischer Konditionierung beizubringen, sich zu tolerieren und hoffentlich sogar wieder zu mögen – und an diesem Punkt können Sie dann wieder Training einführen. Falls Ihre Hunde beim bloßen Anblick des anderen zu kämpfen beginnen, ermöglichen Sie ihnen nicht, sich gegenseitig zu erreichen – weder körperlich noch in Sichtweite, es sei denn, Sie führen gerade eine Trainingseinheit durch. Falls Sie noch nicht damit begonnen haben, jeden Hund einzeln an das Tragen eines Maulkorbs zu gewöhnen, dann wäre jetzt ein guter Zeitpunkt dafür (siehe Kapitel 13). So können Sie zumindest gefahrlos arbeiten, bis Ihr Training zur Verhaltensmodifikation so weit gediehen ist, dass Sie die Hunde wieder zusammenlassen können.

Die Klassische Konditionierung

Klassische Konditionierung ist ein Prozess, bei dem eine konditionierte emotionale Reaktion auf einen Reiz geschaffen wird, indem man etwas Angenehmes mit diesem Reiz verbindet. Wenn sich die grundsätzlichen Gefühle eines Hundes einer bestimmten Sache gegenüber verändern, wird sich auch sein Verhalten verändern. Nehmen wir zum Beispiel einen Hund, der auf Männer mit Hüten reagiert. Falls der Hund jedes Mal, wenn er einen Mann mit Hut sieht, ein sehr begehrtes Leckerli bekäme, würde er das tolle Leckerli mit diesem huttragenden Mann verbinden und anfangen, eine positive emotionale Reaktion auf ihn zu entwickeln. Natürlich gibt es Regeln, die man befolgen muss, wenn man mit klassischer Konditionierung arbeitet, aber das ist die kurze Zusammenfassung der Idee dahinter.

Wenn es um streitende Hunde geht, ist es das Ziel der klassischen Konditionierung, positive und angenehme Gefühle dem anderen gegenüber zu installieren. Für die folgenden Übungen müssen beide Hunde angeleint sein und sollten auf einem Abstand voneinander gehalten werden, bei dem sie wahrscheinlich nicht negativ reagieren. Ich kann Ihnen hierfür keinen genauen Abstand nennen, da dies bei allen Hunden unterschiedlich ist. Die einen Hunde mögen sich von unterschiedlichen Seiten des Wohnzimmers aus tolerieren, während andere sich erst wohl fühlen, wenn sie mindestens zehn Meter voneinander entfernt sind. Nur Sie wissen, wo diese Komfortzone bei Ihren eigenen Hunden liegt. (Falls Sie nicht ganz sicher sind, lesen Sie in Kapitel 5, *Körpersprache und subtile Signale,* nach.) Ob Sie den folgenden Plan zuhause oder draußen durchführen, wird durch diesen Abstand bestimmt werden. Falls Ihre Hunde sich zum Beispiel nur mit einem großen Abstand zueinander wohlfühlen, werden Sie, sofern Sie nicht ein riesiges Haus haben, anfangs draußen üben müssen. Übrigens ist auch zu bedenken, dass manche Hunde draußen weniger reaktiv gegeneinander sind, wo Territorialität normalerweise kein Thema ist. Falls dies bei Ihren Hunden zutrifft, beginnen Sie unabhängig von der Größe der Komfortzone draußen im Freien, mit dem Ziel, am Ende wieder drinnen arbeiten zu können.

Fallbeispiel: Bella und Cody

Wenn man mittels klassischer Konditionierung mit einem Hund arbeitet, der gegen andere Hunde reaktiv ist, versorgt man ihn üblicherweise mit Leckerlis, wenn er einen anderen Hund sieht. Dies hat zum Ziel, ihm beim Anblick anderer Hunde eine positive Gefühlsreaktion einzuimpfen. Falls von zwei streitenden Hunden nur einer reaktiv gegen den anderen ist, könnten Sie vielleicht der Meinung sein, den Fokus der Konditionierung nur auf den reaktiven Hund legen zu müssen. Aber weil der nicht-reaktive Hund höchstwahrscheinlich durch die aggressiven Begegnungen gestresst ist und sehr wohl eine unangenehme Assoziation mit dem anderen Hund entwickelt haben mag, sollte das Konditionieren bei beiden Hunden stattfinden.

Hier ist ein Beispiel dafür, wie klassische Konditionierung aussehen kann, wenn Sie der Besitzer zweier kleiner Mischlinge namens Bella und Cody sind, wobei Bella dazu neigt, Cody zu attackieren:

Sie stehen ruhig mit Bella an lockerer Leine da. Halten Sie hochwertige Leckerli bereit. Diese sollten etwas sein, was die Hunde normalerweise nicht bekommen, aber absolut lieben. Bei uns zum Beispiel sind Hundekekse etwas, was meine beiden Hunde zwar mögen, aber kleingeschnittene Würstchen sind schlicht himmlisch! Würstchen, Stückchen von Hähnchen (ohne die Knochen natürlich) – was auch immer Ihre Hunde hinterm Ofen hervorlockt, das nehmen Sie.

Während Sie mit Bella dastehen, kommt Cody, der mit einem Helfer an der Leine geht, in Sichtweite. Sollten Sie drin arbeiten, sollte das Erscheinen und Verschwinden leicht zu managen sein, indem man Cody um die Ecke gehen oder einen Raum betreten lässt, für einen Moment dasteht und dann wieder um dieselbe Ecke oder durch denselben Eingang verschwindet. Falls Sie draußen arbeiten, versuchen Sie ein Gebäude, Büsche oder etwas anderes zu finden, um das herum Sie arbeiten können.

In dem Moment, in dem Bella Cody entdeckt, beginnt der Leckerli-Zug zu rollen! Teilen Sie schnell und gut gelaunt ein Leckerli nach dem anderen an Bella aus, die, sofern der Abstand ausreichend ist, die Leckerlis begierig nehmen sollte. Wenn Sie mögen, können Sie auch gerne ein wenig „fröhliches Geschnatter" veranstalten, solange Cody zu sehen ist. Zum Beispiel könnten Sie mit hoher, fröhlicher Stimme sagen, während Sie Bella belohnen: „Oh, schau, da ist Cody! Wir lieben Cody, so ein guter Junge!" Achten Sie nur darauf, dass Ihre Stimme glücklich klingt und nicht ängstlich. Derjenige, der mit Cody geht, sollte ihm ebenso Leckerlis füttern, sobald er Bella sieht (und kann genauso fröhlich schnattern, wenn er möchte). In dem Moment, in dem Cody außer Sichtweite gerät, hören die Leckerlis und das fröhliche Geschwätz für beide Hunde auf. Sehen Sie, wie Sie hier eine positive Verknüpfung schaffen? Die Hunde sehen sich und die Party beginnt! Es regnet Leckerlis und Lob vom Himmel! Das ist das Hundeparadies! Dann verschwinden die Hunde aus der Sicht des anderen, und der ganze Spaß hört auf. Denken Sie beim Geben der Leckerlis daran, dass Sie dies schnellstmöglich tun und genau so lange, wie die Hunde sich gegenseitig sehen können. Sind die Hunde weg, verschwinden auch die Leckerlis.

Aber was, wenn die Hunde sich sehen und einer oder beide Hunde die Leckerlis nicht nehmen, sondern stattdessen bellen, springen, knurren oder andere Zeichen von Reaktivität zeigen? Das heißt, dass Sie mit einer zu geringen Distanz arbeiten. Stoppen Sie das Ganze, organisieren Sie um und versuchen es später noch einmal mit größerem Abstand. Falls sich das Problem unabhängig vom Abstand fortsetzen sollte, beginnen Sie mit dem Belohnungsprozess bereits, noch ehe die Hunde sich gegenseitig bemerken, sodass sie bereits in einem glücklicheren Gemütszustand sind, wenn sie sich dann zu sehen bekommen.

Dann können Sie langsam darauf hinarbeiten, dass Sie erst in dem Moment belohnen, in dem sie sich zu sehen beginnen.

Die vier Variablen

Ihr Ziel in diesen Trainingseinheiten ist, den Punkt zu erreichen, an dem die Hunde, sobald sie sich sehen, ihre Begleiter glücklich anschauen, als wollten sie sagen: „Das ist ja ein lustiger Tanz hier! Und wo ist meine Belohnung?". Sobald sich das positive emotionale Feedback klar verfestigt hat, ist es Zeit dafür, den Schwierigkeitsgrad der Übung zu erhöhen. Es gibt vier Variablen, mit denen Sie im weiteren Prozess arbeiten. In diesem Beispiel ist die erste Variable die *Dauer*: Wie lange bleibt Cody im Raum? Zuerst mag er bloß ein paar Sekunden anwesend sein, aber dann, nach ein paar Wochen Arbeit, werden die Hunde auch dann noch glücklich ihre Leckerlis nehmen, während Cody bis zu fünf Minuten im Raum bleibt. Ehe Sie mit der zweiten Variable arbeiten, der *Distanz*, verlängern Sie die Zeit, die Cody zu sehen ist. Sie haben mit einem Abstand begonnen, bei dem sich beide Hunde wohlgefühlt haben; jetzt ist das Ziel, die Hunde allmählich und schrittweise aneinander anzunähern. Dies bedeutet nicht, dass Sie während einer einzigen Sitzung versuchen sollten, von neun Metern auf einen Abstand von einem Meter zu kommen! Das Rennen wird hier langsam, aber sicher gewonnen. Wobei es sich, nebenbei bemerkt, gar nicht um ein Rennen handelt, sondern darum geht, im Laufe der Zeit vorsichtig und methodisch zusammenzukommen.

Die letzten beiden Variablen sind *Bewegung* und *Richtung*. Während Bella vielleicht nicht nennenswert auf Cody reagiert, der langsam in Sicht kommt, kurz stillsteht und dann wieder geht, würde sie sich aber aufregen, wenn Cody sich schneller bewegt. Dasselbe würde gelten, wenn Cody, anstatt quer durch Bellas Sichtfeld zu gehen, direkt auf sie zu geführt würde. Sie werden mit beiden dieser Variablen arbeiten müssen und sehr gut darauf achten, dass Sie nicht den Schwierigkeitsgrad von mehr als einer Variable gleichzeitig erhöhen. Die Grundregel lautet: Wenn man eine Variable erschwert, macht man die andere wieder leichter. Beispielsweise ist Cody auf einer Distanz von neun Metern erschienen und geht in diesem Abstand langsam quer durch Bellas Sichtfeld. Wenn er dann später nur einen Meter entfernt vorbeigeführt wird, würden Sie nicht wollen, dass er auch noch rennt, anstatt zu gehen. Oder wenn Sie am Winkel der Annäherung zu arbeiten beginnen, erhöhen Sie die Schwierigkeit, indem Sie Cody auf einer Diagonale auf Bella zulaufen lassen – dann könnten Sie den Abstand um ein Stück vergrößern. Denken Sie daran, dass Sie jedes Mal, wenn Sie eine Variable erschweren, eine andere erleichtern sollten. Das hilft dabei, dass die Hunde unterhalb der Schwelle bleiben, an der sie reaktiv zu beginnen werden. Wohlgemerkt, unterhalb der Schwelle bedeutet, dass die Hunde nicht bellen, springen oder andere offensichtliche Zeichen von Reaktivität zeigen – aber ebenso, dass sie nicht starren, die Lefzen hochziehen, oder andere unterschwellige Stresssignale zeigen.

Dieses ganze Vorgehen klingt auf dem Papier prima. Aber was ist, wenn Sie eine Trainingseinheit durchführen und ein Hund dreht durch, springt und kläfft in Richtung des anderen Hundes? Sollten Sie ihn korrigieren, ihn sich hinsetzen lassen, bis er sich beruhigt hat, oder ihm behutsam vorschlagen, dass er doch das Buch lesen möge bis zu der Seite, an der Sie auch gerade sind? Nein, nein, und... äh, nein. Falls Ihr Hund die Schwelle überschreitet, entfernen Sie ihn so ruhig und schnell wie möglich aus dem Areal. Falls Sie Ihre vorherigen Trainingsfähigkeiten geübt haben, sollten Sie in der Lage sein, seinen Fokus auf sich lenken zu können, insbesondere dann, wenn Sie weiter weg von dem anderen Hund gehen. Es ist nicht nötig, ihn zu korrigieren. Das würde nur eine unangenehme Verknüpfung zwischen dem Anblick des anderen Hundes und einer Bestrafung schaffen, was genau das Gegenteil dessen wäre, was Sie zu erreichen versuchen. Organisieren Sie um und denken Sie darüber nach, warum das passiert ist. Waren Sie auf zu wenig Abstand? Hat sich der andere Hund zu schnell bewegt und dadurch wurde der Schwierigkeitsgrad zu schnell erhöht? Überarbeiten Sie Ihren Plan entsprechend, beginnen Sie dort, wo Sie zuletzt Erfolg zu verzeichnen hatten und gehen dann allmählich in kleinen Schritten Richtung Ziel weiter vor. Sie können Verhaltensänderungen nicht übers Knie brechen, so groß die Versuchung auch sein mag!

Fortschritte

Setzen Sie Ihre täglichen Konditionierungs – Einheiten fort, halten Sie diese kurz und hören Sie immer dann auf, wenn etwas gut geklappt hat. Sobald die Hunde sich in Gegenwart des anderen wohler fühlen, fangen Sie damit an, Trainingsfähigkeiten zu üben – jeder an der Leine in einem Zimmer, immer eine Person trainiert einen Hund. Zum Beispiel haben Sie Bella auf der einen Seite des Zimmers, wo Sie mit ihr das Aufmerksamkeitssignal und Hand-Targeting üben. Cody ist in der Zwischenzeit im Raum gegenüber mit Ihrer Freundin, die ihn einige Tricks vorführen lässt, die er schon gut kann. Welche speziellen Fähigkeiten oder Tricks Sie üben, spielt keine Rolle, solange Ihre Hunde diese beherrschen. Verlangen Sie nicht von Ihren Hunden, sich hinzulegen, wenn sie sich in Gegenwart des anderen noch nicht wohlfühlen – wenn Sie das tun würden, würden Sie sie in eine verletzliche Position manövrieren.

Solange Sie sich darum bemühen, in Ihren Hunden positive Gefühle beim Anblick des anderen hervorzurufen, unternehmen Sie zusätzlich zu den Trainings-Sitzungen Dinge, an denen sich beide erfreuen. Setzen Sie die Sicherheit an erste Stelle. Falls Ihre Hunde zum Beispiel gerne wandern gehen, gehen Sie mit dem einem Hund, während eine andere Person mit dem anderen geht und halten Sie beide auf einem Sicherheitsabstand voneinander, wie im nächsten Kapitel ausgeführt. Dieses Draußensein wird dabei helfen, weitere gute Assoziationen bei Ihren Hunden zu schaffen und es wird hoffentlich dabei helfen, sie einander wieder näherzubringen.

Was kommt als Nächstes?

Wohin der Weg von hier aus führt, hängt von Ihren Hunden ab. Angenommen, die klassische Konditionierung war erfolgreich bis hin zu dem Punkt, dass Ihre Hunde sich an der Gesellschaft des anderen wieder erfreuen und zusammen sein möchten. Dann ist es Zeit, sie wieder zusammenzubringen. Allerdings muss das vorsichtig vor sich gehen, denn ohne Leine zu Hause zu sein ist riskanter als draußen, weil es sich nicht um neutrales Gebiet handelt. Um abschätzen zu können, wie Ihre Hunde reagieren werden, führen Sie Trainingseinheiten mit einem Trenngitter zwischen ihnen durch. Wenn sie ihre Sache über mehrere Sitzungen hinweg gut machen, ist der nächste Schritt, ihnen zu erlauben, dass sie frei interagieren dürfen. Allerdings mit der Vorsichtsmaßnahme, dass sie einen Maulkorb tragen. Verpassen Sie beiden Hunden Maulkörbe oder, falls nur ein Hund immer der Aggressor ist, bekommt nur dieser einen Maulkorb. Hoffentlich verstehen sich die Hunde gut, aber falls ein Kampf ausbrechen sollte, ist die Wahrscheinlichkeit eines körperlichen Schadens dramatisch reduziert. Bevor Sie beginnen, wenden Sie die Lappen-Wischtechnik an (siehe Kapitel 28), um den Hunden zu helfen, sich im Beisein des anderen wohler zu fühlen.

Beginnen Sie mit den unangeleinten Hunden und mit einigem Abstand voneinander, einer oder beide tragen je nach Bedarf einen Maulkorb. Wie Sie es vorher gemacht haben, sollte jede Person von Ihrem Hund einfache Gehorsamsaufgaben oder Tricks abfragen, die er gut kennt. Das wird den Hunden helfen, sich auf ihre Hundeführer zu fokussieren anstatt aufeinander. Aber was noch viel wichtiger ist: Es wird sie geistig beschäftigt halten, anstatt ihnen die Möglichkeit zu geben, die emotionale Kontrolle komplett zu verlieren. Solange die Hunde sich verstehen, wiederholen Sie diese Sitzungen einige Tage lang und einige Male am

Tag. Halten Sie die Sessions kurz. Selbst fünf Minuten reichen aus. Während dieser Sitzungen erlauben Sie den Hunden, sich anzuschauen und schließlich sich jeweils einige Sekunden lang zu beschnüffeln. Managen Sie die Dinge vorsichtig, damit Futterbelohnungen keinen Streit zwischen ihnen auslösen.

Steigern Sie sich von kurzen Sitzungen zu mit der Zeit längeren, wobei Sie den Hunden mehr Zugang zueinander erlauben, so lange sie noch gut miteinander auskommen. Wenn Sie sich dabei wohlfühlen, können Sie die Maulkörbe entfernen, aber befestigen Sie eine kurze Leine am Halsband eines jeden Hundes. Lassen Sie die Leinen schleifen. Sollte es einen Kampf geben, ist es für Sie sicherer und leichter, die Leinen zu schnappen als die Halsbänder. Schließlich sollten Ihre Hunde an diesem Punkt um vieles besser miteinander auskommen, sodass Aggression kein Thema mehr sein sollte. Halten Sie Ausschau nach Versöhnungsverhalten, wie zum Beispiel, dass ein Hund den Maulkorb des anderen ableckt oder ein Hund ein Spiel initiiert, indem er eine Spielaufforderung mit tiefgestelltem Vorderkörper zeigt. Hoffentlich werden sie bald so gut miteinander klarkommen wie alte Freunde.

Verhaltensmodifikation ist nicht immer leicht, aber sie ist es immer wert. Sie haben hart gearbeitet – und nun gönnen Sie sich *selbst* eine Belohnung!

Da geht's lang

Wie schon zuvor besprochen, ist ausreichende Bewegung für Ihre Hunde ein wichtiger Bestandteil eines umfassenden Programms zur Verhaltensmodifikation. Wahrscheinlich ist für Sie, wie für die meisten Menschen, Spazierengehen mit den Hunden die Grundlage des Programms. Aber was, wenn Ihre Hunde während des Ausflugs miteinander kämpfen? Was, wenn die Erregung des einen beim Anblick eines unbekannten Hundes auf Ihren anderen Hund umgerichtet wird, sodass der eine sich umdreht und nach dem anderen schnappt? Oder, noch schlimmer wäre, wenn Sie Ihre Hunde nicht einmal gemeinsam mitnehmen können, weil sie kämpfen, sobald einer den anderen sieht? Nicht verzweifeln! Es lässt sich immer noch ein Weg finden.

Falls Ihre Hunde gleich beim ersten Anblick kämpfen, könnten Sie natürlich getrennt mit Ihnen nach draußen gehen. Was meinen Sie? Sie sind nicht so wild darauf, Ihr tägliches Bewegungspensum zu verdoppeln? Das ist verständlich. Falls Sie lieber mit Ihren beiden Hunden zusammen spazierengehen, brauchen Sie die Unterstützung durch einen Freund, der den anderen Hund führt. Ehe Sie beginnen, sollten Sie sich Gedanken darüber machen, bei welchem Abstand wahrscheinlich keiner der Hunde auf den anderen reagieren wird. Bei einigen Hunden werden das bloß ein paar Zentimeter sein, während es bei anderen bedeuten mag, dass Sie erst einmal den einen Hund auf der gegenüberliegenden Straßenseite oder noch weiter weg halten müssen. Die Hunde sollten in derselben Richtung und parallel zueinander geführt werden und zu Beginn sollte ihnen nicht erlaubt werden, aufeinander zuzugehen. Der Platz der Hunde soll an den Außenseiten der Hundeführer sein, sodass es dann so aussieht wie auf der nächsten Seite abgebildet.

Vorausgesetzt, Ihre Hunde beherrschen das Aufmerksamkeitssignal und das Hand-Targeting, können Sie diese Befehle dazu nutzen, die Aufmerksamkeit Ihrer Hunde zu erlangen und deren Gedanken von „Was macht der andere da gerade?“ abzulenken. Das kann langfristig nützlich sein, wenn Sie schließlich mit den Hunden eng zusammen arbeiten. Ach ja, und Sie sollten Leckerli zur Hand haben, um sie für Folgsamkeit zu belohnen! Außerdem sollten Sie die Hunde noch für ein Verhalten belohnen, das nicht auf Ihr Signal hin gezeigt wird, sondern das Sie einfangen: Nämlich, wenn ein Hund den anderen gelassen an-

Gehen Sie nebeneinander mit den Hunden an Ihren Außenseiten.

schaut. Belohnen Sie nur Blicke, die vollkommen ohne Aggressionen sind und achten Sie darauf, dass ein gelegentlicher Blick nicht zum Anstarren wird.

Wie immer steckt der Gedanke dahinter, den Schwierigkeitsgrad allmählich und schrittweise zu erhöhen. Wenn man eine Sitzung mit sechs Metern voneinander entfernt beginnt und bei einem Abstand von fünfzehn Metern beendet, würde das einen ordentlichen Fortschritt bedeuten. Sie würden nicht von sechs Metern gleich auf sechzig Zentimeter gehen, denn das würde die Hunde überfordern. *Lassen Sie sich Zeit.* Ich habe es zwar schon gesagt, aber es ist eine Wiederholung wert: Langsam kommt man sicherer ins Ziel. Die Hunde werden lernen, die angenehme Erfahrung des Spazierengehens mit der Gegenwart des anderen Hundes zu verbinden, während gleichzeitig Sie und Ihre Hunde Bewegung bekommen.

Sollte ein Hund an irgendeinem Punkt auf den anderen reagieren, drehen Sie um und gehen Sie weiter weg. Sie brauchen den Hund nicht auszuschimpfen oder zu bestrafen, da er Ihnen einfach nur deutlich macht, dass er sich nicht wohlfühlt. Sobald er sich beruhigt hat, beginnen Sie neu, dieses Mal mit einem größeren Abstand. Um eine Reizanhäufung zu vermeiden – immerhin hat sich

Ihr Hund gerade aufgeregt – hören Sie nach ein paar weiteren Minuten Nebeneinanderhergehen in angenehmem Abstand auf und beenden Sie das Ganze in guter Stimmung, anstatt jetzt noch weitere Fortschritte erzielen zu wollen.

Mit der Zeit sollten Sie soweit kommen, dass die Hunde nahe beieinander gehen können, ohne aufeinander zu reagieren. „Nicht reagieren" bedeutet wiederum nicht, dass die Hunde sich gegenseitig komplett ignorieren müssen. Es ist in Ordnung und sogar eine Belohnung wert, wenn sie sich anschauen können, solange es sich nicht um Anstarren, Anspringen, Anbellen oder sonstiges reaktives Verhalten handelt. Sobald Sie so weit gekommen sind, dass die Hunde auf mehreren Ausflügen ruhig etwa eineinhalb Meter voneinander entfernt spazierengehen können, ist es an der Zeit für den nächsten Schritt. Dabei wird die Anordnung entsprechend der Zeichnung auf der nächsten Seite oben geändert.

Bei dieser Anordnung sind die Hunde immer noch durch eine Person dazwischen voneinander getrennt, aber sie sind näher beieinander als vorher. Vielleicht stellen Sie fest, dass dies für Sie dauerhaft die beste Art ist, mit ihnen spazierenzugehen. Oder vielleicht wären Sie mit der Zeit in der Lage, so weit voranzukommen, dass die Hunde zwischen Ihnen und dem anderen Spaziergänger gehen, sodass es so aussieht wie auf der unteren Zeichnung.

Den letzten Schritt nehmen Sie erst in Angriff, wenn Sie absolut sicher sind, dass die Hunde sich nicht reaktiv gegeneinander verhalten. Vergessen Sie nicht, dass es bei jedem dieser Schritte wichtig ist, gelegentlich das Aufmerksamkeitssignal oder Hand-Targeting abzuverlangen. Das wird die Hunde geistig beschäftigt halten, anstatt sich aufeinander zu fixieren.

Im besten Fall wären Sie in der Lage, dass Ihre Hunde sich immer wieder mal zwischendrin für drei Sekunden beschnuppern können und so weit kommen, dass Sie sie friedlich gemeinsam spazieren führen können. Bei manchen wird dies möglich sein, bei anderen nicht. Gehen Sie fürs Erste weiterhin täglich mit Ihren Hunden spazieren. Und noch einmal: Seien Sie vor allem ruhig und geduldig. Fortschritt braucht Zeit.

Bei dieser Anordnung ist immer noch eine Person zwischen den beiden Hunden.

Das Endziel: Beide Hunde können ruhig direkt nebeneinander hergehen.

Teil Fünf
Ergänzende Therapien

33

Ergänzende Therapien

Training und Verhaltensmodifikation kann einen Großteil dazu beitragen, Hunden zu einer friedlichen Koexistenz zu verhelfen. Genau wie die Trainingserfolge eines Sportlers durch Nahrungsergänzungsmittel unterstützt werden können, können Sie Ihren Hunden helfen, indem Sie dem gesamten Rehabilitationsprogramm noch eine Ebene hinzufügen: Ergänzende Therapien. Diese Produkte und Techniken sind als Verbindungsglied zu Ihren Verhaltensmodifikationsprogramm zu verstehen. Ihr Sinn und Zweck liegt darin, Ihren Hunden dabei zu helfen, sich grundsätzlich wohlzufühlen, sodass all die harte Arbeit, die Sie investieren, umso erfolgreicher sein kann.

Obwohl manche der Möglichkeiten, die in diesem Teil aufgeführt werden, schon für sich alleine helfen mögen, sollten Sie keine vollständige Lösung des Problems dadurch erwarten. Ganz egal, wie wunderbar jede dieser individuellen Lösungen auch sein mag, es gibt keine magische Pille, die all die Verhaltensprobleme lösen oder jedem einzelnen Hund helfen könnte. Lesen Sie sich den gesamten Teil durch und entscheiden Sie für sich, was davon Ihnen bei Ihren Hunden hilfreich erscheinen mag. Falls Sie einen Hund haben, der gelegentlich angespannt ist und normalerweise die Quelle der Konflikte in Ihrem Zuhause darstellt, so könnten Sie die Entscheidung treffen, einige der Vorschläge nur bei diesem Hund anzuwenden. Auf der anderen Seite könnten Sie, falls das Verhalten dieses Hundes Ihre anderen Hunde permanent verängstigt hat, eine andere Therapie für den nervösen Hund als sinnvoll erachten. Und falls zwei Hunde immer kampfbereit sein sollten, könnten vielleicht beide von dem einen oder anderen in diesem Teil des Buches profitieren.

So motiviert Sie nun auch sein mögen und mit diesen Therapien beginnen möchten, versuchen Sie nicht, alles gleichzeitig zu tun! Experimentieren Sie nur mit je einer Sache auf einmal je Hund, sodass Sie bewerten können, was hilfreich ist und was nicht. Schreiben Sie das Datum auf, an dem Sie damit begonnen haben, damit Sie das Ganze nachvollziehen können. Wenn etwas nach ein paar Versuchen oder ein paar Wochen nichts geholfen hat, dann versuchen Sie etwas anderes. Möglicherweise finden Sie heraus, dass die eine Sache bei einem

Hund wunderbar hilft und etwas ganz anderes für einen anderen Hund besser passt. Ein zusätzlicher Vorteil dieser Therapien ist, dass die meisten davon keinerlei Nebenwirkungen haben und keinen Schaden anrichten können. Hoffentlich werden Sie etwas in diesem Teil des Buches finden, dass genau das Richtige ist, um erheblich zum Gelingen Ihres Trainingsprogramms beizutragen.

TTouch

TTouch – oder Tellington TTouch, wie er nach seiner Erfinderin Linda Tellington-Jones manchmal genannt wird – ist eine praxisorientierte Technik, die dazu genutzt werden kann, um Tieren sowohl auf Körper – als auch auf Gefühlsebene zu helfen. Linda Tellington-Jones, eine Feldenkrais-Lehrerin und erfolgreiche Turnierreiterin und Pferdetrainerin, entwickelte die TTouch Methode in den 1970er Jahren für den Einsatz an „Problempferden". Seither wurde diese Methode erfolgreich auch an Hunden, Katzen und einer ganzen Reihe Haustieren und Exoten einschließlich Lamas, Schneeleoparden, Elefanten und Alligatoren erfolgreich angewendet. Wenn TTouch einem gereizten Alligator helfen kann, dann kann er sicher auch Ihren sich streitenden Fellbündeln nutzen!

Befürworter des TTouch glauben, dass er bei so gut wie allem hilft, von Aggression und anderen Verhaltensproblemen bis hin zur beschleunigten Heilung nach Operationen. Er soll Angst und Schüchternheit lindern und Verhaltensweisen reduzieren, die mit Ängstlichkeit verbunden sind. Er soll weniger Widerstand bei Pflege und Handling bewirken, Angst vor Gewittern und anderen Geräuschen verringern, Nervosität abbauen oder sogar Angstbeißer heilen. Bei Hunden, die zu Hause streiten, kann sich eine riesige Menge an körperlichem Stress und Ängstlichkeit aufgebaut haben, denn ein angespannter Hund fühlt sich in seinem Körper weder gelöst noch emotional ruhig. Daher ist es höchstwahrscheinlich so, dass er spontan auf etwas reagieren kann, was ihn irritiert, wie zum Beispiel ein anderer Hund. TTouch-Techniken können in dieser Hinsicht auch eine unglaubliche Hilfe sein, einen Hund zu beruhigen, der nervös ist, weil er gemobbt worden ist.

TTouch nutzt eine Kombination aus speziellen Berührungen, Anhebungen, Körperbandagen und Bewegungsübungen, um Spannung abzubauen und die Körperwahrnehmung zu verbessern. TTouch-Practitioner sagen, dass die Funktion der Zellen aktiviert und die Zellintelligenz geweckt wird. Weil das Nervensystem angesprochen wird, werden Muster von Gewohnheitsreaktionen unterbrochen und die Hunde bekommen die Möglichkeit, zu denken, anstatt einfach nur zu reagieren. Wenn die Verbindung zwischen dem Körper des Hundes, seinem Geist und seinen Gefühlen sich verbessert, so gilt das auch für Koordination, Selbstbewusstsein und Verhalten.

Und da viele Körper – und Verhaltensprobleme ihren Ursprung in ständigen Spannungen des Körpers haben und/oder dadurch noch verschlimmert werden, beginnt der Heilungsprozess, indem man Hunden beibringt, diese Spannungsfelder wahrzunehmen und sie dann zu lösen.

Sobald ein Hund sich entspannt und seine Körperhaltung sich ändert, wird sich auch sein emotionaler Status ändern. Vor allem wird der Hund sowohl emotional als auch mental ausgeglichener und kann daher die Lage ruhig einschätzen, ohne sofort auf aggressive Art und Weise zu reagieren. TTouch-Anwendungen haben den zusätzlichen Nutzen, die Bande an Liebe und Vertrauen zwischen Hunden und deren Besitzern zu vertiefen.

Der Einsatz von TTouch als Verbindungsglied zur Verhaltensmodifikation

Von Dennis Fehling

In diesem Fall ging es um zwei Hündinnen, die sich gegenseitig eine Menge Schaden zugefügt hatten. Ein Besuch beim Tierarzt kostete meine Klienten über 5000 Dollar. Wir begannen mit dem Standard der klassischen Gegenkonditionierung und Desensibilisierung - mit gemischten Ergebnissen. Wir hatten einige wirklich gute Sitzungen und einige nicht so gute. Ich arbeitete mit beiden Besitzern, um jegliches wildes Spiel mit den Mädels zu stoppen, und zeigte ihnen einige grundlegende TTouches, die helfen sollten, die beiden zu beruhigen, was gut funktioniert hat. Die beiden Basis TTouches© die ich ihnen gezeigt hatte, waren der Liegende Leopard und Ohren-TTouches©.

Ich wollte die Besitzer nicht überfordern bei all dem anderen, um dass sie sich Sorgen zu machen hatten. Wir begannen dann mit etwas Tellington TTouch Bodenarbeit, was zum Inhalt hatte, die Hunde in einer arbeitsfähigen Distanz zu haben, bei der sie weder bellten noch durch die Anwesenheit des anderen übererregt waren. Wir machten einige Basis-Bewegungsübungen wie das TTouch-Labyrinth. Das ist ein Stangenlabyrinth mit Biegungen nach links und rechts sowie einer Pause in der Mitte. Wir hatten auch einige Kegel draußen aufgestellt, um die sie Slalom laufen mussten, sowie unterschiedliche Untergründe wie Holzrampen, Teppichstücke und viele andere Oberflächen. Wir begannen bei einer großen Distanz von über fünfzehn Metern zueinander und am Ende der ersten Sitzung gingen beide Hunde gemeinsam in das Labyrinth.

Ich glaube, die Bodenarbeit half beiden Hunden wirklich dabei, zu lernen, wie sie wieder zusammenarbeiten konnten - wie sie es früher schon getan hatten, ehe die Kämpfe begannen. Ich glaube auch, dass die TTouches meinen Klienten geholfen haben, mit den Hunden auf eine neue Art und Weise zu interagieren, was sie entschleunigte und ihnen Gelegenheit gab, die Hunde mit neuen Augen zu sehen und mit ihnen in einer neuen Sprache zu sprechen. Ich bekomme ungefähr monatlich Berichte darüber, wie gut es den Mädels geht und dass ihre Beziehung wieder so ist, wie es war, ehe das Kämpfen angefangen hatte. Sie machen tägliche gemeinsame Schnüffel-Spaziergänge, auch unangeleint. Ich muss aber dazusagen, dass wir die beiden Hunde aufgrund des riesigen Schadens, den sie sich gegenseitig zugefügt hatten, darauf konditioniert hatten, Maulkörbe zu tragen, um sicherzugehen, dass sie sich gegenseitig nicht wieder verletzen konnten. Das half meinen Klienten zusätzlich, sich beim Training zu entspannen.

Dennis' Bericht ist nur einer von vielen, die demonstrieren, wie TTouch bei Aggressionsproblemen helfen kann. Ich habe die Ergebnisse von TTouch bei Hunden, die kämpfen, aber auch in ganz anderen Zusammenhängen selbst gesehen. Über viele Jahre hinweg habe ich ein Rettungszentrum für Wölfe und Wolfshunde mitgeleitet. Mit den Bewohnern, die Körperkontakt zugelassen haben, habe ich zwei Arten von Heiltherapie durchgeführt: normale Massage und TTouch. Da ich unter anderem zertifizierte Massagetherapeutin bin – stellen Sie sich die Blicke vor, die ich von meinen Mitstudenten erntete, als ich ihnen sagte, ich wollte Hunde und Wölfe massieren anstatt Menschen – wusste ich, wie ich eine anständige, gründliche Massage durchführen musste. Die Wölfe und ich genossen unsere Massage-Sitzungen sehr, aber als ich mit dem Einsatz von TTouch begann, gab es noch ein tieferes, viel grundlegenderes Loslassen. Aus diesen wunderschönen, haarigen Brustkörben kamen große, tiefe Seufzer, als sich die Wölfe entspannten, während sie die durch die TTouches entstandene Verbindung zuließen. Diese Momente waren magisch.

TTouch ist faszinierend und ich habe zahllose Geschichten von anderen Trainern gehört, wie er Hunde veränderte, die aggressives Verhalten gezeigt hatten. Es gibt viele Bücher und DVDs, die Ihnen dabei behilflich sind, TTouch zu erlernen. Falls Sie können, würde ich Ihnen aber einen Workshop ans Herz legen, damit Sie persönlich bei einem qualifizierten Lehrer lernen, wie Sie die Technik bei Ihren Hunden richtig anwenden.

35

DAP

DAP ist eine Abkürzung für Dog Appeasing Pheromone (zu deutsch etwa: Hunde-Entspannungs-Pheromon). Laut den französischen Wissenschaftlern, die es zuerst identifiziert haben, findet sich dieses Pheromon bei Säugetieren innerhalb drei bis fünf Tage nach der Geburt. Es wird in den Milchdrüsen gebildet und vermittelt dem Nachwuchs ein Gefühl der Sicherheit. Hunde nehmen Pheromone ihrer eigenen Spezies über das vomeronasale Organ in der Nasenhöhle wahr. Da die Rezeptoren in diesem Organ neurologisch an das limbische System gekoppelt sind – das ist der Gehirnteil, der unter anderem viele Stimmungen und Gefühle kontrolliert –, können die Pheromon-Moleküle in ängstlichen Situationen das Verhalten beeinflussen.

Käuflich erhältliche Produkte, die DAP beinhalten – eine synthetische Reproduktion des natürlich vorkommenden Pheromons – haben auf Welpen und erwachsene Hunde gleichermaßen einen beruhigenden Effekt. Die geläufigste Variante des DAP ähnelt einem Lufterfrischer-Stecker: ein kleiner, elektrisch beheizter Verdampfer, der die bedufteten Moleküle in die Luft schickt. Machen Sie sich keine Sorgen, die Moleküle sind für den Menschen geruchlos. Das Produkt wird unter mehreren Bezeichnungen verkauft und reicht grundsätzlich für eine Fläche von etwa 45-55 qm. Bei ständigem Gebrauch hält es schätzungsweise einen Monat und man kann Nachfüllpackungen nachkaufen. (Falls Sie Vögel besitzen, stecken Sie den Zerstäuber nicht im selben Raum ein, in dem die Vögel sich aufhalten, da manche Vögel ein extrem empfindliches Atemwegsystem besitzen.)

Die Produkte gibt es auch als Spray, das man um das Körbchen herum sprühen kann, ins Auto oder überall sonst, wo ruhiges Verhalten wünschenswert ist. Das Produkt gibt es auch noch in Halsbandform; die Wirkung hält vier Wochen an. Ich muss sagen, dass ich kein Fan von Dingen bin, von denen sich Hunde nicht entziehen können. Falls Sie ein DAP-Halsband verwenden, beobachten Sie Ihre Hunde unbedingt sorgfältig, ob irgendeine Nebenwirkung auftritt.

Anwendungsgebiete

Ich habe vielen meiner Kunden DAP als Ergänzung zu Verhaltensmodifikationen empfohlen, und zwar für alles mögliche von Trennungsängsten bis hin zu Angst vor Besuchern. Ich halte es für noch geeigneter, um Stress zwischen Hunden, die zu Hause kämpfen, zu vermindern. Es gibt zwei Wege, wie es helfen kann: Zum einen entspannt es die Hunde generell, lindert somit Spannung und führt zu weniger Kämpfen. Und zum anderen – erinnern Sie sich an das Thema Reizanhäufung? Falls zum Beispiel ein Hund bei Gästen im Haus nervös ist, so wird dieser Besuch ihm Stress verursachen. Alleine das könnte den Hund schon dazu bringen, auf den anderen Hund gereizt zu reagieren, aber es könnte aufgrund der Anhäufung von Auslösern sogar sein, dass dies den Hund über seine Grenzen bringt und einen Kampf verursacht. Falls der Hund durch DAP in Gegenwart von Besuchern etwas entspannter wäre, würde „der Tropfen Wasser, der das Fass zum Überlaufen bringt"-Effekt vielleicht ausbleiben. Für die Lösung des grundsätzlichen Problems zwischen den Hunden ist es ausgesprochen zuträglich, wenn Ängste und Spannungen bei jedem einzelnen Hund abnehmen.

Laut der Mehrheit meiner Kunden, die DAP angewendet haben, schienen die Hunde nach einer oder zwei Wochen dauerhafter Anwendung (der Zerstäuber muss immer eingesteckt bleiben, nicht nur in einer Stress-Situation) deutlich ruhiger zu sein. In Fällen, wo die Spannung zwischen den Hunden zu Hause auftrat, schien sich der Stress mit der Zeit zu vermindern. In vielen dieser Situationen hatten die Besitzer keine Zeit gehabt, um ein Training, Verhaltensmodifikationen oder andere Veränderungen durchzuführen, womit die Veränderungen einzig DAP zugeschrieben werden können. Viele Studien zeigen, dass DAP die Ängstlichkeit bei Hunden reduziert. Es gibt aber auch Menschen, die seiner Wirkung skeptisch gegenüberstehen. Entscheidend ist, dass es einige Hunde gibt, denen durch DAP geholfen werden kann und andere, bei denen es nicht funktioniert. Aber es ist ein Produkt, das man leicht anwenden kann, und meiner Meinung nach ist es einen Versuch wert. Denken Sie nur daran: DAP ist nicht als Ersatz für eine Verhaltensmodifikation gedacht, genau wie viele andere Ergänzungstherapien auch, obwohl eine gewisse Linderung durch die alleinige Anwendung von DAP erreicht werden kann.

Übrigens: Obwohl dieses Kapitel sich auf DAP bezieht, gibt es noch andere Wege, Ihren Hund mittels Gerüchen zu beruhigen. Dazu gehören speziell zusammengestellte Sprays, Aromatherapie und mehr. Falls DAP Ihrem Hund nicht hilft, wäre vielleicht ein Blick auf andere geruchsbasierte Komplementärtherapien wert.

Wie man DAP anwendet:

* Stecken Sie im ganzen Haus verteilt DAP-Diffuser ein und lassen diese eingesteckt.
* Sprühen Sie DAP auf ein Halstuch und legen Sie es Ihrem Hund an, während Sie ihn massieren oder was auch immer für eine Form der Berührung Ihr Hund beruhigend findet. Ihr Hund wird daraus einen doppelten Nutzen ziehen: die besänftigende Ruhe von DAP und die positive Verknüpfung, die entsteht, während er das Halstuch trägt und in einem angenehm entspannten Zustand ist. Nach einigen Sitzungen lassen Sie Ihren Hund das Halstuch gelegentlich im Alltag tragen und schließlich auch in Situationen, die bei ihm normalerweise Stress auslösen. Es ist wichtig, dass Sie Ihren Hund das Tuch weiterhin in neutralen und angenehmen Situationen tragen lassen anstatt nur in stressbezogenen, sonst wird es nur mit unangenehmen Situationen verbunden werden.
* Hier sind ein paar Möglichkeiten, wie Sie DAP-besprühte Halstücher verwenden könnten:

    - Legen Sie das Halstuch einem Hund an, der sich beim Anblick anderer Hunde während des Spazierengehens aufregt.
    - Lassen Sie die Hunde sie während des Trainings tragen, wenn Sie mit ihnen im selben Raum üben.
    - Falls einer Ihrer Hunde in Anwesenheit von Besuchern leicht ängstlich oder angespannt wird, so lassen Sie ihn ein Halstuch tragen, das mit DAP besprüht ist. Sollte Ihr Besucher mitspielen, könnten Sie auch dessen Hosenbeine mit DAP besprühen, ehe er das Haus betritt.

* Falls es bei Autofahrten Spannungen zwischen Ihren Hunden gibt, sprühen Sie vor Ihrer nächsten Fahrt DAP ins Auto .
* Sprühen Sie DAP auf die Hundedecke. Sie können auch die Hundedecke oder ein besprühtes Handtuch mit in Umgebungen nehmen, die Ihren Hund stressen, wie zum Beispiel eine Hundeschule.

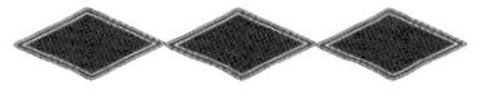

Body Wraps

Mütter auf der ganzen Welt wissen, dass das Pucken – das enge Einwickeln in eine Decke – von Kindern einen beruhigenden Effekt hat. Interessanterweise können manche Tiere genauso beruhigt werden, indem man gleichmäßigen Druck auf ihren Körper ausübt. Zum Beispiel kann nervöses Vieh in einem gut geformten so genannten Zwangsstand oder Behandlungsstand, der seine Bewegung einschränkt, nicht nur Verletzungen, sondern auch Ängstlichkeit reduzieren. Die gute Nachricht für Hundebesitzer ist, dass die sanfte, konstante Druckausübung des Eingehülltseins in einen Wickel oder „Body Wrap" auch zur Beruhigung eines angespannten oder ängstlichen Hundes beitragen kann.

Die Kombination von kämpfenden Hunden und Body Wraps mag sich nicht direkt aufdrängen. Hier ist ein Beispiel, das erklärt, wie es funktioniert: Nehmen wir an, Sie planen, ein paar Freunde einzuladen und wissen, dass Ihre Hunde zur Übererregung neigen, wenn Besucher ankommen. Sie möchten die Intensität des Begrüßungsverhaltens Ihrer Hunde vermindern, denn die Aufregung kann manchmal dazu führen, dass Ihre Hunde sich gegeneinander wenden. Natürlich könnten Sie die Hunde in einen anderen Raum sperren, während Sie die Gäste unterhalten: Aber solange es sich nicht um ein extremes Problem handelt, wäre das Anlegen eines Body Wraps eine Alternative.

Wir werden gleich verschiedene Arten von Wraps behandeln und wie man diese anwendet. Doch zunächst sollten Sie wissen, dass der Body Wrap bei demjenigen Hund angelegt wird, der normalerweise der Anstifter ist. Falls beide Hunde diese Schwierigkeiten haben, würde jeder einen Wrap tragen. Der Wrap würde schon angelegt werden, ehe die Besucher ankommen, damit er nicht mit der Ankunft von Besuchern verknüpft wird. Wenn Ihre Hunde ruhiger geworden wären, würde der Wrap abgenommen werden – entweder, nachdem die erste Aufregung sich gelegt hat, oder erst, nachdem die Besucher gegangen sind, falls sie dazu neigen, sich die ganze Zeit aufzuregen, solange jemand da ist. Wraps werden bei Hunden normalerweise nicht über längere Zeit hinweg angewendet, da sich die Hunde sonst an sie gewöhnen, wodurch sie unwirksam würden. Auch könnte ein Hund möglicherweise den Wrap eines anderen abreißen.

Sollte einer Ihrer Hunde in bestimmten Situationen Angst bekommen, zum Beispiel während eines Gewitters oder Feuerwerks, und diese Ängstlichkeit sich zur Anspannung zwischen Ihren Hunden umwandeln, kann ein Body Wrap ungeheuer helfen. Sorgen Sie dafür, dass der Wrap weit genug von Ihrem Hund entfernt ist, ehe eine Situation auftaucht, in der er gebraucht wird, sodass der Wrap nicht damit verbunden wird. Lassen Sie den Wrap so lange angelegt, wie das Ereignis dauert. Dann warten Sie noch ein bisschen und entfernen ihn.

Eine andere Situation, in der Body Wraps helfen können, ist bei Spaziergängen. Falls einer Ihrer Hunde dazu neigt, beim Anblick eines unbekannten Hundes so stimuliert zu werden, dass er sich gegen Ihren anderen Hund wendet, kann ein Body Wrap dem überstimulierten Hund helfen, ruhiger zu bleiben. Body Wraps können sich übrigens auch in anderen Situationen als hilfreich erweisen, um einen Hund zu beruhigen, zum Beispiel beim Krallenschneiden oder Ohrenputzen.

Ganz egal in welchen Situationen Sie sich dafür entscheiden, Body Wraps anzuwenden: Stellen Sie sicher, dass Sie Wraps bei Ihren Hunden auf eine positive Art und Weise einführen, so dass sie die Wraps mit Dingen verbinden, die sie gerne mögen. Die meisten Hunde haben kein Problem damit, sich an den Wrap zu gewöhnen, aber es wäre nicht in Ihrem Sinne, ihn zum Auslöser für etwas Furchterregendes oder Angstproduzierendes werden zu lassen. Wenn Ihr Hund beispielsweise schon jedes Mal wüsste, dass ein Gewitter aufzieht und dann den Body Wrap sähe, könnte es sein, dass er vor dem Wrap an sich Angst bekommt. Um dies zu vermeiden und die Bildung positiver Verknüpfungen zu unterstützen, legen Sie Ihrem Hund den Wrap beim Fressen an und nehmen ihn dann wieder ab. Legen Sie den Wrap an und lassen Sie Ihren Hund einen Knochen kauen. Wenn er fertig ist, nehmen Sie den Wrap ab. Falls Ihr Hund gerne im Garten Ball spielt, legen Sie ihm den Wrap an und lassen Sie ihn ein lustiges Spiel genießen. Dann nehmen Sie den Wrap wieder ab. Tun Sie dies immer wieder zufällig verteilt über ein paar Tage oder falls möglich über ein paar Wochen hinweg, ehe Sie tatsächlich in einer Alltagssituation in die Lage kommen, in der Sie den Wrap benötigen.

T-Shirt Wrap

Man kann einen Hund auf verschiedene Art und Weise in einen Body Wrap legen. Ich empfehle nachfolgend einige Produkte. Doch falls ein angstauslösender

Moment bevorsteht und Sie keines dieser Dinge zur Hand haben, kann ein T-Shirt ein wirkungsvoller Ersatz sein. Welche Größe eines T-Shirts Sie benötigen, hängt von der Größe Ihres Hundes ab. Für winzige und kleine Hunde ist ein Baby – oder Kinder-T-Shirt prima, bei mittelgroßen Hunden nehmen Sie eine Erwachsenengröße in S oder M, und bei großen Hunden nehmen Sie die Erwachsenengröße L oder XL.

Wenn Sie Ihrem Hund das T-Shirt zeigen, müssen Sie glücklich und entspannt agieren, damit er es auch ist. Beginnen Sie damit, den Halsausschnitt des T-Shirts über den Kopf Ihres Hundes zu ziehen, mit der Vorderseite des T-Shirts nach oben. Jawohl, Sie ziehen es ihm verkehrt herum an, es passt besser so. Heben Sie sanft die Vorderpfoten Ihres Hundes auf, einen nach dem anderen, und stecken diese durch die Armlöcher. Als nächstes fassen Sie den Stoff, indem Sie beide Seiten nach oben in Richtung des Hunderückens ziehen. Das T-Shirt sollte nun den Körper Ihres Hundes wie einen Handschuh umfassen und ihn sanft umschließen. Er sollte fest sitzen, aber nicht so eng, dass Bewegungen eingeschränkt werden oder Irritationen auftreten. Zum Schluss machen Sie einen Knoten oder nehmen ein großes Gummiband, um den Stoff zu befestigen. Achten Sie darauf, dass der Knoten nicht direkt über der Wirbelsäule Ihres Hundes ist, da dies Unwohlsein verursachen kann.

Die meisten Hunde akzeptieren Wraps, wenn sie langsam und sanft daran gewöhnt werden. Aber manche tun das auch nicht. Falls Ihr Hund in Panik gerät oder zu beißen versucht, wenn Sie ihm einen Wrap anzulegen versuchen, dann erzwingen Sie nichts. Es gibt andere Ergänzungstherapien, die helfen können, ohne unnötigen Stress zu verursachen.

T-Shirt Wrap

Fertig-Wraps

Der Anxiety Wrap oder Anti-Stress-Anzug und das Thundershirt sind die zwei Hauptprodukte bei vorgefertigten Wraps, die bereits seit Jahren auf dem Markt sind. Andere Firmen haben ihre eigenen Versionen entwickelt, aber die Qualität dieser beiden Produkte hat sich über lange Zeit bewährt. Beide sind aus dehnbarem Material, das dafür gedacht ist, den Körper des Hundes einzuhüllen und dabei bequem bleibt.

Der Anti-Stress-Anzug ist aus festem Stoff gemacht, der den Körper wie ein Tanztrikot einhüllt. Um den Sitz zu gewährleisten, verwendet man Beinriemen. Man legt ihn an, indem man ihn auseinanderzieht und über den Hundekopf zieht, um dann beide Vorderbeine durch die Öffnungen zu ziehen. Die Hinterbeine werden dann durch die Beinriemen geführt. Zum Schluss wird ein Klettband eng um den Bauch befestigt, was einen engen Sitz vervollständigt. Die Firmenwebseite bietet Anleitungen, wie Sie Ihren Hund korrekt vermessen, damit Sie die richtige Größe finden (siehe Serviceteil im Anhang).

Der Thundershirt ist aus einem Stück gemacht und aus leichtem, dehnbarem Stoff. Man muss es nicht über den Kopf des Hundes ziehen. Stattdessen legt man das offene Shirt flach auf den Hunderücken, befestigt es zuerst mit Klettbändern um den Hals und dann mit Klettbändern um den Oberkörper des Hundes herum. Ein angenähtes Stretch-Stück sorgt für einen festen Sitz. Es ist sehr schnell und leicht anzulegen und ich habe sehr wenige Hunde gefunden, die sich daran stören, wenn es ihnen angezogen wird, selbst beim ersten Mal. Ihr Hund braucht für eine exakte Passform nicht vermessen zu werden: Die richtige Größe kann mit Hilfe der Gewichtstabelle auf der Hersteller-Website sehr leicht bestimmt werden (siehe Serviceteil im Anhang).

Beide Wraps brüsten sich mit einer Erfolgsquote von über 80 %. Das Thundershirt habe ich persönlich über Jahre hinweg genutzt, da ich vor langer Zeit die Originalversion des Anxiety Wraps als zu anstrengend in Anpassung und Gebrauch gefunden habe. Die Version sieht deutlich verbessert aus. Dennoch möchte ich Sie dazu anhalten, beide Produkte auszuprobieren, damit Sie herausfinden, welches Sie bevorzugen und welches am besten bei Ihrem Hund wirkt. Denken Sie daran: Wraps sollte man nicht unbeaufsichtigt oder über einen längeren Zeitraum am Hund lassen.

Anxiety Wrap am Hund.

Sierra steht Modell für das Thundershirt.

37

Naturmedizin

Ich möchte es nochmals erwähnen: Wenn Ihre Hunde insgesamt ruhiger sind, herrscht weniger Spannung zwischen ihnen und sie werden weniger kämpfen. Vielleicht haben Sie schon überlegt, ob Ihre Hunde von der einen oder anderen ergänzenden Maßnahme profitieren könnten, aber Sie möchten ihnen keine Medikamente geben. Sofern die Situation keine dringliche ist, könnten Sie zunächst pflanzliche Produkte ausprobieren, da diese höchstwahrscheinlich weniger Nebenwirkungen haben und leichter zu bekommen sein werden. Die Naturmedizin, die in diesem Abschnitt behandelt wird, wird eher für Hunde mit Angstproblemen als für solche mit Aggressionsproblemen angeboten. Ich habe sie aber hier mit aufgeführt, denn falls einer Ihrer Hunde ständig vom anderen eingeschüchtert wird, könnte es helfen, wenn Sie ihm das Ergänzungsmittel geben. Abgesehen davon, dass es dem Hund mit chronischer Angst und Stress hilft, könnte es ihn auch davon abhalten, dass er die Nase voll von der Misshandlung hat und mit Gewalt antwortet, wenn er angegriffen wird.

Genau wie mit Produkten, die auf den Menschen abzielen, gibt es viele auf dem für Hunde ausgerichteten Markt, die als „natürlich" angepriesen werden und alle möglichen Arten von seltsamen Ansprüchen erheben. Es kann eine echte Herausforderung sein, diejenigen herauszufinden, die Ihrem Hund tatsächlich helfen könnten. Was die Sache noch komplizierter macht, ist, dass „natürlich" nicht unbedingt gleichbedeutend mit „unbedenklich" ist. Es gibt zum Beispiel einige Kräuter, die recht gefährlich für Hunde und Menschen sein können. Wenn Sie irgendein neues Ergänzungsmittel einführen, sprechen Sie zuerst mit Ihrem Tierarzt darüber – auch über mögliche Wechselwirkungen mit Medikamenten oder Nahrungsergänzungen, die Ihr Hund bereits bekommt.

Nachfolgend erhalten Sie Informationen über die beiden Hauptzutaten, die sich beim Beruhigen von Hunden als hilfreich erwiesen haben und über die Produkte, in denen sie enthalten sind. Denken Sie daran, dass diese Produkte wahrscheinlich nicht alle Probleme Ihrer Hunde lösen werden, aber sie können hilfreich sein, wenn sie zusätzlich zu Verhaltensmodifikation und einem guten Management eingesetzt werden. Das Ziel ist, das Ergänzungsmittel lange genug zu geben, bis Ihr Hund entspannt ist, sodass das Training und die Verhaltensmodifikation stattfinden können und auch Wirkung erzielen. An diesem Punkt mag das Ergänzungsmittel noch gerechtfertigt sein – oder auch nicht, das hängt vom Temperament Ihres Hundes und Ihrer individuellen Situation ab.

Alpha-Casozepin

Alpha-Casozepin ist ein Peptid, und zwar ein Derivat von Milchproteinen. Die Kette der Aminosäuren bindet an dieselben Rezeptoren im Gehirn wie Benzodiazepin und Diazepam (Valium) und Alprazolam (Xanax) an, aber ohne die möglichen Nebenwirkungen. Zeitweise hat es einen beruhigenden Effekt. Ein über 56 Tage dauernder Versuch[1], an dem 38 Hunde beteiligt waren, verglich die Effekte von Alpha-Casozepin auf ängstliche Hunde mit denen eines Kontrollmoleküls, dem Selegilin (Anipyril), ein Medikament, das durch einen Veterinär verschrieben werden muss. Beide hatten Erfolge bei der Linderung von Ängsten auf der EDED [Evaluation of a Dog‘s Disorder] zu verzeichnen – einer Skala, die sowohl Grundverhalten als auch organische Anzeichen misst – und auch die Einschätzungen der Besitzer deckten sich damit perfekt. Mit anderen Worten: Das Alpha-Casozepin wirkte genauso gut wie ein Medikament, das im Allgemeinen zur Behandlung von Angststörungen verwendet wird. In den Vereinigten Staaten findet sich Alpha-Casozepin in dem Produkt Zylkene®, welches online ohne Verschreibung bestellt werden kann *(ebenso in Deutschland, Anm.d. Übers.)*. Laut Herstellerangaben gab es bisher keine Nebenwirkungen, die Zylkene® zugeschrieben wurden und es kann gemeinsam mit anderen Produkten verwendet werden. Dennoch: Um sicherzugehen, fragen Sie Ihren Tierarzt. Obwohl Zylkene® normalerweise nur kurzzeitig gegeben wird, zum Beispiel bei Feuerwerken, wenn der Hund alleine zu Hause ist oder in anderen angstauslösenden Situationen, die nur von kurzer Dauer sind, kann es auch ein oder zwei Monate lang einmal täglich gegeben werden.

L-Theanin

L-Theanin ist eine Aminosäure, die in grünen Teeblättern vorkommt. Es hat sich gezeigt, dass es sowohl die Konzentrationen von GABA erhöht, einem inhibitorischen Neurotransmitter, als auch die Konzentration von Serotonin und Dopamin im Gehirn erhöht. [2)] Es verstärkt zudem die Produktion der Alphawellen im Gehirn, welche zur Entspannung beitragen. [3)]

L-Theanin ist ein Bestandteil von Anxitane®, einer Kautablette, die zur Reduzierung von Ängsten eingesetzt wird. Das Produkt ist ebenfalls frei erhältlich. In einer offenen Feldstudie, die zwei auf Verhalten spezialisierte Veterinäre erdacht und durchgeführt haben (Dr. Valerie Dramard und Dr. Laurent Kern)[4] und die auf dem Kongress für Tierverhalten Zoopsy (Marseille 2005) vorgestellt wurde, zeigten zwei Drittel der Hunde deutliche Verbesserungen während der Behandlung mit Anxitane®. Es gab einen deutlichen Rückgang klinischer Zeichen, die mit Angst in Verbindung stehen, unter anderem Zittern, erhöhte Wachsamkeit, Gehemmtheit, Flucht, und Meideverhalten. Die Mehrheit der Hunde sprach in der zweiten Woche darauf an.

Der Hersteller empfiehlt Anxitane® für ängstliche Haustiere und rät, es mindestens 60 Tage lang zu geben, um bestmögliche Ergebnisse zu erzielen. Außer der Warnung, dass „ die sichere Anwendung bei tragenden Tieren oder bei Zuchttieren noch geprüft wird“, wird zudem erwähnt, dass das Produkt „nicht für die Anwendung bei Tieren mit schwerwiegenden Phobien, Trennungsängsten oder bei Tieren mit einer bekannten Geschichte von Aggression geeignet ist.“ Ich war nicht in der Lage, den Grund für diese Warnung herauszubekommen, aber es gibt pharmazeutisch hergestellte Medikamente, die Aggressionen enthemmen. Mit anderen Worten: Die normalen sozialen Sicherheitsventile sind geschwächt, als würden Menschen sich betrinken und aggressiv reagieren, weil sie die Kontrolle über ihr normales Sozialverhalten verlieren. Ein Neuzugang auf dem Markt mit natürlichen Ergänzungsmitteln, zu denen auch L-Theanin gehört, ist Solliquin®. Dieses Produkt besteht nicht nur aus L-Theanin (Vitamin B1), sondern auch aus Extrakten von Magnolie und Philodendron. Laut Hersteller haben diese beiden Pflanzen einen Synergieeffekt und sind in Kombination sehr effektiv, um Stress und Ängste zu kontrollieren. Das Produkt beinhaltet auch Weizenproteinkonzentrat in der Form von NMXSSLQ05, welches laut Hersteller vermarktet wird als „hochqualitative Eiweißquelle, die zehn essenzielle Aminosäuren ersetzt und die Vorstufen von Glutathion und Serotonin beinhaltet. Solliquin® wird direkt durch Veterinäre verkauft.

Nicht zuletzt ist die Mischung *„Max Liquid“* ein frei verkäufliches Produkt, das L-Theanin beinhaltet (die Marke des Herstellers ist Suntheanin®). Weiter enthält es einen C3 Colostrum Beruhigungskomplex, der den Stressabbau und die Gedächtnisleitung fördern soll. Es beinhaltet auch Thiamin (Vitamin B1), das der Beruhigung des ZNS dient. Die Mischung „Composure Pro Version“ hat außerdem L-Tryptophan zugefügt, welches auch beruhigende Eigenschaften mit sich bringt.

Ich sage es nochmals: Ich erwähne diese Produkte hier als *möglicherweise hilfreich bei Angstproblemen, NICHT als Empfehlung bei Hunden mit Aggressionsproblemen.* Wenden Sie sie klug an und schauen Sie, was bei Ihren eigenen Hunden am besten funktioniert.

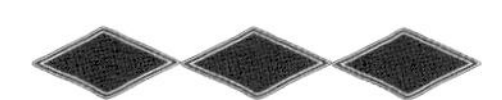

1 Beata, Claude et. al, Effects of alpha-casozepine (Zylkene) versus selegiline hydrochloride (Selgian, Anipryl) on anxiety disorders in dogs. *Journal of Veterinary Behavior*, Vol. 2, issue 5. S. 175-183 (Sept. 2007)

2 Nathan et al. (2006) The Neuropharmacology of L-Theanine (N-Ethyl-L-Glutamine): A Possible Neuroprotective and Cognitive Enhancing Agent. *Journal of Herbal Pharmacology*, Vol. 6(2), 21-30.

3 Song CH et al. (2003) Effects of theanine on the release of brain alpha waves in adult males. Korean J. *Nutrition*, 36, 918-923

4 Data on file. Virbac Animal Health.

Medikamente

Wenn es um Hunde geht, deren Verhaltensprobleme schwerwiegend sind und um diejenigen, die auf Verhaltensmodifikation alleine nicht ansprechen, kann eine Medikation extrem dazu beitragen, Erregung, Impulsivität und Reaktivität zu reduzieren. Obwohl die meisten Hundeverhaltensprobleme gelöst werden können, ohne dass man auf eine medikamentöse Intervention zurückgreifen müsste, so gibt es doch Fälle, bei denen Verhaltensmodifikation ohne diese Medikamente extrem erschwert, wenn nicht gar unmöglich wäre.

Sollte einer Ihrer Hunde andauernd in Wut ausbrechen und Ihren anderen Hund angreifen, sobald er ihn sieht, wie sollen Sie da noch in der Lage sein, an Training auch nur denken zu wollen? Und lassen Sie uns den armen Hund nicht vergessen, der in Angst vor dem anderen Hund lebt, auch er könnte ein wenig Intervention genauso gut brauchen. Wenn Medikamente helfen können, die Aggression oder Ängstlichkeit eines Hundes auf ein Niveau herabzusetzen, auf dem man arbeiten kann, dann kann man mit Maßnahmen zu Training und Verhaltensmodifikation beginnen und Fortschritte machen.

Überlegungen

In der Mehrheit der Fälle werden Langzeitmedikamente als Verbindungsglied zur Verhaltensmodifikation empfohlen, nicht als Alternative dazu. Es ist nur zu verlockend, sich um die Arbeit zu drücken, die mit dem Training verbunden wäre und dem Hund stattdessen nur eine Tablette zu geben. Schließlich geht es in unserer modernen Kultur nur noch um schnelle Ergebnisse und flotte Lösungen. Wenn wir auch nur fünf Sekunden auf den Aufbau einer Website warten müssen, dann lässt uns das schon mit den Zähnen knirschen! Aber es gibt keine Abkürzung, um schwerwiegende Verhaltensprobleme lösen zu können. Wenn Sie Ihrem Hund Medikamente geben, ohne die notwendige Verhaltensmodifikation anzugehen, wäre das so, als würden Sie einen Verband um das Problem wickeln – Sie würden es nur verdecken, anstatt es zu lösen. Der unterschwellige Grund für ein Verhaltensproblem muss angegangen werden, oder es geht so weiter. Einfach das Verhalten zu bestrafen ist noch schlimmer und kann damit enden, dass die unterschwelligen Emotionen sich in einer ganz anderen schwerwiegenden Art und Weise ausdrücken. Die Entscheidung für Medikamente sollte man mit dem Rat oder der Unterstützung eines Tierarztes gemeinsam treffen. Medikamente müssen von einem Veterinär verschrieben werden und sollten nur gegeben werden, nachdem jeder mögliche körperliche Grund für das Verhalten ausgeschlossen worden ist. Das ist besonders dann wichtig, wenn Aggression sich plötzlich und ohne Vorgeschichte antagonistischen Verhaltens manifestiert hat.

Es sollte auch eine Blutuntersuchung durchgeführt werden, um zu bestätigen, dass Ihr Hund in einer guten körperlichen Verfassung ist. Außerdem dient sie als Basis, um künftige Änderungen zu überwachen. Ihr Veterinär sollte Sie auch darüber informieren, welche möglichen Nebenwirkungen (körperlich oder auf das Verhalten) ein Medikament haben kann. Sagen Sie Ihrem Tierarzt unbedingt, welche anderen Medikamente, Kräuter oder Nahrungsergänzungsmittel Ihr Hund zurzeit bekommt, damit negative Wechselwirkungen vermieden werden können. Denken Sie auch daran, dass Hunde – genau wie Menschen – auf manche Medikamente besser reagieren als auf andere. Ihr Tierarzt kann Ihnen helfen, zu entscheiden, wann und ob es an der Zeit ist, die Strategie zu wechseln.

Sie sollten nicht davon ausgehen, dass Ihr Tierarzt ein Experte für Hundeverhalten ist. Zwar besitzen einige Tiermediziner jede Menge Kenntnisse darüber - andere jedoch so gut wie gar keine. Dieser unglückselige Mangel ist der Tatsache geschuldet, dass Universitäts-Curriculae der Veterinärmedizin traditionell keinen sonderlichen Schwerpunkt auf das Verhalten gelegt haben. Dies hat sich etwas geändert, aber das reicht längst nicht aus. In der Zwischenzeit kümmern sich Tiermediziner selbst um Weiterbildungen zum Thema Hundeverhalten und manche spezialisieren sich sogar darauf.

Welche Arzneien werden verschrieben?

Es gibt eine Vielzahl an Arzneien, die zur Behandlung von Aggressionen und anderen Verhaltensproblemen erhältlich sind. Die Klasse der häufig verschriebenen Kurzzeit-Medikamente sind die Benzodiazepine, was Diazepam (Valium) und Alprazolam (Xanax) einschließt. Diese Namen mögen Ihnen bekannt vorkommen, da viele dieser Arzneien dieselben sind, die bei Menschen angewendet werden.

Andere Medikamente sind für eine Langzeitanwendung vorgesehen und es kann ein paar Wochen dauern, bis sie sich im System angereichert haben. Die beiden Klassen der Arzneien, die normalerweise für eine Langzeittherapie verschrieben werden, sind SSRIs (selective serotonin reuptake inhibitors = selektive Serotonin-Wiederaufnahme-Hemmer), und TCAs (Trizyklische Antidepressiva). Unter die SSRIs fallen Fluoxetin (Prozac), Paroxetin (Paxil) und Sertralin (Zoloft). Zu den TCAs gehören Clomipramin (Clomicalm) und Amitriptylin (Elavil). Jede Medikamentenklasse wirkt auf ihre eigene Weise auf die Neurochemie des Körpers, wobei sie sich auf den mentalen und emotionalen Zustand des Hundes auswirkt. Bei den Langzeitmedikamenten dauert es ein paar Wochen, bis der Wirkstoff sich im System anreichert. Das kann einem wie eine Ewigkeit vorkommen, wenn die Hunde Gefahr laufen, sich gegenseitig zu verletzen. Ihr Tierarzt könnte eines der Diazepane verschreiben, das parallel zur anderen Arznei gegeben wird, bis das Langzeitmedikament seinen Wirkstofflevel erreicht hat.

Macht die Arznei meinen Hund zum Junkie?

Viele Hundebesitzer fürchten, dass ihre Hunde durch die Medikamente zu fellbedeckten Zombies mutieren könnten. Obwohl TCAs grundsätzlich eine stärkere sedierende Wirkung haben als SSRIs, sollte bei korrekter Dosierung keines davon zu einer arzneimittelinduzierten Benommenheit führen. Vielmehr erhöhen angstlösende Medikamente die Konzentration spezieller Neurotransmitter. Sie haben eine dämpfende Wirkung, sodass Ängste vermindert werden – genau wie bei Menschen, die diese Medikamente einnehmen.

Haben wir es schon geschafft?

Die meisten Medikamente werden mit Anweisungen zur allmählichen Erhöhung der Dosis verschrieben. Wie Dr. Karen Overall konstatiert: Bei den neueren, spezielleren Medikamenten hängen die langfristigen Anti-Angst-Effekte und die Lerneffekte von einer neuen Eiweißsynthese beim Umbau von Rezeptoren ab. Dieser Prozess dauert mindestens drei bis fünf Wochen, bis er Wirkung zeigt. Daher liegt die Mindestbehandlungszeit, ehe man irgendeine Wirkung beobachten kann oder die Dosierung anpasst, bei sechs bis acht Wochen."[1] Sobald die Medikamente dahingehend Wirkung zeigen, dass der Hund sich einigermaßen ruhiger verhält, kann mit einer Verhaltensmodifikation begonnen werden. Diese zielt darauf ab, die Reaktion des Hundes allmählich dahingehend zu verändern, was man als „normale" Reaktion auf einen auslösenden Reiz bezeichnen würde. Sobald diese Änderung vonstatten gegangen ist (für gewöhnlich über einen Zeitraum von einigen Monaten oder länger), sollten die Medikamente unter Überwachung durch einen Tierarzt allmählich ausgeschlichen werden.

Sollten die Probleme Ihres Hundes leichter bis mittlerer Art sein, versuchen Sie es zunächst mit einer Verhaltensmodifikation – falls nötig, mit Hilfe eines Experten. Falls es sich um schwerwiegende Probleme handelt, halten Sie Rücksprache mit einem Verhaltensexperten und Ihrem Tierarzt, inwiefern eine medikamentöse Unterstützung für die Verhaltensmodifikation von Nutzen sein kann.

1 Karen Overall, Treating anxiety is different than "managing" the problem, *DVM Newsmagazine* January 2003

6
Teil Sechs
Schluss-
folgerungen

Im schlimmsten Fall

Nachdem Sie nun Zeit und Mühe in die Umsetzung der Vorschläge aus diesem Buch gesteckt haben, hoffe ich, dass Sie dieses Kapitel ganz und gar nicht brauchen. Doch ehrlich gesagt gibt es auch Fälle, in denen ein Hund im Haus es einfach auf den anderen abgesehen hat – auch dann, wenn man alles richtig gemacht hat und genauso, wie es auch Situationen gibt, in denen zwei Menschen trotz größter Mühe nicht miteinander zurechtkommen. Oder es haben zwei Hunde eine derart tiefe Abneigung gegeneinander, dass es einen oder beide in Gefahr bringen würde, wenn man sie weiterhin gemeinsam halten würde.

Selbst wenn Ihre Hunde sich nicht ständig körperlichen Schaden zufügen, so können anhaltende Spannungen und Feindseligkeit auf lange Sicht dennoch psychologische und emotionale Schäden anrichten. Stellen Sie sich vor, Sie müssten mit jemandem zusammenleben, der Sie tätlich angegriffen hätte. Sie wären ewig und ständig nervös und würden wie auf glühenden Kohlen sitzen, weil Sie wüssten, dass die Gewalt jederzeit wieder ausbrechen könnte. Wären Sie da entspannt, glücklich und gesund? Natürlich nicht! Sie würden in einem Zustand beständigen Stresses leben und sich unausgeglichen fühlen, und zwar sowohl in körperlicher als auch seelischer und geistiger Hinsicht.

Wenn Hunde anhaltenden Spannungen mit anderen Hunden ausgesetzt sind, leiden sie unter chronischem Stress. Vielen ist nicht klar, dass – wie schon zuvor erwähnt – chronischer Stress bei Hunden dieselben Erkrankungen wie beim Menschen hervorrufen kann: Magengeschwüre, verkleinerte Lymphknoten und ein geschwächtes Immunsystem. Und genau wie beim Menschen auch öffnet ein geschwächtes Immunsystem Tür und Tor für alle möglichen Krankheiten. Selbst wenn die durch Gewalt hervorgerufene äußerliche Verletzung nicht schwerwiegend ist, so ist zu bedenken, was die nicht sichtbaren Aspekte der unterschwellig vorhandenen Bedrohung mit der mentalen und emotionalen Gesundheit Ihres Hundes anstellen – ganz zu schweigen mit Ihrer eigenen Gesundheit.

In gefährlichen Situationen erweisen sich auch Kinder im Haus häufig als potenzielles „K.O.-Kriterium“. Wie schon gesagt – wenn ein kleines Kind mitten in einen Hundekampf gerät, kann es nur zu leicht verletzt werden oder Schlimmeres. Selbst ein älteres Kind, das den Kampf zu beenden versucht, könnte verletzt werden. Und nicht zu vergessen, welchen Tribut Ihre Kinder durch den Stress des Zusammenlebens mit Hunden zu zahlen haben, die jeden Moment in Gewalt ausbrechen können.

Die Entscheidung liegt letztlich ganz alleine bei Ihnen. Falls es schon so weit gekommen ist, dass die Situation unmöglich erscheint, dann denken Sie doch einmal darüber nach, einen qualifizierten Verhaltensexperten zu konsultieren. Ein Verhaltensspezialist kann die Situation objektiv einschätzen und Ihnen dabei helfen, sich für das Bestmögliche zu entscheiden. Und wenn es nur ist, dass Sie vielleicht besser schlafen können in dem Wissen, dass Sie alles in Ihren Möglichkeiten Stehende getan haben. Auch wenn Sie die Entscheidung getroffen haben, dass die Situation absolut nicht tragbar ist – hier sind Ihre drei Hauptoptionen:

Dauerhafte Trennung der Hunde

Sollten Ihre Hunde ständig kämpfen, aber Sie können sich nicht dazu durchringen, einem von ihnen ein neues Zuhause zu suchen, so könnte die Lösung sein, sie ein Leben lang dauerhaft voneinander zu trennen. Trotzdem sollten Sie sich dessen bewusst sein, dass es extrem schwierig sein kann, ein zu hundert Prozent bombensicheres und verlässliches Management zu implementieren. Die Erfolgschancen sinken zudem dramatisch, falls Sie kleine Kinder oder zerstreute Teenager zu Hause haben.

Wir gehen einmal davon aus, Sie hätten sich dafür entschieden, dass ein Hund im Garten bleibt und der andere im Haus, mit rollierendem System. Wenn die Hunde mit Abwechseln dran sind, wird der im Haus befindliche zur Haustür hinausgebracht, wo Sie warten, während jemand den anderen Hund nach drinnen lässt und die Schiebetür zum Garten schließt. Dann benutzen Sie die Seitentür zum Garten und bringen den Hund, der bei Ihnen ist, in den Garten. Klingt doch gut, oder? Und funktioniert. Das heißt, es funktioniert so lange, bis eines Tages jemand zu beschäftigt ist, oder nicht weiter nachdenkt, und die Schiebetür zum Garten öffnet. Der drinnen befindliche Hund flitzt nach draußen oder umgekehrt. Es ist nur *ein* Ausrutscher nötig, insbesondere dann, wenn die Hunde schon längere Zeit voneinander getrennt sind, und die Katastrophe ist perfekt. Kinder sind notorische Türen- und Tore-Offenlasser, ebenso wie Gärtner und andere Handwerker. Deshalb sichern Sie auf jeden Fall alle Tore und Einfriedungen mit Vorhängeschlössern.

Abgesehen von Ihrer eigenen Familie können auch Personen, die zu Ihnen nach Hause kommen – sei es zu Ihren Kindern, um das Haus zu putzen, oder nur um Sie zu besuchen – ein Faktor sein. Wie oft sind Leute bei Ihnen zu Hause, und wie gut sind diese im Befolgen von Anweisungen? Wie oft haben Ihre Kinder Freunde da? Vielleicht sind es nicht einmal die Besucher, die Sie genau beobachten müssen, sondern das Familienmitglied, das vergesslich ist, unverantwortlich oder die Angelegenheit nicht ernst genug nimmt.

Allerdings gibt es auch Leute, bei denen das Management funktioniert. Ihre Hunde rollieren drinnen-draußen, wobei der Hund draußen in einem großen Zwinger oder in einer eingezäunten Ecke gehalten wird. Denn falls der Drinnen-Hund nach draußen gelangen sollte, ist da wenigstens noch ein Zaun zwischen den beiden. Wie bereits im Kapitel übers Einfrieden gesagt, ist ein Abstandszaun um den Zwinger herum eine Sicherheitsmaßnahme, genauso, wie ein Schloss anzubringen. So können Kinder oder Gärtner den Hund nicht aus Versehen herauslassen.

Selbstverständlich müssen Sie beide Hunde auch bewegen. Falls es nicht möglich ist, das mit beiden Hunden gemeinsam zu tun, werden Sie mit dem einen Hund gehen müssen, nach Hause kommen, und das Ganze mit dem anderen Hund wiederholen. Es sei denn, Sie haben jemand anderen in der Familie, der behilflich sein kann und mit dem einen Hund spazieren geht, während Sie mit dem anderen gehen. Mein Mann und ich haben in der Tat eine solche Regelung fürs Bewegen. Unsere Hunde kämpfen nicht, aber weil mein Mann mit den Hunden laufen kann und ich nicht, nimmt er vor der Arbeit einen Hund zum Laufen mit, und ich nehme den anderen mit in einen nahegelegenen Park zum Spazierengehen. Falls Sie sich für ein lebenslanges Management entscheiden, überlegen Sie, wie Sie das Bewegungsbedürfnis beider Hunde befriedigen können.

Derjenige Ihrer Hunde, der gerade im Außenbereich ist, benötigt zudem Ihre Aufmerksamkeit. Haben Sie, realistisch betrachtet, die Zeit, um draußen mit Ihrem Hund herumzuhängen, Bälle zu werfen, ihn zu streicheln und einfach nur zusammen zu sein?Wie wird der Hund drinnen reagieren, wenn Sie das tun? Wird er sich hinlegen und entspannen, oder wird er umherrennen und die ganze Zeit wie wild bellen? Würde im letzten Fall ein gefüllter Kong oder Kauknochen ihn beschäftigen können, solange Sie draußen sind, sodass jeder zufrieden wäre? Wie ist es mit dem Wetter bei Ihnen in der Region? Kann man von dem Hund realistisch gesehen erwarten, dass er selbst in der Kälte des Winters oder der Hitze des Sommers seine Zeit draußen verbringt? Das sind nur einige der Dinge, die man in Betracht ziehen muss. Im Grunde stellt sich die Frage, ob Sie bereit sind, sich einem lebenslangen Management zu verschreiben. In manchen Fällen ist der eine Hund deutlich älter und das Problem löst sich innerhalb der nächsten Jahre von selbst. Wenn aber beide Hunde noch jung sind, dann sind die Aussichten für die nächsten zehn Jahre gleichbleibend. Ich möchte nochmals betonen, dass nichts verkehrt daran ist, wenn Sie sich so entscheiden und wenn Sie willens und in der Lage sind, den Bedürfnissen beider Hunde zu entsprechen, sodass jeder ein gutes Leben hat.

Einen Hund abgeben

Zwar habe ich mit Hunderten von Kunden-Hunden, die miteinander gekämpft haben, erfolgreich gearbeitet. Dennoch kann ich nicht behaupten, dass es für jede Situation eine Lösung gibt. Manchmal ist das einfach nicht so. In Situationen, in denen ein verlässliches Management nicht möglich ist, in denen Kinder verletzt werden oder einer der Hunde physisch, mental oder emotional zu Schaden kommt – da ist die Abgabe des Hundes oft die richtige Wahl.

Mit der Entscheidung zur Abgabe eines geliebten Familienmitglieds sind eine Menge Herzschmerz und Schuldgefühle verbunden. Noch mehr Herzzerbrechen macht die Frage, welchen Hund man abgeben soll und stellt einen vor ein ähnliches Dilemma wie die Protagonistin in „Sophies Entscheidung". Aus der ersten Reaktion heraus entscheiden sich die meisten dafür, den Aggressor abzugeben. Vielleicht fühlen Sie sich eher zu dem Hund hingezogen, der angegriffen wird – ganz zu schweigen davon, dass es nett wäre, wieder Frieden im Haus zu haben, ganz besonders, wenn Sie mehr als einen Hund haben. Unglücklicherweise kann es aber zur echten Herausforderung werden, einem Hund mit Aggressionsneigung gegen andere Hunde ein neues Heim zu verschaffen. Falls sich der Aggressor im Gegensatz zu Ihren eigenen Hunden mit den meisten anderen Hunden gut versteht oder wenn Sie wissen, dass er nur mit gleichgeschlechtlichen Hunden kämpft, wäre eine Abgabe vielleicht nicht so schwierig. Wenn Sie zum Beispiel zwei Hündinnen haben, die miteinander kämpfen, ist es möglich, dass die Abgabe der Aggressorin in ein Zuhause mit einem Rüden oder gar keinen Hunden funktioniert. Sie würden natürlich nicht verheimlichen, warum Sie den Hund abgeben, insbesondere, wenn der neue Besitzer noch nie einen anderen Hund gehabt hat. Es könnte ja auch sein, dass dieser irgendwann später noch einen weiteren Hund dazu nehmen möchte. Aber wenn Sie nicht absolut sicher sind, mit welcher Art von Hunden sich Ihr Hund verstehen wird, wäre ein Umzug in ein Zuhause mit einem bereits vorhandenen Ersthund unverantwortlich. Der leichtere Weg wäre es trotz der größeren Herzschmerzen, denjenigen Hund abzugeben, der angegriffen wird. Wenn Sie ein Zuhause finden, wo es schon einen anderen Hund oder Hunde gibt, werden Sie natürlich immer noch dafür sorgen müssen, dass alle sich verstehen. Aber es ist sehr viel leichter, einen Hund unterzubringen, der keine Neigung zu Aggressionen hat.

Was Ihnen helfen kann, Ihre Schuldgefühle zum Weggeben des Hundes zu minimieren, ist, sich einmal in dessen Perspektive hineinzuversetzen. Ich hatte erst neulich Kunden mit drei kleinen Mischlingen, zwei Rüden und eine Hündin. Die Rüden kämpften miteinander. Der körperliche Schaden war nicht extrem, aber einer mobbte den anderen ständig, starrte ihn an und bedrängte ihn körperlich, sodass der arme Kerl ganz eindeutig Angst hatte, den Raum zu betreten oder sich auf bestimmte Art zu bewegen – aus lauter Angst, wieder angegriffen zu werden. Das Bewachen von Futter, Spielzeug, dem Besitzer und Zugangswegen war genauso konstant. Dieser unglückliche kleine Hund lebte in ständiger Angst, eine falsche Bewegung zu machen. Das Paar, dem er gehörte, war andauend genervt. Aufgrund des Stresses hatten sie auch Probleme miteinander bekommen. Die Frau, die eine Angststörung hatte, war ständig angespannt, horchte, ob ein Gezanke ausbrechen würde und fürchtete, dass sie allein zu Hause sein könnte, wenn dies passieren würde. Als wir bei unserem Treffen mögliche Optionen besprachen, weinte sie.

Aus Gründen, die aufzuzählen hier den Rahmen sprengen würde, wäre die Erstellung eines Trainingsplans zur Verhaltensmodifikation nicht möglich gewesen. Wir sprachen sehr eingehend darüber, was lebenslanges Management mit sich bringen würde und die Frau hatte das Gefühl, dass das auch nicht möglich sei. Beim bloßen Gedanken daran, einen der Hunde abzugeben, empfand sie heftige Schuldgefühle und ich hatte Mitleid mit ihr. Ich bat sie, darüber nachzudenken, wie sie sich fühlen würde, wenn sie mit jemandem zusammenleben würde, von dem sie wüsste, dass er ihr Schaden zufügen wolle. Der ihr überallhin folgte, sie anstarrte, sie bedrohte und bei dem jederzeit ein Gewaltausbruch zu erwarten sein könnte. Würde sie ihrem Hund dies wirklich antun wollen – ein Leben lang in Angst zu leben? Ich erklärte ihr auch, dass ihr Hund unter chronischem Stress litt und erklärte all die Probleme, die daraus hervorgehen könnten.

Ich fragte die Besitzerin noch etwas anderes. Sie sollte darüber nachdenken, wie sie sich fühlen würde, wenn sie die Entscheidung treffen würde, alle drei Hunde zu behalten – und es dann einen schrecklichen Angriff mit schweren Verletzungen oder gar Todesfolge geben würde. Wie würde sie damit leben können, wo sie gewusst hatte, dass dies passieren könnte? Nach sorgfältiger Überlegung entschied das Paar, den Hund abzugeben, der angegriffen wurde. Ich freue mich, Ihnen erzählen zu können, dass sie einen wunderbaren neuen Besitzer fanden, der keine anderen Hunde hatte. Dieser kleine Hund lebt nun glücklich dort, wird sehr geliebt und die Harmonie im Haushalt meiner Kundin war wiederhergestellt.

Wohin kann man einen Hund vermitteln, der abgegeben werden muss? Ich kann gar nicht mehr zählen, wie oft ich als professionelle Verhaltensberaterin jemanden davon sprechen gehört habe, dass er seinen Hund auf eine große Farm geben würde, wo er frei herumlaufen und für den Rest seiner Tage herumstromern könnte. Ich würde mir wirklich wünschen, dass diese Farm existiert! Es gibt tatsächlich nur eine Handvoll Gnadenhöfe, die Ihren Hund aufnehmen würden, falls Sie eine großzügige Spende anzubieten hätten. Je nach Gnadenhof kann es dann sein, dass Ihr Hund für den Rest seines Lebens in einem Zwinger, einem Auslauf, oder einem größeren Platz leben würde. Prüfen Sie die Organisation sorgfältig, denn Gnadenhöfe kümmern sich um Hunde für den Rest deren Lebens.

Viele Tierschutzorganisationen konzentrieren sich darauf, Hunde in neue Heime zu vermitteln. *(Oft gibt es auch Initiativen für bestimmte Rassen wie „Boxer in Not", „Aussies in Not" etc., Anm. d. dt. Verlages).* Die meisten sind aber bei der Aufnahme eines Hundes, der mit anderen Hunden kämpft, sehr zurückhaltend. Das ist vollkommen verständlich, denn Hunde mit Aggressionsproblemen sind deutlich schwerer zu vermitteln. Nebenbei bemerkt: Wenn eine Auffangstation nun dreißig Hunde hat, die einen guten Umgang mit Menschen und anderen Hunden haben, welche Chance hätte da ein Hund, der anderen Hunden gegenüber aggressiv wäre? Ich möchte nicht behaupten, dass keine Auffangstation und kein Tierheim einen aggressiven Hund aufnehmen würde. Aber es könnte schwierig sein, einen solchen Platz zu finden.

Sollte Ihr Hund mit einem anderen Hund in einem anderen Zuhause gut zurechtkommen, dann erhöht das die Chancen auf eine erfolgreiche Vermittlung. Recherchieren Sie nach Tierheimen und Auffangstationen bei sich in der Nähe. Suchen Sie auch online, fragen Sie Ihren Tierarzt, beim Hundefriseur, im Zoofachgeschäft oder bei anderen Tierberufen nach, ob sie Organisationen mit einem guten Ruf kennen.

Sollten Sie sich dafür entscheiden, die Vermittlung selbst in die Hand zu nehmen, dann verlangen Sie eine Schutzgebühr. Natürlich sollte Ihr Hauptanliegen darin bestehen, ein liebevolles Zuhause für Ihren Hund zu finden. Aber leider gibt es skrupellose Menschen, die sich als potenzielle neue Besitzer ausgeben, die Hunde mitnehmen, die man in gute Häuser geben könnte und diese dann für medizinische Forschungszwecke oder an Privatpersonen weiterverkaufen. Dann gibt es noch die Interessenten, die es ehrlich und gut zu meinen scheinen, aber gar nicht die finanziellen Möglichkeiten haben, sich ordentlich um einen Hund zu kümmern. Mit einer vernünftig angesetzten Schutzgebühr können Sie all dies ausschließen. Wieviel Sie verlangen, hängt davon ab, wo Sie leben. Es sollten aber nicht weniger als 50-100 Euro sein. Andererseits sollten Sie natürlich auch kein Vermögen damit machen wollen. Verlangen Sie also nicht mehr als rund 500 Euro. Ich lebe in Los Angeles und würde eine Schutzgebühr von umgerechnet 70 bis 100 Euro fair finden. Ihr Ansatz mag ein anderer sein.

Sie könnten zum Beispiel eine Anzeige in Ihrer Lokalzeitung schalten oder ans Schwarze Brett beim Tierarzt, beim Hundefriseur (zwei Orte, wo Menschen, die sich gut um ihre Hunde kümmern, wahrscheinlich hingehen) und in den Zoogeschäften bei Ihnen vor Ort aushängen. Es gibt auch Vermittlungsseiten im Internet, auf die Sie Ihren Hund eintragen können. Sie brauchen nicht zu sagen „mein Hund kämpft mit meinem anderen Hund". Wenn Ihr Hund vielleicht mit anderen nicht zurechtkommt, verwenden Sie Formulierungen wie „wäre gerne Ihr Einziger". Nennen Sie alle guten Eigenschaften Ihres Hundes. Mag er Menschen, ist er gut ausgebildet, geht er gerne wandern? Dies sind die Dinge, die man mit aufnehmen muss, besonders, da die Leute üblicherweise mehrere Anzeigen lesen. Natürlich werden Sie auch ein tolles Foto hochladen, das aus Augenhöhe des Hundes aufgenommen wurde und auf dem er glücklich in die Kamera blickt.

Wenn potenzielle neue Besitzer anrufen, befragen Sie sie sorgfältig. Finden Sie heraus, wo sie leben und ob sie einen Garten oder Platz für Ihren Hund haben, wo er herumrennen kann. Haben sie weitere Haustiere? Wie ist es mit Familienmitgliedern? Letztere könnten wichtig sein, wenn Ihr Hund bei Kindern nervös würde. Ist tagsüber normalerweise jemand zuhause, oder wäre Ihr Hund voraussichtlich dazu verdammt, fünf Tage in der Woche im Garten alleine zu sein? Welche Art von Bewegung werden sie ihm anbieten? Wenn sie aktuell noch keine Tiere haben, hatten sie schon einmal einen Hund? Dies sind nur einige der Dinge, die ich wissen wollen würde und Ihnen ans Herz legen möchte, danach zu fragen. Falls die Dinge vielversprechend klingen, bringen Sie den Hund zu den Neuen nach Hause. Ich kann nicht oft genug betonen, dass eine persönliche Besichtigung des neuen Heims sehr wichtig ist. Über zwanzig Jahre lang war ich in der Hundevermittlung tätig und habe so viele Fälle erlebt, in denen Leute gesagt haben, sie hätten ein Zuhause mit einem großen Garten und sich dann herausstellte, dass sie in einem winzigen Apartment lebten. Es ist eine traurige Tatsache, dass manche Menschen erheblich übertreiben oder glattweg lügen, wenn sie etwas haben möchten. Ihr Hund ist kein Ding, sondern ein geschätztes Familienmitglied. Sie sind es ihm schuldig, dafür zu sorgen, dass seine neue Umgebung ein sicherer, freundlicher und angemessener Platz ist.

Achten Sie neben Ihrer Überprüfung, ob es im möglichen neuen Zuhause tatsächlich einen Garten oder eine Spielmöglichkeit gibt, auch auf die Umgebung. Gibt es einen Swimmingpool? Falls ja, kann Ihr Hund schwimmen? Gibt es eine

Umzäunung um den Pool, sind Mülltonnen oder grüne Tonnen gegen den Gartenzaun gestellt? Falls ja, wäre es Ihrem Hund vielleicht möglich, dort hinauf, über den Zaun und dann hinaus zu springen? Sehen Sie umherliegende Kinderspielzeuge? Könnte Ihr Hund diese verschlucken? Erscheint Ihnen die Familiendynamik chaotisch? Ob eine derartige Umgebung eine Auswirkung auf ihn haben könnte, kommt darauf an, wie empfindlich Ihr Hund ist. Dies sind nur einige der Dinge, nach denen Sie schauen sollten, wenn Sie prüfen, ob ein Zuhause sicher und für Ihren Hund passend wäre. Natürlich ist auch von großer Wichtigkeit, wie jeder mit Ihrem Hund umgeht und ob Ihr Hund die Leute zu mögen scheint. Aber hören Sie vor allem auf Ihr Bauchgefühl. Falls es sich gut anfühlt, großartig! Und wenn das mögliche neue Zuhause logisch betrachtet von allem her perfekt wäre, aber sich etwas irgendwie komisch anfühlt: Suchen Sie weiter!

Falls es beim möglichen neuen Besitzer zuhause einen anderen Hund gibt, kann die Art und Weise, wie man die beiden einander vorstellt, einen bedeutendem Einfluss darauf haben, wie sie miteinander auskommen werden. Denken Sie daran, dass der Ersthund in diesem Zuhause schon einige Zeit gelebt hat und es als sein Territorium ansieht. Es ist keine gute Idee, einfach mit Ihrem Hund hineinzugehen. Lassen Sie die Person alles Futter, Spielzeug und andere Dinge, die einen Kampf verursachen könnten, entfernen, und dann treffen Sie sich in einem Park oder sonstwo in der Nähe des Hauses. Wenden Sie die Lappen-Wischtechnik an, die ich in Kapitel 28 beschrieben habe. Dann gehen Sie mit den Hunden zusammen spazieren – nebeneinander her, aber mit Abstand. Lassen Sie die Hunde sich nicht sofort beschnuppern.

Die Hunde sollten an Ihren Außenseiten gehen, zwischen sich lassen Sie etwas Platz. Falls alles gut läuft, gehen Sie immer näher beieinander. Wenn Sie die Hunde sich begegnen lassen, lassen Sie die Leinen locker, während Sie ihnen zu schnuppern erlauben. Zählen Sie langsam bis drei, dann trennen Sie sie sanft wieder und gehen weiter. Wiederholen Sie diese Übung mehrmals, bis Sie das Gefühl haben, dass die Hunde sich wohl miteinander fühlen. Erst dann sollten Sie sie nach Hause bringen und im Haus oder Garten zusammenlassen.

Falls möglich, gehen Sie mit den Hunden direkt in den Garten, anstatt zuerst ins Haus zu gehen, falls der dort wohnende Hund drinnen ein Territorialverhalten zeigen würde. Sobald Sie den Eindruck haben, dass die Hunde sich gut verstehen, bringen Sie sie ins Haus. Überwachen Sie ihre Interaktionen gut, bleiben Sie, solange Sie können und entscheiden Sie, ob die Situation sich gut anfühlt. Ist dies der Fall, vereinbaren Sie, Ihren Hund mit seinem Geschirr, Körbchen und anderem Zubehör zu bringen. Oder, falls Sie diese schon dabeihaben, lassen Sie ihn jetzt gleich da. Versichern Sie dem neuen Besitzer, dass Sie den Hund zurücknehmen werden, falls es nicht so gut läuft (vorausgesetzt, Sie sind in der

Lage, dies zu tun). Während der ersten paar Wochen fragen Sie gelegentlich nach, um die Bestätigung zu bekommen, ob die Hunde sich gut verstehen.

Euthanasie

Dies ist ein Thema, von dem ich mir wünschte, überhaupt nicht darüber sprechen zu müssen. Euthanasie, das Einschläfern, sollte wirklich nur als letzter Ausweg in Betracht gezogen werden, wenn es gar keine anderen möglichen Lösungen gibt. Es bricht mir das Herz, wenn ich höre, dass Besitzer keinerlei Zeit und Mühe investiert haben, um das Problem zu lösen oder einen der Hunde woanders unterzubringen und stattdessen einfach entscheiden, sich des Problems zu entledigen, indem sie einen Hund einschläfern lassen. Sollten Sie Euthanasie in Betracht ziehen, dann lassen Sie bitte zuerst einen professionellen Verhaltensspezialisten zu sich nach Hause kommen, um die Situation einzuschätzen, und Ihnen bei der richtigen Entscheidungsfindung beizustehen. Nochmals: Sie werden zumindest Ihren Seelenfrieden haben, wenn Sie wissen, dass Sie alles getan haben, was Sie können. Treffen Sie eine solche Entscheidung bitte nicht aus einer Laune heraus. Nur zu leicht reagiert man zu heftig, nachdem ein Hund den anderen angegriffen hat. Ich habe schon oft am Telefon gehört, wie eine Frau weint, dass ihre Hunde miteinander gekämpft hätten und ihr Mann möchte, dass einer der Hunde wegmüsse. Es ist viel besser, die Hunde nach einem Kampf voneinander zu trennen, darüber zu schlafen und in den Tagen oder Wochen darauf eine Entscheidung bei klarem Verstand treffen zu können.

Andererseits gibt es einige Probleme, bei denen Euthanasie tatsächlich ihre Berechtigung hat. Falls ein Hund den anderen zu Hause angefallen oder getötet hat, so ist dieser Hund kein Kandidat für ein neues Zuhause – sofern nicht eines gefunden werden kann, wo es keine anderen Hunde gibt und wo die Person den Hund in der Öffentlichkeit sehr sorgfältig managen kann. Falls ein Hund eine Person schwerwiegend verletzt hat und der Anlass nicht vollständig verständlich war (wie etwa Selbstverteidigung des Hundes, falls die Person etwas Unverzeihliches getan hat oder der Hund zu diesem Zeitpunkt unter großen Schmerzen litt), so ist dieser Hund kein Kandidat für Management oder eine Weitervermittlung.

So sehr wir den gefährlichen Hund auch lieben mögen, so heißt es unglücklicherweise auch, auf das Wohlergehen unserer Familienmitglieder – Hunde und Menschen – Rücksicht zu nehmen, genauso wie auf die öffentliche Sicherheit.

Falls die Entscheidung getroffen wurde, Ihren Hund einzuschläfern, haben Sie folgende Möglichkeiten: Sie lassen einen Tierarzt zu sich nach Hause kommen oder Sie bringen Ihren Hund zum Tierarzt. Bei dem Vorgang beim Hund zu bleiben, ist sicher sehr schwierig für Sie, aber es ist der letzte Freundschaftsdienst, den Sie ihm erweisen können. Seien Sie für ihn da, wenn Sie können. Ihr Hund verdient es, zu wissen, dass er bis zu seinem Ende geliebt worden ist.

Ich hoffe inständig, dass es für Sie nie so weit kommen wird. Falls doch, so fühle ich mit Ihnen. Bitte seien Sie nachsichtig mit sich. Falls Sie alles getan haben, was Sie können, geben Sie sich keine Schuld, so schwer das auch fallen mag. Das, was Sie getan haben war das Beste für das höchste Gut – das Leben – jedes Beteiligten – und Sie haben möglicherweise Ihren Hund oder jemand anderen davor bewahrt, verletzt zu werden oder noch Schlimmeres zu erleiden.

Das Puzzle setzt sich zusammen

Während das letzte Kapitel den schlechtesten Fall beschrieben hat, wenden wir uns nun dem besten Fall zu. Es ist an der Zeit, dass Sie das gewonnene Wissen mit den Trainingstechniken kombinieren, die Sie erlernt haben. Damit kreieren Sie einen Masterplan, um Ihren Hunden zu helfen.

Schon seit den früheren Kapiteln dieses Buches haben Sie hoffentlich regelmäßig Ihr Verhaltenstagebuch geführt und Ihre Beobachtungen und alle Ereignisse, die sich zwischen Ihren Hunden abgespielt haben, aufgezeichnet. Falls Sie noch keine Gelegenheit gehabt haben, Ihre Einträge durchzulesen, dann tun Sie das jetzt. Notieren Sie alle allgemeinen Verhaltenstrends und Gewohnheiten, die hervorstechen. Ich hatte Sie außerdem gebeten, ein Profil zu erstellen. An dieser Stelle sollten Sie die Probleme, die Sie ursprünglich niedergeschrieben haben, überdenken und jedes neue Thema, das Sie während des Führens des Verhaltenstagebuchs entdeckt haben, hinzufügen.

Wo Sie nun bessere Kenntnisse zu Training, Verhaltensmodifikation und ergänzenden Therapiemöglichkeiten haben, wird es Zeit, alle leeren Stellen in Ihrem Profil mit Lösungen zu füllen. *Bitte nehmen Sie sich Zeit, diesen Schritt zu vervollständigen. Ich verspreche Ihnen, es wird sich lohnen.* Es hat etwas sehr Machtvolles, wenn man einen konkreten Fahrplan mit Lösungen in der Hand hat, anstatt nur eine ungefähre Idee davon zu haben, wie man weitermachen könnte. Ihr vollständiges Profil, das sich von einer Beschreibung zu einem soliden Aktionsplan verändert haben wird, wird Ihnen Kraft geben und Sie werden sich deutlich weniger hilflos fühlen. Wenn Sie einen umfassenden Plan aufschreiben, haben Sie die Möglichkeit, diesen auch mit anderen Familienmitgliedern zu teilen. Kommen Sie darauf zurück, wenn nötig, und ändern Sie ihn ab, wann immer und sofern nötig.

Erinnern Sie sich an Pixel und Peeper aus dem Profil-Kapitel? Hier ist ein Beispiel, wie deren vollständiges Profil jetzt aussehen könnte.

Problem	Lösung
Peeper bewacht zu den Futterzeiten sein Fressen vor Pixel.	Die Hunde beim Fressen trennen.
Pixel bewacht manchmal Kuscheltiere vor Peeper.	Die Kuscheltiere nur rausholen, wenn die Hunde überwacht oder getrennt sind.
Peeper wird auf unsere Zuneigung eifersüchtig. Wenn Pixel kommt, kann es zu einem Kampf kommen.	Pixel beibringen, sich hinzulegen, um gestreichelt zu werden. Falls Peeper uns auf der Couch bewacht, wenn Pixel sich nähert, stehen wir auf und gehen weg.
Wenn Besucher kommen, werden beide Hunde so aufgeregt, dass es manchmal in einen Kampf ausartet.	Beiden beibringen, auf ihre Plätze zu gehen, wenn es an der Tür klingelt, dann erst zum Hallo sagen freigeben. Ein Gatter benutzen, bis das Training fertig ist.
Spiel wird manchmal zum Kampf.	Die Körpersprache der Hunde beim Spielen beobachten. Falls sie selbst keine Pausen machen, schaffen wir welche.
Auf Spaziergängen attackiert Peeper plötzlich Pixel, wenn ein anderer Hund vorbeigeht.	Die Hunde beim Gehen getrennt rechts und links von mir führen. Aufmerksamkeit und Handtargeting üben und von Peeper verlangen, sobald ein anderer Hund kommt. Bei Peeper auf Spaziergängen Body Wrap ausprobieren.
Zusatzmaßnahmen Einen DAP-Stecker in dem Raum ausprobieren, in dem die Hunde sich die meiste Zeit des Tages aufhalten. Die Hunde langsam auf gesünderes Futter umstellen. Das Grundlagentraining auffrischen. Beide Hunde darauf trainieren, dass sie beim Hören von „Würstchen!“ wissen, dass wir zusammen zum Kühlschrank rennen. Sobald sie darauf konditioniert sind, werden wir diesen Satz nutzen, um im Notfall Spannung zu vermindern.	

Sie sehen, wie ein sorgfältig erstellter Aktionsplan den Besitzern von Pixel und Peeper dabei helfen kann, das Verhalten ihrer Hunde mit der Zeit zu verändern. Entwickeln Sie Ihren eigenen Plan und überarbeiten diesen, wenn nötig. Seien Sie geduldig. Verhalten zu verändern braucht Zeit, besonders dann, wenn die Probleme schon seit langer Zeit bestehen. Und nun sage ich es zum letzten Mal: Beanspruchen Sie die Hilfe eines professionellen Verhaltensberaters, falls erforderlich.

Ich danke Ihnen, dass Sie sich die Zeit genommen haben, dieses Buch durchzulesen und sich Mühe geben, Ihren Hunden zu helfen. Mein kühnster Wunsch wäre, dass bei Ihnen zuhause schon bald Harmonie zwischen Ihren Hunden herrschen und der Frieden wieder hergestellt sein möge.

Alles Gute und fröhliches Wedeln von Bodhi und Sierra!

Danksagung

Adrienne Hovey, deine Eingaben und Vorschläge waren nicht nur wegen deiner Fähigkeiten als Herausgeberin, sondern auch als echte Hundeversteherin von unschätzbarem Wert. Ich danke dir!

Danke an Dennis Fehling, meinem Freund und Meister im Ausbilden schwieriger Hunde, dafür, dass du deine Geschichte mit mir geteilt hast, wie du dem Hund eines Kunden mit TTouch geholfen hast.

Ohne Bilder wäre ein Buch über das Verhalten von Hunden nicht sonderlich interessant! Meine tiefe Dankbarkeit gilt: Angela Marler und Spencer für ihr geduldiges Modellstehen für gezielte Fotos; Aaron und Candy Druckman für die Erlaubnis, ihre wirklich süßen Hunde Rider und Chief zu fotografieren; Lisa Tipton dafür, dass sie mich Rettungshunde mit Maulkörben hat fotografieren lassen; Annie Johnson und ihrem Hund Dave dafür, solch wunderbare und hilfreiche Models gewesen zu sein; Elia Blankship für die Erlaubnis, die beiden fabelhaften Cooper und Hudson beim Spiel abzulichten; und Michelle Blake dafür, dass sie mir gestattet hat, das Foto vom hübschen Buzz in seinem Body Wrap zu machen.

Danke an Sierra und Bodhi, obwohl ihr nicht lesen könnt (außer, ihr habt mir da etwas verschwiegen) für das geduldige Modellstehen für so viele Fotos. Wo diese Trader Joe's Hot Dogs herkommen, da gibt es noch jede Menge mehr davon! Du, Sierra, du bist und bleibst immer der Hund meines Herzens. Wenn du wüsstest, wie sehr ich dich liebe, dann hättest du andauernd ein Hundegrinsen im Gesicht und würdest wedeln wie verrückt.

Zum Schluss – jedoch niemals zuletzt – danke ich C.C., meinem Ehemann und besten Freund, der mir geduldig zuhörte, wenn ich nach vielen meiner selbst auferlegten, Zwölfstunden-Arbeitstagen Dampf abgelassen habe, und der es sogar geschafft hat, mich gelegentlich aus dem Haus zu bringen. Aus irgendeinem Grund lieben dich alle Hunde, doch keiner wird dich je so sehr lieben wie ich.

Über die Autorin

Nicole Wilde ist international anerkannte Autorin, Referentin, zertifizierte Hundetrainerin und Expertin für Hundeverhalten. Sie hat elf Bücher verfasst, von denen etliche auch ins Deutsche übersetzt wurden. Sie ist als Beraterin für mehrere Hundetrainings- und Tierschutzorganisationen in den USA tätig, unter anderem für die Victoria Stilwell Academy und das Companion Animal Sciences Institute. Sie schreibt regelmäßig Beiträge für Hundefachzeitschriften und Blogs und tritt in der Radiosendung „Dog Talk" auf.

Sie hat Hunderten von Hunden, darunter vielen aus dem Tierschutz, zur Lösung ihrer Verhaltensprobleme und damit in vielen Fällen zu einem neuen Zuhause verholfen. Ihr besonderes Interesse galt dabei stets Wölfen und Wolfshunden, mit denen sie über zwanzig Jahre lang erfolgreich gearbeitet hat.

Mit ihrem Mann und ihren Hunden lebt sie in der Nähe von Los Angeles, USA.

Mehr über Nicole Wilde erfahren Sie auf ihrer Internetseite www.nicolewilde.com, auf ihrer Facebookseite www.facebook.com/NicoleWildeAuthor oder in ihrem Blog *Wilde About Dogs*.

Serviceteil

(überarbeitet für den deutschsprachigen Markt ohne Anspruch auf Vollständigkeit)

Einen Trainer oder Verhaltensexperten finden

Folgende Verbände bilden Hundetrainer nach zertifizierten Standards und mit modernen, positiven Methoden aus, wie sie in diesem Buch beschrieben wurden:

BHV – Berufsverband der Hundeerzieher/innen und Verhaltensberater/innen e.V.
www.hundeschulen.de

IBH – Internationaler Berufsverband der Hundetrainer
www.ibh-hundeschulen.de

Tierärzte mit Zusatzqualifikation Verhaltenstherapie finden:

GTVMT – Gesellschaft für Tierverhaltensmedizin und – therapie

www.gtvmt.de

Bücher & DVDs

Verhaltensprobleme

Reichel, Sabrina: *Leinenrambo: Positiv trainieren – entspannt spazieren.* Kynos Verlag, Nerdlen, 2014.

Wilde, Nicole: *Lass mich nicht allein. Strategien gegen Trennungsangst bei Hunden.* Kynos Verlag, Nerdlen, 2011.

Snider, Kellie: *Vorsicht, bissig! CAT-Training für aggressive und reaktive Hunde.* Kynos Verlag, Nerdlen, 2019.

Wilde, Nicole: *Der ängstliche Hund. Stress, Unsicherheiten und Angst wirkungsvoll begegnen.* Kynos Verlag, Nerdlen, 2008.

Körpersprache

McConnell, Patricia: *Das andere Ende der Leine. Was unseren Umgang mit Hunden bestimmt.* Kynos Verlag, Nerdlen, 2019.

Feddersen-Petersen, Dorit: *Ausdrucksverhalten beim Hund: Mimik und Körpersprache, Kommunikation und Verständigung.* Kosmos Verlag, Stuttgart, 2008

Rugaas, Turid: *Die Beschwichtigungssignale der Hunde.* Animal Learn Verlag, Murnau, 2001. (Auch als DVD erhältllich)

Wardeck-Mohr, Barbara: *Die Körpersprache der Hunde. Wie Hunde uns ihre Welt erklären.* Kynos Verlag, Nerdlen, 2016.

Maue, Gabi und Krauß, Katja: *Emotionen bei Hunden sehen lernen. Eine Blickschule.* Kynos Verlag, Nerdlen, 2020.

Clickertraining

Pryor, Karen: *Positiv bestärken – sanft erziehen.* Kosmos Verlag, Stuttgart, 1999 (3. Aufl. 2017).

Theby, Viviane: *Clickertraining leicht gemacht.* Kynos Verlag, Nerdlen, 2012.

Theby, Viviane: *Verstärker verstehen. Über den Einsatz von Belohnung im Hundetraining.* Kynos Verlag, Nerdlen, 2011 (5. Aufl. 2018)

Ernährung

Billinghurst, Ian: *Give Your Dog a Bone.* (nur in engl. Sprache). Dogwise, 1993.

Behling, Gabriela: *Frisches Futter für ein langes Hundeleben.* Kynos Verlag, Nerdlen, 2010 (2. Aufl. 2012).

Messika/Schäfer: *B.A.R.F. Artgerechte Rohernährung für Hunde.* Kynos Verlag, Nerdlen, 2011.

Simon, Swanie: *BARF – Biologisch Artgerechtes Futter.* Verlag Drei Hunde Nacht, Münchweiler, 2008.

Training

McConnell, Patricia und Moore, Aimee: *Die Hundegrundschule. Ein Sechs-Wochen-Lernprogramm.* Kynos Verlag, Nerdlen, 2008 (3. Aufl. 2012).

Yin, Sophia: *Wie der Mensch, so sein Hund. Mit positiver Bestärkung zum glücklichen Team.* Kynos Verlag, Nerdlen, 2016.

Kompatscher, Christine: *Pfote drauf! Pfiffiges Hundetraining leicht erklärt.* Kynos Verlag, Nerdlen, 2019.

Rosengrün, Anne: *Eins, zwei, drei…ganz viele: Mehrhundehaltung mit positiver Bestärkung.* Kynos Verlag, Nerdlen, 2016.

Zulch, Helen und Mills, Daniel: *Beziehungsguide Mensch-Hund: Tipps für ein harmonisches Zusammenleben.* Kynos Verlag, Nerdlen, 2018.

Theby, Viviane: *Das große Schnüffelbuch. Nasenspiele für Hunde.* Kynos Verlag, Nerdlen, 2011.

Ausrüstung & Zubehör

Anxiety Wrap / Anti-Stress-Anzug
www.anxietywrap.com (Herstellerseite) oder www.aniprotec.com (dt. Vertrieb)

Thundershirt

Bei verschiedenen Anbietern, z. B. bei www.medpets.de
Dog Appeasing Pheromone (DAP)
www.adaptil.com oder bei diversen Online-Anbietern

Gatter

Suchbegriffe online Türschutzgitter, Babygitter, Babyschutzgitter, Treppengitter
Einen guten Überblick bietet die Seite www.hundezaun-guide.de
Hundegitter für die Wohnung: u.a. bei www.trixie.de

Softclicker mit sanfterem Geräusch:
Als "Softclicker" oder „i-Clicker" bei verschiedenen Anbietern, u.a. www.romneys.de oder www.medpets.de

Produkte von Kong
Herstellerseite: www.kongcompany.com
Erhältlich in fast allen Zoofachgeschäften und bei Online-Händlern

Maulkörbe mit Polsterung, ergonomisch geformt
Modell „Baskerville", z. B. bei www.bitiba.de

Therapien

TTouch
www.tellington-methode.de

Das könnte Sie auch interessieren:

Barbara Wardeck-Mohr

Die Körpersprache der Hunde

Wie Hunde uns ihre Welt erklären

Wer Hunde verstehen will, muss ihre Körpersprache lesen und deuten können. Dabei ist es nicht nur notwendig, die äußere Mimik und Körperhaltung zu erkennen, sondern auch, das zugrunde liegende Verhalten und seine Entstehung zu verstehen. So stehen Neuropsychologie, Verhaltensbiologie und die Individualentwicklung eines Hundes in wechselseitigem Zusammenhang.
Fachlich fundiert und von zahlreichen Fotos unterstützt veranschaulicht dieses Buch Hundeverhalten in seiner Komplexität.

ISBN: 978-3-95464-087-4
Preis: 29,95 €

Anne Rosengrün

Eins, zwei, drei ... ganz viele

Mehrhundehaltung mit positiver Bestärkung

Damit zwei oder noch mehr Hunde tatsächlich mehr Spaß machen als einer, sind Organisation, Regeln und Erziehung gefragt. Dass es dabei viel weniger um „Rangordnung" und „Rudelführer" als vielmehr um durchdachtes Management und Training geht, zeigt dieses Buch ausführlich und in nachvollziehbaren Schritten.
Endlich und lang erwartet ein modernes Buch über Mehrhundehaltung, das konkrete Trainingsanleitungen anstatt unklarer Rangordnungs-Philosophien bietet.

ISBN: 978-3-95464-086-7
Preis: 24,95 €

Nicole Wilde

Der ängstliche Hund

Stress, Unsicherheiten und Angst wirkungsvoll begegnen

Hunde sind nicht immer mutig: Die Evolution hatte noch nicht genug Zeit, sie auf das Leben in unserer modernen Gesellschaft mit all den zahllosen Umweltreizen und der Enge vorzubereiten. Angststörungen oder angstbedingte Verhaltensprobleme sind deshalb einer der größten Problemkomplexe, mit dem Hundehalter zu kämpfen haben.
Nicole Wilde hat das bisher umfassendste Buch zum Thema geschrieben und gibt dem Hundehalter wirklich umsetzbare Tipps an die Hand.

ISBN: 978-3-938071-56-4
Preis: 24,95 €